Frank Riemensperger | Svenja Falk

TITELVERTEIDIGER

Frank Riemensperger | Svenja Falk

TITELVERTEIDIGER

Wie die deutsche Industrie ihre Spitzenposition
auch im digitalen Zeitalter sichert

REDLINE | VERLAG

Bibliografische Information der Deutschen Nationalbibliothek
Die Deutsche Nationalbibliothek verzeichnet diese Publikation in der
Deutschen Nationalbibliografie. Detaillierte bibliografische Daten sind
im Internet über http://dnb.d-nb.de abrufbar.

Für Fragen und Anregungen
info@redline-verlag.de

1. Auflage 2019

© 2019 by Redline Verlag, ein Imprint der Münchner Verlagsgruppe GmbH
Nymphenburger Straße 86
D-80636 München
Tel.: 089 651285-0
Fax: 089 652096

Alle Grafiken © und/oder Quelle Accenture, soweit nicht anders per Fußnote ver-
merkt
Umschlaggestaltung: Maria Wittek, München
Umschlagabbildung: shutterstock.com/keport, silver tiger
Satz: Carsten Klein, Torgau
Druck: GGP Media GmbH, Pößneck
Printed in Germany

ISBN Print 978-3-86881-733-1
ISBN E-Book (PDF) 978-3-96267-078-8
ISBN E-Book (EPUB, Mobi) 978-3-96267-079-5

Weitere Informationen zum Verlag finden Sie unter

www.redline-verlag.de

Beachten Sie auch unsere weiteren Verlage unter www.m-vg.de

Inhalt

Disruption – Changing the Game　　　　　　　　　　　**72**

Fantasie, Vision und Ehrgeiz 74 • Digitale Verdichtung 74 • Bildung und Business 75 • Zweihändigkeit: das Beispiel Autoindustrie 77 • Transformationsdruck durch Krise 78 • Das eine tun, das andere nicht lassen 79 • Konkurrenz im eigenen Haus 80 • Die »*Outcome-Economy*«: Das Ergebnis zählt 81 • Wie gut sind wir? 82 • Agilität ist Trumpf 84 • Die Spaghettisoßen-Parabel 85 • Der Kunde als Prosument 86 • Neue Werteversprechen 88 • Von der Banane zu Esslösungen 90 • »*Everything-as-a-Service*« 92

KAPITEL 3
A Star is born: Chinas Aufstieg zur digitalen Weltmacht　　**93**

»Made in China 2025«: der Masterplan für eine Superpower　**95**

Kaderschmiede durch Künstliche Intelligenz 96 • Pragmatik schlägt Ideologie 98 • Shanghai oder Silicon Valley? 100

Der Aufstieg der Plattformen in China　　　　　　　　**101**

Tencent – Marktführer durch Social Media 102 • Alibaba – der Händler aus dem Osten 104 • Baidu – das chinesische Google 106 • Teile und herrsche 108 • Neue Werteversprechen Made in China 109 • Von B2B zu B2B2C 110

Die wichtige Rolle der Bezahlsysteme　　　　　　　　**111**

Das Ende des Bargelds 112 • Gesichter als Ausweise 114 • Spieglein, Spieglein … 116

Reise in die Zukunft　　　　　　　　　　　　　　　**117**

»*Innovation-as-a-Service*« 118 • »*On and Off*« 119 • Kann man Gefühle messen? 119 • Nichts geht mehr ohne Smartphone 120

Chinas Wirtschaft im Daten-Speedboot　　　　　　　　**121**

Was will die westliche Welt? 122

KAPITEL 4
Umsturz nach Plan: Starthilfen für eine neue Ära der Innovation　**125**

Sind wir bereit?　　　　　　　　　　　　　　　　　**127**

Wetterleuchten: zwischen Technikangst und Fortschrittslust 127 • Mehr Digitalkompetenz! 129 • Rudern statt dümpeln! 131 • Gerade mal »ausreichend« 132 • Optimieren reicht nicht 133 • Wie kommt Schwung ins Unternehmen? 135

Vorwort

Ein Buch ganz analog aus Papier und Druckerschwärze über die Digitalisierung? Nein, das ist kein Gegensatz, sondern die perfekte Verbindung von Bewährtem und Innovativem, wie sie auch in den folgenden Kapiteln beschrieben wird. Die deutsche Industrie muss beidhändig werden, das Alte und das Neue gleichzeitig vorantreiben. Das ist ein Thema, das uns seit Jahren beschäftigt und dessen Dringlichkeit sich immer mehr abzeichnet, will die deutsche Industrie ihre Spitzenposition in der Weltwirtschaft halten.

Es wird immer deutlicher, dass wir an einem Punkt angelangt sind, an dem es nicht mehr ausreicht, dass sich ein paar Experten einig sind, wie es am besten weitergehen sollte. Entscheidend ist jetzt, dass wir alle gemeinsam den Sprung in das digitale Zeitalter schaffen: Industrie und Politik, Gewerkschaften, Sozialverbände, Wissenschaft und der ganze große Rest der Zivilgesellschaft. Denn wenn die Wirtschaft es nicht schafft, die Welt neu zu denken, wenn Politik und Gesellschaft nicht mitziehen, dann hat das Erfolgsmodell »Made in Germany« sehr bald ausgedient. Denn noch nie hat sich die Welt so schnell verändert wie heute.

Wie rasant das Tempo des Wandels ist und wie vieles uns noch fehlt, damit Deutschland nicht von der Entwicklung abgekoppelt wird, das ist uns bereits in unserer Zusammenarbeit für den Bericht zur »Smart Service Welt« klar geworden, als wir in den vergangenen 7 Jahren gemeinsam mit 150 Unternehmen, der Deutschen Akademie der Technikwissenschaften (acatech), und anderen Forschungseinrichtungen, Verbänden und Sozialpartnern eine Bestandsaufnahme vorgenommen haben. Die Ergebnisse sind in die Arbeitsgruppe »Digitale Geschäftsmodelle« eingegangen, die nun unter dem Dach der Plattform Industrie 4.0 weiter an Zukunftsmodellen für die deutsche Wirtschaft arbeitet. Dabei muss uns klar sein: Die Zukunft beginnt jetzt.

Wir möchten das, was wir gelernt haben, weitergeben und mit diesem Buch eine breite Öffentlichkeit gewinnen – zum Beispiel für das Thema Daten. Gerade hat die Bundesregierung ein Strategiepapier zur Künstlichen Intelligenz vorgelegt, eine Technologie, die zum entscheidenden Faktor im internationalen Wettbewerb werden wird. Aber die dort angestrebten Ziele können nur erreicht werden, wenn die Daten, mit deren Hilfe Maschinen lernen, auch zur Verfügung gestellt werden. Dabei geht es weniger um Personendaten, sondern vor allem um das Industrielle Internet der Dinge, diejenigen Daten also, die deutsche Geräte, Maschinen und Anlagen in der ganzen Welt produzieren. Sie sind die wertvolle Basis für völlig neue Geschäftsmodelle und der dafür notwendigen Innovationen, denn die bisherigen Erfolgsstrategien werden bald ausgedient haben. Wir verfügen aber mit den Daten unserer Produkte über ein hervorragendes Startkapital für die anbrechende neue Ära des Wirtschaftens.

Revolutionen, auch die digitale, verändern alles. Deshalb müssen wir alle bereit sein umzulernen. Wir brauchen neue Horizonte des Denkens, einen anderen Blick auf Konkurrenz und Kooperation, eine veränderte Haltung zu Maschinen und ihrer Intelligenz, einen pragmatischen Ansatz, mit Daten umzugehen – und zwar einen, der der Wirtschaft nützt, und gleichzeitig die Privatsphäre des Einzelnen schützt.

Wie das gehen könnte, das steht in diesem Buch. »Wir haben so eine hervorragende Reputation als Wirtschaftsnation«, haben wir uns gedacht. »Das dürfen wir nicht durch Zaghaftigkeit aufs Spiel setzen!« Wir würden uns freuen, wenn Sie das nach der Lektüre dieses Buches auch so sehen und mit uns Lust und Ehrgeiz entwickeln, die digitale Zukunft mitzugestalten!

KAPITEL 1

Götterdämmerung: Ist das Wachstum der deutschen Wirtschaft am Ende?

»Nur kleine Kinder hätten sich träumen lassen, dass so ein magisches Fenster jemals real sein könnte.« Kevin Kelly, der Gründer des Technologiemagazins *Wired* und Visionär des digitalen Zeitalters, hat die Entwicklung des Internets von seinen ersten Anfängen an verfolgt und beschreibt es als eine Art Märchen, das wahr geworden sei. Vor seiner Erfindung habe man so etwas für einfach unmöglich gehalten – etwa Satellitenbilder der ganzen Erde, die man sich auf dem Handy ansehen kann: »Und wenn ich behauptet hätte, all dies käme kostenlos, hätte man einfach gesagt – du träumst …«.[1]

Der erste Computer von Konrad Zuse konnte sich gerade mal 64 Worte merken und war so groß wie ein Wandschrank. 77 Jahre später, 2018, präsentiert IBM den Prototyp eines winzigen Rechners, der nicht größer ist als ein Salzkorn und nicht einmal 10 Cent kosten wird. Er soll als Sensor zum Teil des »Internets der Dinge« werden, in dem bereits weltweit bis 2030 125 Milliarden Geräte miteinander vernetzt sind und Daten generieren. Das gesamte globale Datenvolumen wird 2025 bereits über 160 Zettabytes erreichen, schätzen die Experten des US-amerikanischen Technologieanalysten IDC[2] – eine unvorstellbar große Zahl und Dynamik der Aggregation, die nur von Künstlicher Intelligenz sinnvoll strukturiert und analysiert werden kann. Schon 1991 zwangen die wachsenden Datenströme die Pariser Generalkonferenz für Maße und Gewichte, eine neue Maßeinheit zu definieren: Seither gibt es das Yottabyte für 10hoch24 – oder auch eine Septillion – an Bytes.

Die Transformation der Welt in einen Kosmos von Daten ist unaufhaltsam, und viele der Folgen scheinen heute unvorstellbar, aber sie werden doch Wirklichkeit werden. Daten sind der neue globale Rohstoff, sie sind als Treiber von Wachstum und Wandel das, was das Öl im letzten Jahrhundert war, schreibt der Economist.[3] Doch der Vergleich stimmt nur zum Teil, denn im Gegensatz zu den fossilen Energieträgern nimmt diese Ressource nicht ab, sondern wächst mit unfassbarem Tempo.

Wir sollten demnach gut darin werden, so auch das Fazit von Kelly, an das Unmögliche zu glauben, denn es wird Wirklichkeit. Die

Dimensionen des Wandels zu beschreiben, ist eines der Ziele dieses Buches und auch, für Vertrauen in den menschlichen Gestaltungswillen zu werben, mit Mut in die Zukunft zu blicken, Ängste zu adressieren – denn zurückdrehen lassen sich die Erfindungen des digitalen Zeitalters – Computer, Internet, Miniaturisierung und Mobilkommunikation – genauso wenig wie die Erfindung des Rads. Sie drängen voran.

Deutsche Industrie am Scheideweg

Was bedeutet das für die deutsche Industrie? Wird sie ihren Spitzenplatz in der globalen Wirtschaft verteidigen können? Ihre Produkte sind gut, ihre Dienstleistungen renommiert, aber die Dynamik der globalen Veränderung ist ungeheuerlich. Alles ändert sich gerade gleichzeitig – die Produktionsweisen, die Kundennachfrage, die Wertschöpfungsketten, die Konkurrenten und Handelspartner.

Verantwortlich dafür ist die vierte industrielle Revolution – die Digitalisierung und Automatisierung, die Datenströme, die nicht zuletzt auch die Künstliche Intelligenz speisen, die wohl zum entscheidenden Wettbewerbsfaktor der Zukunft wird. Wer seine Daten nicht nutzt, zur Optimierung seiner Prozesse, vor allem aber auch zur Entwicklung neuer servicebasierter Geschäftsmodelle, der wird über kurz oder lang abgehängt. Denn die Kunden erwarten völlig neue Werteversprechen.

Die deutsche Industrie hat das sehr wohl verstanden, aber sie hat nicht reagiert. Viele Unternehmen zögern noch, den Paradigmenwechsel zu vollziehen und suchen nach den passenden Strategien. Ja, es gibt eine Digitale Agenda der Bundesrepublik, und der Begriff Industrie 4.0 steht – ausgehend von Deutschland – inzwischen weltweit für die Digitalisierung der Produktion. In der Initiative Plattform Industrie 4.0 arbeiten Vertreter von Unternehmen, Wirtschaftsverbänden, Forschung und Verwaltung gemeinsam an der wirtschaftlichen und technologischen Zukunft des Landes und in den Förderprojekten der Smart Service Welt wurde die gesamte deutsche Expertise gebündelt, um auf der Basis der

Datenwirtschaft neue Geschäftsmodelle zu entwickeln. Aber: All das reicht leider nicht.

Deutschland schläft immer noch seinen Dornröschenschlaf im rosenumrankten Schloss seiner früheren Erfolge, während die Prinzen längst anderswo unterwegs sind. Die Einhörner, jene Start-up-Unternehmen, deren Wert von Investoren auf über eine Milliarde Dollar geschätzt wird, finden sie in den USA und zunehmend auch in China – beides Länder, die mit großen Schritten dabei sind, ihre Volkswirtschaften auf den Datenmarkt umzustellen. Vor allem China, das die Digitalisierung politisch forciert und durch Anreize zur Zentralisierung massiv unterstützt, ist bereits heute ein ernsthafter Konkurrent der vormals führenden Industriestaaten und damit auch Deutschlands geworden. China beschleunigt – unter anderem durch enorme Fortschritte auf dem Gebiet der Künstlichen Intelligenz – die Disruption der wichtigsten Industrien. Wer jetzt nicht die Zeichen der Zeit erkennt, könnte sich in wenigen Jahren auf dem Abstellgleis der Geschichte wiederfinden, mit enormen Folgen nicht nur für die Ökonomie, sondern auch für Politik und Gesellschaft.

Trügerischer Glanz

Noch scheint es Deutschland gut zu gehen. Das Bruttoinlandsprodukt ist 2017 so stark gewachsen wie schon seit Jahren nicht mehr. Es wird gekauft statt gespart. Das Vertrauen der Deutschen in ihre Wirtschaft ist ungebrochen, Sorgen um ihren Arbeitsplatz machen sich die wenigsten. Deutschlands Exporteure erlebten 2017 das vierte Rekordjahr in Folge. »Made in Germany« – resümiert die Frankfurter Allgemeine Zeitung – »ist weltweit gefragt«.[4]

Ein Erfolg, der nicht nur Freude macht. Im Ausland wird Deutschland als übermächtiger Konkurrent wahrgenommen. Die USA, aber auch die EU-Kommission und der Internationale Währungsfonds, kritisieren den hohen Leistungsbilanzüberschuss, der mit einer Höhe von 7,8 Prozent des Bruttoinlandsproduktes deutlich über dem 6-Prozent-Schwellenwert der Europäischen Gemeinschaft liegt. Das dritte Jahr in Folge verzeichnet Deutschland den größten Überschuss weltweit. Mit umgerechnet 287 Milliarden Dollar fiel er 2017 mehr als doppelt so groß aus wie der des Exportweltmeisters China (135 Milliarden Dollar).[5] 2018 ist er weitergewachsen und hat fast 300 Milliarden Dollar erreicht.[6] Von »Super-Exporteuren« wird gesprochen und von einer »Verzerrung«; eine mangelnde Investitionsbereitschaft wird kritisiert.

Alles nur Neid? Nicht nur die Kritik der Konkurrenten und Partner spricht dafür, dass die deutsche Führungsrolle in der Weltwirtschaft an einem kritischen Punkt angekommen ist, wo sich die Wege scheiden: Der eine, geradlinige, baut auf Tradition, Erfahrung, technische Perfektion und nicht zuletzt den guten Ruf der deutschen Industrie. Der andere führt in eine ungewisse Zukunft, in der ganz andere Dinge zählen und in der sich Deutschland erst noch beweisen muss.

Jahrzehntelang hat sich die deutsche Wirtschaft über Preis und Qualität von der Konkurrenz abgesetzt. Ihr Kosmos war eine produktzentrierte Welt mit hoch qualifizierten und zuverlässigen Produkten, vor allem Anlagen, Maschinen, Chemie und Automobile. Doch im digitalen Zeitalter verschwimmen die Grenzen zwischen physischen Produkten und der virtuellen Welt. Daten werden zum entscheidenden Teil der Wertschöpfung. Sie entstehen während der Produktion und im Betrieb vernetzter Anlagen, Maschinen und Geräte und ermöglichen neue Geschäftsmodelle. Diese beruhen auf smarten Dienstleistungen: Der Luft- und Raumfahrtkonzern Airbus zum Beispiel verknüpft Satelliten- mit Dronen-Informationen zu smarten Geo-Daten, die Versicherern, Stadtplanern oder Landwirten dienen.

Geschäftsmodelle wie dieses enthalten völlig neue Werteversprechen: Ihre Angebote lassen sich in hohem Maße personalisieren und in beinahe Echtzeit nutzen. Sie führen zu radikal verbesserten Ergebnissen in Qualität und Wirtschaftlichkeit. Sie liefern vereinfachten Zugang zu Services: Rolls-Royce etwa verkauft statt seinen Flugzeugturbinen deren Betrieb: »Power by the Hour«.[7] Oder die spanischen Hochgeschwindigkeitszüge AVE: Sie schaffen es, durch datenbasierte Prozess- und Wartungsoptimierung zu 99,8 Prozent pünktlich zu sein.[8] Das führt nicht nur zu einer Auslastung von 75 Prozent (die Fernzüge der Deutschen Bahn erreichten 2017 im Vergleich nur magere 55 Prozent)[9] und macht die spanischen Reisenden zu zufriedenen Kunden, es kurbelt auch das Exportgeschäft an – denn der eigentliche Wettbewerbsfaktor ist nicht mehr der Zug, sondern das datenbasierte Know-how, mit ihm Pünktlichkeit zu erzeugen.

Ein weiteres Beispiel ist Fresenius Medical Care. Das Unternehmen hat den Markt für Blutreinigung über Filter revolutioniert. In Hunderttausenden von Behandlungen wurden Daten gesammelt, die zeigen, in welchem körperlichen Zustand welche Medikamentierung in Verbindung mit der Blutwäsche förderlich für den Patienten ist. Das Ergebnis: Der Krankheitsverlauf wird verzögert. Auch hier zeigt sich: Die Geräte und Medizinprodukte allein sind es nicht, sondern ihr intelligenter Einsatz, ermöglicht durch Datenanalyse und smarte Dienstleistungen. Das Werteversprechen sind verbesserte Gesundheit und eine Erhöhung der Lebensqualität.

Bausteine für die digitale Zukunft

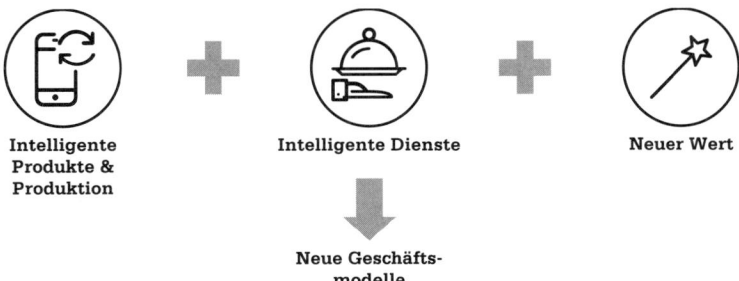

Grafik 1: Intelligente Produkte und Produktionsweisen ermöglichen smarte Dienstleistungen, die neue Werteversprechen geben und zu neuartigen Geschäftsmodellen führen.

Um es gleich vorwegzunehmen: Die zentrale Botschaft dieses Buches ist, dass die Erfolgsmodelle, die gestern noch die deutsche Wirtschaft an die Spitze gebracht haben, ihre Gültigkeit verlieren. Sie müssen sogar fundamental verändert werden und zwar

schnell. In den nächsten drei Jahren werden die Weichen gestellt.
Der Vorsprung schwindet.

Warum?

Gefährliche Fallgruben

Der Blick auf das Wachstum der Top-50-Unternehmen in Deutschland stimmt erst einmal positiv. Insgesamt 544 Milliarden Euro (ein Plus von 35,2 Prozent) zusätzliche Wertschöpfung im Zeitraum 2007 bis 2017 können sich sehen lassen. Treiber des Zuwachses sind vor allem die Automobilindustrie (+ 88 Prozent), Konsumgüter (+ 76 Prozent) sowie Pharma, Kliniken und Medizintechnik (+ 60 Prozent). Bei genauerer Betrachtung und im Vergleich mit China und den USA werden jedoch die Fallgruben deutlich, in denen sich Deutschland verfangen hat:

1. Der Standort Deutschland ist in hohem Maße von der Automobilindustrie abhängig.
   60 Prozent des Gesamtwachstums der Top-50-Unternehmen wurden von ihr erwirtschaftet. Diese starke Position kann sich unter dem Einfluss der Transformation der Branche zum Nachteil verkehren. Abgesehen davon, dass die Autoindustrie sich durch den Dieselskandal selbst diskreditiert hat und das teuer bezahlen muss, ist auch die Gefahr von höheren US-Zöllen noch nicht gebannt: Laut dem Wirtschaftsforschungsinstitut ifo würde die Erhöhung des Zolls auf 25 Prozent auf Autos das deutsche Bruttoinlandsprodukt mit fünf Milliarden Euro belasten, also 0,2 Prozent davon. Weit größer noch sind die Herausforderungen durch technologische Umbrüche wie Elektromobilität und autonomes Fahren sowie verändertes Kundenverhalten (Car Sharing/Mobility as a Service). Hinzu kommen chinesische Konkurrenten, die auf den deutschen Markt drängen.
2. Anders als in den USA und China hat hier keine Strukturveränderung in der Wirtschaft stattgefunden.
   Eine genauere Analyse der Industrieverschiebungen (durch den Vergleich nach Marktkapitalisierung von 2007 bis 2017)

zeigt: Die USA wie auch China haben den ITK-Markt in den vergangenen 10 Jahren signifikant gestärkt und somit den wirtschaftlichen Umbau auf zukunftsgerichtete Sektoren erfolgreicher vollzogen als Deutschland. In China war der entsprechende Umbau am weitreichendsten.

3. Deutschland hat den Einstieg in die Plattformökonomie verpasst.

Die Liste der international wertvollsten Unternehmen wird von US- und chinesischen Plattformunternehmen (Alibaba, Tencent) dominiert, JP Morgan rangiert als bestplatzierte Bank auf dem 9. Rang. Das Rennen um die Spitzenplätze in den B2C-Industrien findet weitestgehend ohne Deutschland und Europa statt. SAP ist das einzige deutsche IT-Unternehmen, das in der globalen Plattformökonomie mitspielt; in der Liste der Top 100 rangiert es um den Platz 50 herum.

Der Aufstieg der Plattform-Unternehmen

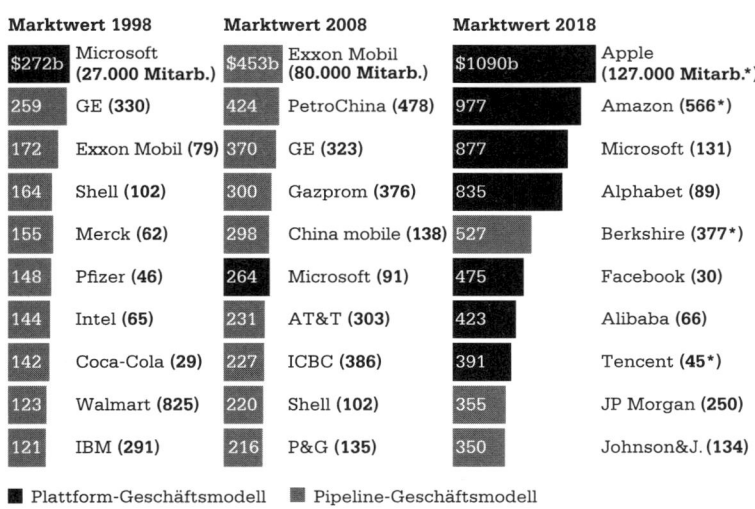

Marktwert 1998

$272b	Microsoft (27.000 Mitarb.)
259	GE (330)
172	Exxon Mobil (79)
164	Shell (102)
155	Merck (62)
148	Pfizer (46)
144	Intel (65)
142	Coca-Cola (29)
123	Walmart (825)
121	IBM (291)

Marktwert 2008

$453b	Exxon Mobil (80.000 Mitarb.)
424	PetroChina (478)
370	GE (323)
300	Gazprom (376)
298	China mobile (138)
264	Microsoft (91)
231	AT&T (303)
227	ICBC (386)
220	Shell (102)
216	P&G (135)

Marktwert 2018

$1090b	Apple (127.000 Mitarb.*)
977	Amazon (566*)
877	Microsoft (131)
835	Alphabet (89)
527	Berkshire (377*)
475	Facebook (30)
423	Alibaba (66)
391	Tencent (45*)
355	JP Morgan (250)
350	Johnson&J. (134)

■ Plattform-Geschäftsmodell   ■ Pipeline-Geschäftsmodell
*Beschäftigungszahlen 2017

Grafik 2: In 20 Jahren hat sich die Struktur der wertvollsten Unternehmen stark verändert. Plattformunternehmen verdrängen im Marktwert die als Pipeline organisierten.

Um Deutschlands Antwort auf die Plattform- und Datenökonomie zu geben, brauchen wir mutige eigene Initiativen in den nächsten zehn Jahren. Doch es fehlt am Fundament: Die Banken, die Infrastruktur und Finanzierung sicherstellen, sind nicht stark genug. Nach wie vor gibt es mit der Deutschen Telekom auch nur ein einziges Telekommunikationsunternehmen in den deutschen Top 50. Nach der Finanzkrise haben die US-amerikanischen Banken deutlich besser aus der Krise gefunden als die deutschen (u. a. durch konsequente Marktbereinigung schwacher Banken per Übernahme oder Insolvenz – siehe Bear Stearns, Merrill Lynch, Lehman Brothers). In der Folge ist die Marktkapitalisierung der Banken in den Top-50-Unternehmen der USA zwischen 2007 und 2017 um 97 Prozent auf 978 Milliarden Euro gestiegen. China verbucht ein Plus von 50 Prozent. In Deutschland hingegen ist die Marktkapitalisierung der Banken im selben Zeitraum um 60 Prozent gesunken.

Marktkapitalisierung seit der Finanzkrise (in Milliarden Euro)

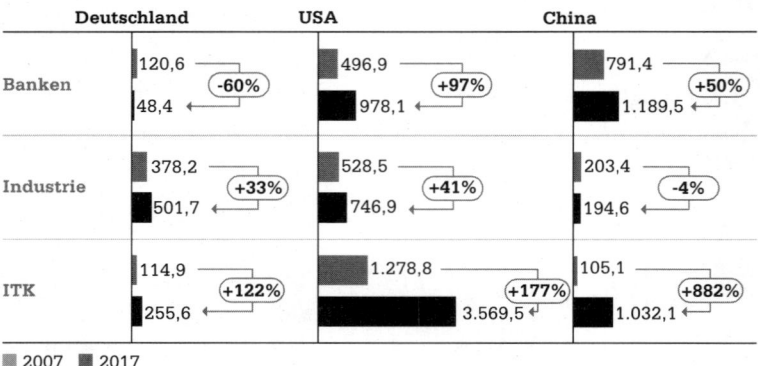

Grafik 3: Die USA und China haben zwischen 2007 und 2017 den Banken- und ITK-Sektor signifikant gestärkt.

Warnsignale aus dem Ausland

Der Export hatte in den vergangenen zehn Jahren großen Anteil am Wachstum der deutschen Unternehmen, wie man an den führenden Branchen sieht: Automobilindustrie, Chemie, Pharma oder Maschinen- und Anlagenbau. Deshalb leiden deutsche Unternehmen auch unter der aktuellen Stagnation des Welthandels. Zwar liegt die Exportquote mit 47,2 Prozent im europäischen Vergleich im unteren Drittel.[10] Doch durch die enge Einbindung in die Weltwirtschaft ist auch die Beschäftigung in Deutschland in hohem Maße auf offene Märkte und internationalen Handel angewiesen: Fast jeder dritte deutsche Arbeitsplatz hängt direkt oder indirekt vom Export ab, in der Industrie ist es sogar mehr als jeder zweite.[11]

Der drohende Austritt Großbritanniens aus der Europäischen Union, so umstritten die Hintergründe des Referendums auch sein mögen, sowie der wachsende Nationalismus beispielsweise in Italien, Österreich und den Niederlanden sind deshalb Warnsignale. Es muss sich etwas ändern. Denn diese vier Staaten sind – gemeinsam mit den sich protektionistisch entwickelnden USA, China (das seit jeher die Entwicklung der eigenen Wirtschaft staatlich stark fördert), sowie Frankreich – die Top-Exportmärkte Deutschlands.

Die Globalisierung der Weltwirtschaft tritt in eine neue Phase. Die Rate grenzüberschreitender Investitionen fällt bereits drastisch. Die Digitalisierung erfordert gut und anders ausgebildete Arbeitskräfte, was auch in den Entwicklungs- und Schwellenländern die Löhne und Gehälter steigen lässt. Länder, deren Wirtschaftswachstum darauf basiert, dass sie lediglich aufgrund niedrigerer Gehälter und Löhne Teil einer längeren Lieferkette sind, werden nach neuen Perspektiven suchen müssen. Hinzu kommt die technologische Entwicklung, von der in diesem Buch noch viel die Rede sein wird.

Magische Einhörner

Der Rückblick auf die vergangenen zehn Jahre zeigt, dass die aktuell größten und erfolgreichsten Unternehmen der Welt in nur wenigen Jahren zu leuchtenden Sternen am Firmament aufgestiegen sind und heute alle anderen überstrahlen. Es sind Newcomer mit scheinbar magischen Kräften: Eben hat Apple als erstes Unternehmen der Welt den Sprung über eine Billion US-Dollar Marktwert geschafft. Und knapp dahinter folgt Amazon. Damit ist jeder der beiden Konzerne mehr wert als die 15 stärksten Aktien im deutschen Leitindex.

Es sind digitale, plattformbasierte Geschäftsmodelle, die zu diesen unglaublichen Erfolgen geführt und international Furore gemacht haben. Die meisten davon wurden in den USA entwickelt, die mit 42 Prozent die Gruppe der rund 200 »Einhörner« anführen – der Start-ups mit einer Bewertung von mehr als einer Milliarde Dollar Marktwert.[12] Aber was die Zahl der jährlichen Newcomer angeht, ist China bereits auf den zweiten Platz gerückt. In den vergangenen zehn Jahren hat das Land, in dem täglich 15 000 Firmen gegründet werden[13], viele international agierende Unternehmen aufgebaut, die nun zu ernsthaften Konkurrenten werden. Vor allem, wenn digitale Plattformen und Geschäftsmodelle im Zentrum stehen.

Was braucht die deutsche Industrie?

Die deutsche Wirtschaft hat ihre führende Rolle in der globalisierten Welt bis heute erfolgreich verteidigt. Aber die Lokomotive wird langsamer. Seit 2016 sind Deutschlands Top 500 nicht mehr Schrittmacher der Weltwirtschaft. Das liegt nicht nur am hohen Niveau des bereits Erreichten, sondern auch daran, dass sich in einer zunehmend datenbasierten Wirtschaft die Grundlagen von Wettbewerbsfähigkeit und Wertschöpfung fundamental ändern.

Eine Analyse der Top-50-Unternehmen in Deutschland, China und den USA zeigt deutlich, dass der Strukturwandel in vollem

Gange ist: Die Informationstechnologiebranche unter den Top-50 Unternehmen ist auf dem Vormarsch. Von 2007 bis 2017 ist ihr Anteil überall gestiegen: in China sogar von 4 auf 28 Prozent, in den USA, dem Trendsetter der Datenindustrie, von 28 auf 36 Prozent. In Deutschland ist die ITK-Branche von 9 auf 16 Prozent gewachsen.[14]

An die Stelle physischer Produkte, für die Qualität und Preis entscheidend sind, rücken zunehmend neue Werteversprechen für den Nutzer. Sie sind es, die in Zukunft den Konkurrenzkampf mit anderen Anbietern entscheiden werden. Sie erfordern neue, datengetriebene Geschäftsmodelle, eine übergreifende Vernetzung verschiedenster Akteure und eine automatisierte Zusammenarbeit auf Plattformen in flexiblen digitalen Ökosystemen. Eine Reihe von Initiativen wie »Plattform Industrie 4.0« oder die »Smart Service Welt« haben diese Herausforderung aufgegriffen und sich zum Ziel gesetzt, Deutschland zum Leitanbieter smarter Dienstleistungen zu machen. Damit dies gelingt, müssen eine Reihe von Voraussetzungen zeitnah adressiert werden. Am wichtigsten dabei: Deutschland muss Antworten auf die datenbasierte Plattformökonomie liefern.

Wettlauf mit China

Eine ganz entscheidende Rolle spielt die Künstliche Intelligenz (KI), die aus dem Datenschatz gespeist wird und durch ihn jeden Tag komplexer, eigenständiger und differenzierter – »klüger« wird. Manche halten sie gar für eine neue Stufe der Evolution. Am Anfang wurde sie in der Software-Entwicklung eingesetzt, dann in der Produktion, als Roboter und Algorithmen begannen, viele Bereiche zu optimieren. Jetzt untermauert sie zunehmend *Smart Services* – Geschäftsmodelle mit neuartigen Wertschöpfungsketten. Was die KI aber zum eigentlichen Gamechanger macht, ist die Tatsache, dass China, zweitgrößte Volkswirtschaft der Welt, den Ehrgeiz hat, zur digitalen Supermacht zu werden und andere Staaten in Sachen KI bei den Technologien der Zukunft abzuhängen. Auch Deutschland.

Wir sind zu zögerlich

Deutsche Unternehmen, aber auch die deutsche Wirtschaftspolitik haben bisher eher zögerlich auf diesen dynamischen Wandel reagiert. Die Strategiedebatten werden eher konsensusorientiert geführt, der Wandel wird zu behutsam moderiert. Auf dem Konsumentenmarkt der großen Plattformen ist das Rennen bereits gelaufen. Doch wir könnten in absehbarer Zeit den weltweiten Wettlauf um datengetriebene »B-B-C«-Geschäftsmodelle gewinnen, wenn wir die Betriebsdaten wirtschaftlich nutzbar machen.

Wer den Zugang zu Daten hat und sie in intelligente Geschäftsmodelle verwandelt, wird zum einflussreichen und wirtschaftlich erfolgreichen Gamechanger. Doch Deutschland tut sich noch schwer, das Spielfeld, auf dem es so lange erfolgreich war, zu verlassen und unbekanntes Terrain zu erobern. Die Unternehmen haben zwar verstanden, dass digitale Plattformen zum Dreh- und Angelpunkt der Wirtschaft werden. Schließlich erreichen die vier größten Internetunternehmen Google, Apple, Facebook und Amazon bereits heute eine Marktkapitalisierung, die mehr als der Hälfte des deutschen Bruttosozialprodukts entspricht. Doch während weltweit 16 Prozent der signifikant in Plattformen investierenden Unternehmen eine hohe Wertschöpfung erzielen, sind dies in Deutschland nur drei Prozent.[15]

Deutschland spielt in der Plattformökonomie, die über Handelsplattformen die B2C-Industrien bereits komplett auf den Kopf gestellt hat, keine Rolle. Nun aber erreicht die Disruption die B2B-Industrien, das Herzstück der deutschen Wettbewerbsfähigkeit im globalen Markt. Wirtschaft, Politik und Verbände haben dies erkannt und ringen um Konzepte, eine Datenökonomie in der Produktion zu etablieren. Doch die Diskussion wird dominiert von der Angst um Wettbewerbsfähigkeit, der Sorge um den Schutz des geistigen Eigentums und der Datensicherheit. Aktuell liegen drei mögliche Antworten auf dem Tisch:

1. Datenmarktplätze wie beispielsweise der International Data Space oder der Data Intelligence Hub der Deutschen Telekom

könnten die Grundlage für sicheren Datentausch und Service-design darstellen.

2. Die Interoperabilität von Plattformen würde Zugang zu den benötigten Datenquellen ermöglichen und Monopole nach dem Motto »The winner takes it all« vermeiden.

3. Neuartige Technologien wie etwa die end-to-end-verschlüsselte Blockchain tragen den Sicherheitsbedenken der Unternehmen Rechnung, ohne den Umbau zu verhindern.

Deutschland könnte seine Vorreiterrolle in wichtigen Industriezweigen verlieren, wenn es den Zug der Neuordnung verpasst. Momentan scheint es, als würden Deutschland und Europa sich vorrangig mit sich selbst beschäftigen. Zögern und Angst vor Veränderung verhindert den Wandel nicht. Es wird Zeit, ihn stattdessen mutig zu gestalten und die vielen Chancen, die er bietet, zu ergreifen.

Jetzt durchstarten!

Derzeit umfasst die Digitalwirtschaft rund 22,5 Prozent der Weltwirtschaft.[16] Doch der größte Anteil an möglicher Wertschöpfung ist noch längst nicht realisiert, sondern liegt verborgen unter Bits und Bytes. Er wartet darauf, entdeckt zu werden, auch von deutschen Unternehmen.

Dieses Buch beschreibt die wichtigsten Bausteine der digitalen Zukunft und entwirft eine Strategie für Deutschland, wie und wo sie einzusetzen sind. Es entwickelt ambitionierte Ziele und Visionen zu der Rolle, welche die deutschen Unternehmen im digitalen Zeitalter einnehmen könnten. Wie radikal muss die Wirtschaft dazu umgebaut werden? Wie schafft man ein kreatives Umfeld für Innovationen? Und was ist notwendig, um den Change-Prozess so zu gestalten, dass er deutsche Unternehmen aus den Fragmenten der Disruption heraus im Steilflug nach oben bringt?

Was müssen Wirtschaft und Politik tun, damit neue digitale Geschäftsmodelle entstehen und erfolgreich sind? Auf welche technologischen Innovationen sollen wir in Forschung und Entwicklung setzen? Wo liegen in Zukunft die Stärken deutscher Unternehmen im Konkurrenzkampf mit den großen Plattform-Industrien? Sind die aktuellen Plattform-Geschäftsmodelle überhaupt bruchlos übertragbar auf die Industrie? Was heißt all das für die Menschen in unserem Land, für Bildung, Beschäftigung und Lebensqualität? Was heißt das für Europa? Und vor allem: Wo sollen wir anfangen?

Deutschlands Antwort auf die Plattformökonomie

Eine wichtige Botschaft dieses Buches ist: Unserer Industrie steht ein ungeheurer Schatz zur Verfügung – die Betriebsdaten von schätzungsweise einer Milliarde hier gefertigter Anlagen, Maschinen und Geräte. Es sind diese Daten, die zur Grundlage der Wertschöpfung werden, indem sie neue Dienstleistungen ermöglichen. Im internationalen Wettbewerb nämlich ist nicht mehr die Qualität der Produkte entscheidend, sondern die Werteversprechen, die damit verbunden sind. Um den Datenschatz zu heben, müssen wir aber eine technische und strategische Antwort auf die Plattformökonomie formulieren. Es ist deutlich, dass sich das Datenmarktplatz-Modell in der Industrie bis dato nicht durchgesetzt hat. Das bedeutet auch, dass hier keine Konzentration auf wenige Unternehmen stattgefunden hat. Das ist erstmal eine gute Nachricht. Auf der Strecke aber bleibt die Möglichkeit zur Skalierung neuer Geschäftsmodelle und für Innovation. Für beides braucht es als Rohstoff viele Daten.

Plattformen spielen aktuell eine entscheidende Rolle im Orchestrieren dieser neuen Datenwelt. Im Konsumentenbereich sind die Würfel längst gefallen, hier kann Deutschland den USA und China nicht das Wasser reichen. Doch als »Ausrüster« der Welt könnten deutsche Unternehmen ihre unendlichen Datenströme nutzbar machen – wenn sie die Gesetze der neuen Wirtschaft verstehen lernen. In der Verbindung der physischen und der Daten-Welt könnte Deutschland weltweit Nr. 1 werden und eine überzeugende Antwort auf die Herausforderungen der Plattformen geben.

Von smarten Produkten hin zur Digitalwirtschaft

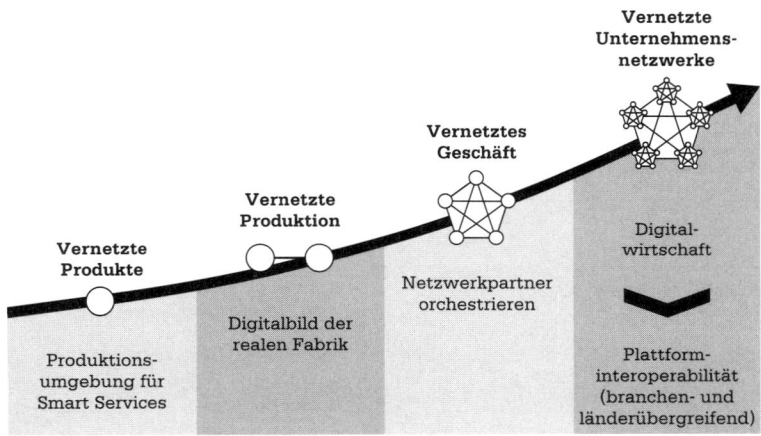

Grafik 4: Wertschöpfungsnetzwerke sind die Zukunft der digitalen Wirtschaft.[17]

Zahlreiche deutsche und europäische Unternehmen haben dies erkannt und vor allem in Applikationen für das industrielle Internet of Things investiert. Diese veredeln die physischen Produkte, zum Beispiel, wenn das Baumaschinenunternehmen Putzmeister aus Aichtal mit PUMPNOW eine Online-Plattform zur flexiblen Vermietung von Estrichpumpen geschaffen hat.[18] Mittlerweile ist der Markt der IoT-Anwendungen allerdings sehr groß und unübersichtlich geworden, die so wichtige Skalierung bleibt aus, weil die wenigsten Plattformen zweiseitig und offen sind.

Was macht Plattformen aus? Das sind im Wesentlichen drei Funktionen: Sie versehen jeden der Marktteilnehmer mit einer Identität. Sie ermöglichen das Bezahlen. Und sie stellen die Trägerstruktur für digitale Services zu Verfügung.

Eine Technologie, die Ähnliches leisten könnte, ist die Blockchain. Sie legt Identitäten fest und sorgt für sicheren Zahlungstransfer.

Es fehlt nur noch eine Struktur, welche der Servicekomponente Rechnung trägt. Eine entsprechend fokussierte Technologieforschung könnte diesen dritten Baustein liefern. Der Vorteil dieser Lösung: Die Daten verblieben bei den Unternehmen.

KAPITEL 2

Null oder Eins? Die Zukunft gehört dem, der seine Daten richtig nutzt

Die Technologiekurve: Sinkende Preise beschleunigen den Wandel

Jedes Jahr wächst die globale Datenmenge um rund 30 Prozent. 2025, so eine Prognose des amerikanischen Festplattenherstellers Seagate und des Technologieanalysten IDC[1], sollen drei Viertel der Weltbevölkerung vernetzt sein. Jeder Mensch wird dann im Schnitt auch 4800-mal täglich in irgendeiner Form mit vernetzten Geräten interagieren. Die geschätzten 163 Zettabyte, die dabei generiert werden, werden dann zu 60 Prozent von Unternehmen stammen (2015 waren es noch 30 Prozent). Das ist ein doppelt so hoher Anteil – von einer gleichzeitig um das Zehnfache gestiegenen Datenmenge.[2] Der Anteil an Daten, die mithilfe künstlicher Intelligenz verarbeitet wird, soll sich dabei verhundertfachen: auf 1,4 Zettabytes.[3]

Solche Zahlen übersteigen unser Vorstellungsvermögen, doch die Steilkurve ist eindeutig: Die digitalen Technologien, konkret das exponentielle Wachstum von mehreren Leistungsparametern (Prozessoren, Speicher, Netze), werden immer schneller und effizienter, die gesammelten Daten immer mehr. Mit der wachsenden Summe der Erfahrungen sinken gleichzeitig die Kosten für die neuen Technologien und fördern den Einsatz von Elektronik und IT in Unternehmen und die einhergehende Standardisierung und Automatisierung von Geschäftsprozessen, was die Preisspirale weiter nach unten drückt. Diese Dynamik ist der eigentliche Motor der Disruption – das gilt quer durch alle Forschungsdisziplinen und Industrien.

Die Innovationsspirale

Ein Beispiel aus der Wissenschaft zeigt diese Entwicklungssprünge besonders deutlich. Ein Instrument der Life Sciences ist CRISPR-Cas9 (Clustered Regularly Interspaced Short Palindromic Repeats) – eine molekulare Schere, die ohne Digitalisierung nie gefunden worden wäre. Sie erleichtert gentechnische Eingriffe um ein Vielfaches und hat die Kosten dafür dramatisch gesenkt. Obwohl das Tool erst 2012 in einer wissenschaftlichen Arbeit vorgestellt wurde, sind innerhalb nur weniger Jahre bahnbrechende Erfolge mithilfe dieser Technologie gelungen, zum Beispiel konnte im Labor eine Genmutation rückgängig gemacht werden, die für die Flussblindheit verantwortlich ist. Die Kosten solcher experimenteller gentherapeutischer Manipulationen sind gegenüber herkömmlichen Methoden bereits um das 150-Fache gesunken.[4]

Ähnlich dynamisch sind die Veränderungen in der industriellen Produktion: Ein Industrieroboter kostete 2007 noch rund eine halbe Million US-Dollar, zehn Jahre später nur noch ein Zwanzigstel: 25 000 Dollar. Einfache Roboterarme lassen sich schon für wenige Hundert Dollar herstellen. Ein Smartphone, das 2007 ein Spitzenprodukt war, kostete damals 500 US-Dollar. Heute wäre dieselbe Ausstattung nur noch 10 Dollar wert. Ein dreidimensionaler Lidar-Sensor, der zum Beispiel zum Kollisionsschutz eingesetzt wird, kostete noch 2009 noch 30 000 Dollar. Die Autohersteller zweifelten daran, dass sie sich jemals in Massenproduktion herstellen ließen. 2016 war der Preis für einen Sensor bereits auf 250 Dollar gefallen[5]. Grafik 5 stellt die Preisdynamik anhand einiger ausgewählter Technologien dar.

Triebkraft Cloud

Im Pull and Push von Kosten und Fortschritt haben einige Technologien die Wirtschaft besonders intensiv angetrieben, zum Beispiel die Cloud. Anfangs war sie nur ein kleines wolkiges Gebilde, das auf Flip Charts und White Boards die unendlichen Dimensionen des Internets symbolisieren sollte. Daten und Programme müssen, sollte das bedeuten, heute nicht mehr auf Festplatten gespeichert werden, sondern können ins World Wide Web ausgelagert werden. Über die Cloud lassen sich Netzwerke herstellen, Plattformen ansteuern oder Applikationen und Software laden. Sie eröffnet Zugang zu verschiedensten Datenbanken und bietet Raum für Datenspeicherung. Riesige Datenmengen lassen sich in Echtzeit zentral sammeln und auswerten – für eine praktisch unbegrenzte Zahl von Usern.

Sinkende Kosten digitaler Technologien

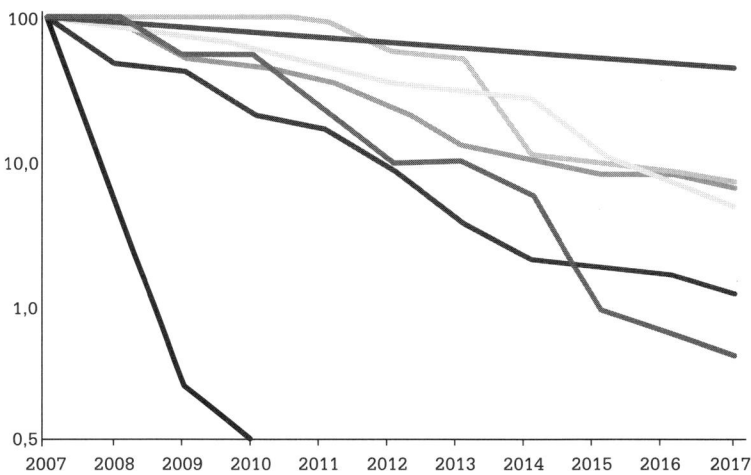

KOSTEN-INDEX (2007=100)

— Kosten für Cloud-Speicherung
(US $/GB pro Monat)

Akku für Elektrofahrzeuge
(US $/kWh)

— Kosten für Genomsequenzierung
(US $/Genom)

— 3-D-Druckmaschinen
(US $/Maschine)

— Kosten für die globale Bandbreite
(US $/1000 MBit/s)

— Globale PV-Modulpreise
(US $/W)

— Handels-/Militärdrone Mindestpreise
(US $/Einheit)

Grafik 5: Die Dynamik sinkender Preise fördert Verfügbarkeit und Innovation, also auch Disruption.

Kleinere Unternehmen können den Aufwand einer eigenen IT umgehen, indem sie über die Cloud und online Dienstleistungen beziehen. Damit das Potenzial der Cloud voll zum Tragen kommt, sind allerdings schnelle und leistungsfähige Breitbandkommunikation sowie potente Rechenzentren notwendig.

Für die digitale Transformation von Unternehmen ist die Cloud ein sehr wichtiger Faktor. Als Katalysator und Bindeglied verknüpft sie verschiedenste Technologien als Basis von Geschäftsmodellen – vom Internet der Dinge über digitale Servicemodelle bis hin zu Biometrik und Künstlicher Intelligenz. Der deutsche Großhändler Metro gab zum Beispiel 2018 bekannt, seine gesamte SAP-Infrastruktur in die Cloud von Google zu verlegen. Dort kann er seine Geschäftsdaten mit statistischen Analyseprogrammen kombinieren, um unter anderem frühzeitig zu erkennen, wenn Lieferengpässe drohen.[6]

Die Cloud hat nicht nur die Speicherkapazitäten entlastet – sie revolutionierte die Geschäftswelt auf eine Art und Weise, die noch vor wenigen Jahren unvorstellbar schien. Denn sie ist die Produktionsstätte der Smart Services, neue, personalisierte Leistungsbündel aus Produkten und digitalen Services. Sie erst ermöglichte ein Angebot neuartiger Dienste, die, wie die Cloud, mit einer traumhaften Leichtigkeit daherkommen: Taxiunternehmen, die keine eigenen Autos mehr besitzen, Vermieter, die über keinen Immobilienbesitz verfügen, Einzelhändler ohne Warenbestand, Medien-Websites, die keinen Content produzieren oder Enterprise-Cloud-Firmen, die selbst keine Server haben. Die Cloud hat vielen Unternehmen die Erschließung neuer Märkte ermöglicht, indem sie nicht nur operativ anders vorgehen, sondern indem sie auch etwas ganz anderes anbieten – jederzeit und überall.
Ein Paradebeispiel ist auch der Navigationsdienst HERE:

Case Study: HERE Technologies

HERE ist ein zentraler Datenhub für Mobilitätsdaten, an denen nicht nur die Hersteller selbstfahrender Autos großes Interesse haben. Angefangen von der Liefer-App über den Spediteur und die künftigen Drohnendienste bis zu Städten, die Schlaglöcher in ihren Straßen in Echtzeit angezeigt bekommen, können viele Akteure von diesem Datenschatz profitieren. Das Unternehmen, das nach mehreren Vorläufer-Phasen 2015 von BMW, Audi, Daimler und anderen gekauft wurde, unterstützt inzwischen mehr als 100 Millionen Autos.[7] Zu seinen Diensten gehört unter anderem ein Geo-Mapping in 196 Ländern, das zum Teil auch in Gebäuden Orientierung gibt sowie Auskunft über nahe liegende Sehenswürdigkeiten. In einem weiteren Programm können User eigene Verweise in die Karten editieren, zum Beispiel Hinweise auf Geschwindigkeitsbeschränkungen oder Lieblingsrestaurants. Ein eigener Analytics-Dienst berechnet Verkehrsaufkommen und -bewegungen.

Viele der Autos haben Kameras und Sensoren, die im 360-Grad-Modus aufnehmen oder zu 3-D-Bildern beitragen können. Um HERE herum ist ein riesiges Ökosystem entstanden. Zum Beispiel nutzt Amazon die HERE-Plattform für seine eigenen Karten. HERE ist auch eine wichtige Basis für autonomes Fahren. HERE funktioniert, weil Unternehmen, die eigentlich sonst Konkurrenten sind, von der Zusammenarbeit am gemeinsamen Datenschatz profitieren. Ein Hersteller allein könnte nie genügend Autos auf der Straße haben, um die notwendigen Echtzeitdaten für die autonomen Autos zu generieren.

Doch HERE ist bisher leider die große Ausnahme. Meist bewachen Unternehmen ihre Daten wie einen Schatz – den zu heben sie aber nicht groß genug sind. Die naheliegende Lösung, Daten über Unternehmensgrenzen zu »poolen« und damit neue Einsichten und Lösungen zu finden, passt nicht immer zur deutschen »Ingenieurs-DNA«. Zu groß ist die Sorge, Betriebsgeheimnisse preiszugeben oder ausspioniert zu werden.

Könnten geschätzt bis zu 85 Millionen Haustierbesitzer in ganz Europa über eine App die Aktivität ihrer Haustiere verfolgen? Wie kommt ein Feuerwehrmann jederzeit und unmittelbar an einsatzrelevante Informationen – Gebäudepläne, Hydrantenpositionen, interaktive Wegbeschreibungen? Und wie können mehr als 100 000 Mitarbeiter eines globalen Unternehmens über lokale IT-Hürden und zugleich Landesgrenzen hinweg effizient zusammenarbeiten? Der Informatiker Ferri Abolhassan, Mitglied der Geschäftsführung der Telekom, hält die Cloud für das zentrale Rückgrat der Digitalisierung: »Die Szenarien könnten unterschiedlicher nicht sein. Aber sie haben etwas Wesentliches gemeinsam: Sie funktionieren nur mit der Cloud.«[8]

Cloud Computing als Treiber der digitalen Revolution

Grafik 6: Das breite Spektrum der Leistungen des Cloud Computing macht es zu einer wichtigen Technologie für die digitale Transformation von Unternehmen.[9]

Neue Horizonte: die virtuelle Realität

Die wachsende Fähigkeit, Unmengen von Daten zu verarbeiten und damit ein virtuelles Bild von der Welt zu erzeugen, hat zu einem weiteren Technologiesprung geführt: der virtuellen Realität. Sie erlaubt uns, in andere Welten »einzutauchen«, indem sie entfernte, nicht einsehbare oder auch unzugängliche Objekte in den eigenen Wahrnehmungsraum integriert – als bildliche Repräsentation. Was zunächst nur aufwendig in Laboren umgesetzt werden konnte, hat inzwischen bereits auf dem Unterhaltungs- und Spielesektor viele Freunde. Für viele virtuelle Erlebnisse wie etwa eine Mondlandung reichen heute schon ein Smartphone und ein einfaches Headset aus Karton.

Das Gaming, also die elektronische Spieleindustrie, dient in vielen Fällen als Test-und Trainingsphase für Technologien, die später auch in der Industrie eingesetzt werden. So liefern die Fans von Computerspielen wichtige Daten für die Beschleunigung des Maschinenlernens und die Vertiefung Künstlicher Intelligenz. Zum Beispiel hat ein Forscherteam der TU Darmstadt herausgefunden, dass Bilder aus dem populären Spiel »Grand Theft Auto« eine realistische Basis für das autonome Fahren darstellen können. Es sei bedeutend schneller, die fotorealistischen Bilder aus dem Spiel zu verwenden als gefilmte Daten, die dann aufwendig in eine virtuelle Bibliothek verwandelt werden müssen, um sie der autonomen »Fahrschule« einzugliedern. Ein Bild aus einem Spiel zu verwenden dauere nur 7 Sekunden, eine reale Aufnahme des Stadtverkehrs und ihre Virtualisierung 90 Minuten. Da in das computerisierte Verfolgungsrennen auch Wetterlagen einprogrammiert sind, lassen sich selbst daraus Daten für die Zukunft des Autoverkehrs ziehen.[10]

Simulation durch virtuelle Realität ist auch dort, wo sie noch nicht realisiert wurde, die Zukunft in vielen Forschungseinrichtungen oder Industrien. Sie spart, wie das Grand-Theft-Beispiel zeigt, viel Geld und Zeit. Man kann zum Beispiel die Intelligenz der Fahrzeuge im Kontakt mit menschlichen Avataren oder auch mehreren Mitspielern testen, ohne reale Verkehrsteilnehmer zu gefährden.

Ganz ähnlich ist das in der Medizin, die sich besonders viel Nutzen von der Digitalisierung verspricht. Studenten der Case Western Reserve University in Cleveland/USA zum Beispiel können mit einem 3000-Dollar-Headset einen menschlichen Körper studieren, der vor ihnen in der Luft schwebt, und in dessen Teile und Organsystem hineinzoomen – ohne einander gleichzeitig in der Realität aus den Augen zu verlieren. Hans Lehrach, Biochemiker am Max-Planck-Institut für Molekulare Genetik in Berlin arbeitet daran, das Innere des Menschen, all seine Zellstrukturen und Organfunktionen im Computer abzubilden. Das ist ein Ansatz der individualisierten Medizin: Ziel ist, Therapien, bevor sie am Patienten angewendet werden, an dessen »digitalem Zwilling« (siehe

Seite 51) testen zu können. Neurowissenschaftler Henrik Ehrsson von der Karolinska-Universität Stockholm bringt Patienten dazu, sich über virtuelle Techniken vollständig in einen Avatar hineinzuversetzen, was bei ihnen neurologische Wahrnehmungen verändert und sogar zu Verhaltensänderungen führen kann. Daraus lassen sich moderne Ansätze der Schmerztherapie entwickeln oder auch Angststörungen virtuell behandeln. Das sind nur einige der vielen Anwendungsbeispiele aus der Medizin, einem der ersten Sektoren, der sich neben der Gaming-Industrie mit den neuen Simulationstechniken befasst.

Nach Jahren der Unsicherheit, was diese Technologien in der Produktion leisten könnten, setzt nun auch die Industrie zunehmend auf Virtuelle und Erweiterte Realität (virtual and augmented reality). In der Industrie erlauben smarte Brillen und Headsets etwa die 3-D-Simulation von Montagen oder anderen Arbeitsprozessen im 360-Grad-Radius. Virtuelle Technologien unterstützen Herstellung, Prozessoptimierung, Instandhaltung und Schulung. 2016 wurden 2,8 Milliarden Dollar weltweit dafür investiert. Anwender sind zum Beispiel die Autoindustrie, die immer stärker reale Wahrnehmung und Dateninformationen beim Fahren überlagert, aber auch das Militär.[11] Insgesamt entwickelt sich der Markt unglaublich dynamisch: 2017 wuchs er um 130 Prozent (13,9 Milliarden US-Dollar) und soll bis 2020 laut IDC einen Umfang von 162 Milliarden Dollar erreicht haben.[12]

Der Quantensprung: Künstliche Intelligenz

Die vielleicht wichtigsten Treiber der Datenökonomie sind Algorithmen und Analytik, die eigenständig lernen und sich selbst optimieren können. Ihr Einsatz stellt einen Quantensprung in der Geschichte der Digitalisierung dar und vielleicht auch einen Quantensprung in der Geschichte der Menschheit.

Vom Zinn-Mann des »Zauberer von Oz« bis zum Liebling der Star-Wars-Fans – dem kleinem Roboter R2D2 – die Vorstellung, dem Menschen kluge Maschinen zur Seite zu stellen, hat ein großes Fanpublikum, auch in der Wissenschaft. Alan Turing, der brilliante britische Mathematiker, der die theoretischen Grundlagen für universelle Rechenmaschinen schuf, veröffentlichte 1950 einen legendären Aufsatz: »Computing Machines and Intelligence«[13], in dem er darüber nachsann, wie Menschen Entscheidungen treffen. Wenn sie dazu Informationen nutzten und Informationen kodiert werden könnten, so sein Schluss, dann müssten doch auch Maschinen Entscheidungen treffen können?

Im Zeitalter der »digital natives« klingt das vielleicht banal, doch vor 70 Jahren war das ein revolutionärer Gedanke, der von vielen Forschergruppen aufgenommen wurde, zum Beispiel von der um Marvin Minsky am Dartmouth College in Hanover (New Hampshire, USA). Er wurde zum Schöpfer des Begriffs »Künstliche Intelligenz (KI)« (Artificial Intelligence, AI). Bereits 1956 veranstaltete Minsky eine interdisziplinäre Konferenz und rief Forscher aus den unterschiedlichsten Disziplinen auf, an diesem aufsehenerregenden Konzept mitzuwirken.

Die Anfänge waren noch mühsam. Kommandos nicht nur auszuführen, sondern Informationen auch zu speichern, das musste den Rechenmaschinen jener Zeit erst noch beigebracht werden und das kostete Zeit und sehr viel Geld. Als Joseph Weizenbaum 1966 mit ELIZA das erste räsonierende Gerät erfand, war das eine Sensation, obwohl das für heutige Verhältnisse einfache Programm menschliches Denken nicht wirklich nachvollziehen konnte, sondern eher mechanisch auf bestimmte Reizworte reagierte.

1970 gab Marvin Minsky dem Magazin LIFE ein Interview, in dem er ankündigte, »in drei bis acht Jahren« eine Maschine präsentieren zu können, die so intelligent wie ein Mensch sei.[14] Wie wir heute wissen, war das eine zu ambitionierte Schätzung. Erst 1996 gelang es dem Computer »Deep Blue«, den damaligen Schachweltmeister Gari Kasparow zu schlagen, aber auch das war noch eine Programmierleistung, die zwar ein spezielles Ziel erfüllte, aber noch lange nicht an die Komplexität und Flexibilität des menschlichen Geistes herankam. 1997 wurde die erste Spracherkennung (Dragon) in das Betriebssystem Windows integriert – Vorläufer für ein selbstlernendes Programm. Und Cynthia

Breazeal begann am Massachusetts Institute of Technology »Kismet« zu entwickeln, den ersten Roboter, der lernt, Gefühle zu erkennen und mit menschenähnlichen Gesten darauf zu reagieren.

Heute kann man während einer Autofahrt mit einer Suchmaschine auf dem Display ein richtiges Gespräch führen, und Alexa, der Sprachassistent von Amazon, ist auf über zehn Millionen Geräten verfügbar und erfüllt von dort aus individuelle Wünsche, auch, wenn sie im Dialekt vorgebracht werden. Die ersten Serien der personalisierten Bots sind zwar noch etwas schwer von Begriff, doch sie lernen schnell. Das sogenannte Voice Interface, also eine stimmliche Benutzerschnittstelle, wird an Bedeutung zunehmen.[15]

Damit sich die ersten selbstlernenden Systeme entwickeln konnten, mussten Rechner – und Speicherkapazität und die Konnektivität von Netzwerken erst deutlich gesteigert werden. Und es braucht Daten, um die Algorithmen zu trainieren: Mittels Sensoren werden über die erhobenen Daten wertvolle Informationen und Erkenntnisse in Echtzeit gewonnen. Diese Daten dienen auch als Trainingsmaterial für selbstlernende Systeme.

Legendär wurde das Projekt das kalifornischen Google X Labs, wo man im Jahr 2012 1000 Computer zusammenschloss und sie mit Standbildern aus *YouTube* fütterte. Nach drei Tagen und 10 Millionen Bildern schaffte es das Google Brain getaufte Netzwerk, eigenständig und ohne menschliche Hilfe neben der Kategorie Mensch auch Katzen zu identifizieren, die augenscheinlich in ähnlich großer Zahl im Netz vorkamen. Der ganze Aufwand für ein paar Katzen – das Experiment sorgte damals für viel Spott, aber das Verfahren, das dahintersteckte, findet sich heute in vielen Anwendungen, die wir ganz selbstverständlich nutzen – zum Beispiel der Bildersuche von Google. Es funktioniert nach dem Prinzip des Deep Learning. Hier orientiert sich die Maschine nicht an einem vorgegebenen Algorithmus, sondern das Programm optimiert sich selbst mithilfe statistischer Datenanalyse: Jeder Fehler, den das System macht und der korrigiert wird, verbessert seine Leistung.

Das System des Erkennens funktioniert dabei in verschiedenen Rastern, wie auch im Gehirn unterschiedliche neuronale Netzwerke zusammenarbeiten: Eine Ebene erkennt und unterscheidet nur dunkel und hell, die nächste sucht nach Zusammenhängen und Mustern, die dritte teilt das Bild in horizontale und vertikale Linien, eine weitere stellt fest, dass anscheinend ein paar Augen eine Einheit bilden usw. Verblüffende Fortschritte hat auch die Spracherkennung gemacht: Google Translate schafft es bereits, gesprochene Sätze in 32 gesprochene Fremdsprachen zu übersetzen – per Text bietet der Dienst sogar 103 Sprachen an, inkl. das philippinische Cebuano oder das afrikanische Igbo.

500 Millionen Menschen nutzen weltweit jeden Monat die Google-Übersetzung. Eine Zeitlang war sie Nr. 1 auf der japanischen Twitter-Liste, als nämlich Social-Media-User anfingen, Texte des Schriftstellers Haruki Murakami in andere Sprachen übersetzen zu lassen, und die Ergebnisse, so ein Wissenschaftler in der New York Times, schließlich immer mehr »dem Murakami-Stil ähnelten«. Manche Übersetzungen waren allerdings noch eher komisch als verständlich.[16] Doch das Beispiel zeigt: Je mehr Informationen eingespeist und von dem System selbst nach dem Muster Trial and Error aussortiert werden, desto besser wird es.

In der Industrie finden all diese Technologien Anwendung – von der Automatisierung über die flexible Roboterisierung bis hin zum Deep Learning sind sie dabei, sämtliche Prozesse entlang der Wertschöpfungskette zu erfassen.

Eine neue Generation von Robotern

Roboter arbeiten schon lange in der industriellen Fertigung, aber viele Jahre waren ihre Tätigkeiten auf wenn auch immer präziser beschriebene Arbeitsvorgänge beschränkt. Doch nun überschlagen sich in den Entwicklungslaboren für Artificial Intelligence die Erfolgsmeldungen: Nur zwei Wochen dauerte es zum Beispiel, bis Forscher des Autolab der University of California einem Roboter beibrachten, ein Klinikbett zu beziehen. Noch vor Kurzem hätte diese Entwicklung Monate oder sogar Jahre gedauert. Ein anderer lernt, unbekannte Gegenstände aufzuheben. Das klingt simpel, ist aber eine enorme Leistung. Die Vorarbeit war aufwendig: Wissenschaftler mussten Modelle für 10 000 verschiedene Objekte bauen. Doch dann begann der Roboter, die Strukturen mithilfe ihm eingepflanzter neuronaler Netzwerke zu identifizieren und entwickelte selbstständig Strategien, die ihm vorgelegten Dinge mit unterschiedlichen Werkzeugen zu ergreifen.[17]

Noch mehr Fortschritt gewünscht? Wissenschaftler der Technischen Universität von Nanyang im Stadtstaat Singapur haben einen Roboter entwickelt, der in weniger als neun Minuten einen Holzstuhl von Ikea zusammenbauen kann – eine Aufgabe, die schon so manchen Menschen zur Verzweifung gebracht hat. Der Roboter fotografiert zunächst die auf dem Boden ausgebreiteten Einzelteile mit einer 3-D-Kamera, analysiert, wie sie zueinander passen, packt dann mit zwei Greifarmen die Holzteile und Schrauben und setzt alles zusammen.

Forscher des Open-AI-Labors in Washington sind nun dabei, eine menschenähnliche Robotik-Hand zu konstruieren. Das ist eine besondere Herausforderung, denn die menschliche Hand kann eine Vielzahl komplexester und völlig unterschiedlicher Aufgaben durchführen. Sie schafft es, bis zu 750 Buchstaben pro Minute zu tippen – gute Pianisten schaffen 24 Tastenanschläge pro Sekunde – in unterschiedlichen Griffmustern und nach langen Jahren der Übung. Aber die *Dactyl*-Hand hat in nur zwei Tagen gelernt, einen Würfel in ihrer Handfläche rotieren zu lassen – etwas, schreibt die New York Times, was in der biologischen Evolution »hundert Jahre Trial and Error gebraucht hätte«.[18]

Best Practices in Maschinenlogik

Einfache Formen Künstlicher Intelligenz finden schon seit etlichen Jahren Anwendung. Banken und Versicherungen verwenden sie zum Beispiel zur Überprüfung von Anträgen, Ansprüchen aus Schadensfällen oder auch im Kundenkontakt. Anwaltskanzleien nutzen sie, um Gesetzestexte und Urteile zu screenen. Doch erst die wachsenden Prozessgeschwindigkeiten der Computer, sinkende Kosten für Speicherkapazitäten dank der Cloud und Fortschritte im Maschinenlernen machen sie ökonomisch für alle Industrien interessant und öffnen neue Möglichkeiten für selbstlernende Systeme und komplexere Anwendungen.

Noch wird ihr Potenzial nicht ausgeschöpft, zum Teil, weil gesetzliche Rahmenbedingungen fehlen oder auch, weil die Investitionen dafür zunächst hoch sind. Die Lernfähigkeit der Technologie führt jedoch dazu, dass sie mit der Zeit immer besser und kosteneffizienter wird. Allerdings gibt es immer noch erhebliche Bedenken und Widerstände in der Gesellschaft, was den befürchteten Verlust an Arbeitsplätzen angeht oder auch die Angst, von Maschinen »gesteuert« zu werden.

Im Prinzip müssen Maschinen ähnliche Grundsätze lernen wie der Mensch: Sie müssen zwischen »richtig« und »falsch« unterscheiden, die Folgen einer Handlung kalkulieren und bewerten können, vorurteilsfrei gegenüber Fakten sein und ihren eigenen Weg zielsicher verfolgen, auch wenn sie mit anderen Geräten oder auch Menschen interagieren. Ein System mit Künstlicher Intelligenz muss aber auch erkennen, wann es an seine Grenzen kommt und deshalb einen Menschen benachrichtigen muss.

Die Überprüfung und Überwachung von Entscheidungen, die mithilfe Künstlicher Intelligenz getroffen wurden, ist ein ganz neues Forschungsfeld. Es ist wichtig, um Ängsten zu begegnen und Vertrauen in die technologiegetriebenen Prozesse aufzubauen. Die führenden westlichen KI-Entwickler – Amazon, Facebook, Google, IBM und Microsoft – haben 2016 angekündigt, im Rahmen eines Nonprofit-Unternehmens (Partnership on AI) Best Practices in den Bereichen Ethik, Fairness und Inklusion zu entwickeln. Es sollen Standards für Transparenz, Schutz der Privatsphäre und die Zusammenarbeit von Systemen erarbeitet und natürlich das Verhältnis zwischen Technologie und Mensch geklärt werden.

Für die Akzeptanz digitaler Geschäftsmodelle ist es essenziell, dass die Kunden zum Beispiel darauf vertrauen können, dass ihre

Daten nicht zu unethischen Zwecken genutzt werden – wie es zum Beispiel zwischen 2014 und 2017 bei den Facebook-Daten der Fall war, die von der englischen Firma Cambridge Analytica für politische Zwecke missbraucht wurden.

Es gibt bereits technische Lösungen, um Vergleichbares zu verhindern. Im Frühjahr 2018 hat Accenture ein Testsystem eingeführt, das es Unternehmen ermöglichen soll, verlässliche KI-Systeme für ihre Zwecke zu installieren, zu überwachen und ihren Erfolg zu bewerten.

Smarte Kommunikation: Industrie 4.0 und das Internet der Dinge

Die digitale Revolution ist leise. Kein Dampfhammer gibt mehr den Rhythmus der Maschinen vor, kein ohrenbetäubendes Rattern und Stampfen erschüttert mehr die Fabrikhallen, selbst Kommandos sind selten zu hören. 98 Prozent der Autokarosserien, zum Beispiel, werden von Robotern gebaut. In Europa ist Deutschland das am stärksten automatisierte Land, im internationalen Vergleich liegt es auf Platz 3, nach Südkorea und Singapur – mit 309 Robotern pro 10 000 Mitarbeitern.[19]

Die Revolution durch Automatisierung ist längst passiert[20] – doch nun brandet nach Dampfmaschine, Fließband und der Computerisierung die vierte Welle des Umsturzes heran: In der Industrie 4.0 beginnen die Dinge, selbstständig miteinander zu kommunizieren und sich zu vernetzen. Das gilt nicht nur für die Produktionsstätten selbst, sondern auch ihr Umfeld – die Systeme von Zulieferern und Kunden, Design und Engineering bis hin zu Dienstleistungen in der Wertschöpfungskette. Sie können dadurch im gesamten Produktions- und Serviceprozess alle eigenständig und situationsabhängig reagieren.

Sinneswahrnehmungen durch Sensoren

Eine der ersten Technologien für die Kommunikation mit den Dingen war RFID (*Radio-Frequency Identification Device*), Chips, die über Funkwellen die Identifizierung von Objekten, Tieren und Menschen ermöglichen und über die zum Beispiel Produkte in Supermärkten erfasst werden. RFID gibt es zwar schon seit den 70er-Jahren. Aber erst um die Jahrtausendwende wurden dafür die ersten globalen Standards entwickelt. Große Fortschritte brachte dann die Sensortechnologie, die Maschinen und Geräten Sinneswahrnehmungen verleiht – Informationen werden optisch, aber auch chemisch und physikalisch registriert. Die Nanotechnologie ermöglicht es, die dafür notwendige Technik immer kleiner und damit handhabbarer zu machen. Auch die Prozessortechnologie hat dazu beigetragen, mithilfe winziger Schaltkreise und immer raffinierterer Energieversorgung. Ganz entscheidend aber ist die rasante Entwicklung der Mobilkommunikation und die Verbreitung des Wi-Fi-Standards, der den Betrieb zwischen drahtlosen Geräten unterschiedlicher Herkunft ermöglicht. So ausgestattet können diese Maschinen und Geräte, auch wenn sie nicht vor Ort sind, online gehen und sich im »Internet der Dinge« (*Internet of Things, IoT*) zusammenschließen.

Facebook für Maschinen

Die physische und die digitale Welt verschmelzen. Online gehen nicht nur immer mehr Menschen, sondern auch Maschinen, Fahrzeuge und viele Gebrauchsgegenstände. Nicht zuletzt ist es auch die Mobilkommunikation, die dem »Internet der Dinge« seine ungeheure Dynamik verleiht.

Für den durchschnittlichen Konsumenten bringt das vor allem Bequemlichkeit: Er kann von unterwegs die Heizung in seinem Haus höherstellen oder alle Lampen auf einen Energiesparmodus herunterfahren. Er schickt seinen persönlichen Bot auf die Suche nach Kinokarten, spürt im Internet seinen entlaufenen Hund auf oder alarmiert einen Hilfsdienst für seine alte Mutter, wenn sie wieder einmal gestürzt ist – was der sensitive Teppichboden per Warnsignal gemeldet hat.

Die industrielle Nutzung (zum Beispiel zur Effizienzsteigerung, flexiblen Produktion oder zur Erstellung neuer digitaler Smart Services) wird aber bald die private Nutzung (wie bei Smart Homes oder im Bereich Pflege und Gesundheit) überrundet haben.[21] Sensoren in Lastwägen und Supermärkten registrieren, wenn Lebensmittel Schaden nehmen. Chips in Waschmaschinen und Trocknern geben Textilherstellern Rückmeldung, wie sich ihre Ware unter dem Einfluss von Wärme und Wasser verhält. Messstationen erlauben Smart Farming, in dem sie Wetterbedingungen und Bodenqualität analysieren und Vorschläge für Fruchtfolgen und Erntezeitpunkt machen. Die Sendedaten von Smartphones geben Einzelhändlern die Chance, deren Weg durch das Geschäft zu verfolgen und ihre Produkte gezielter zu platzieren. Gesammelt werden auch Daten zum Gesundheitsverhalten, wie heute schon das *iPhone* die Informationen seiner installierten »*Health*«-App mit der US-amerikanischen Mayo-Klinik teilt.

Bis zum Jahr 2030 soll das Internet der Dinge nach Vorhersagen 125 Milliarden Geräte, Maschinen und Anlagen umfassen.[22]

Prognose der Zahl der integrierten Geräte im Internet der Dinge (weltweit, in Milliarden)

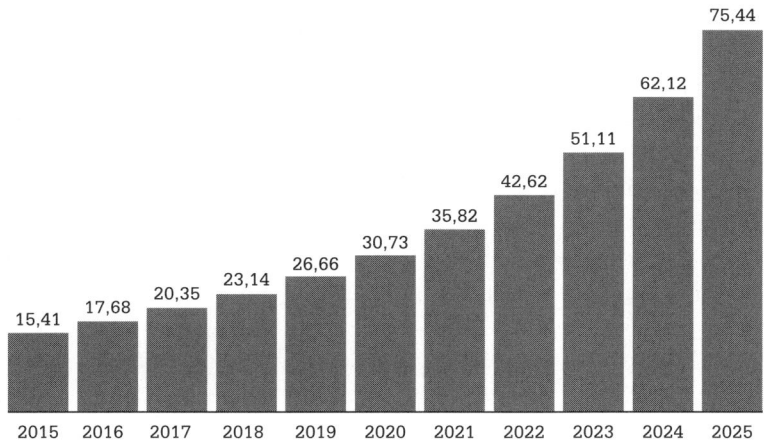

Grafik 7: Zwischen 2019 und 2025 soll sich die Kapazität der Internets der Dinge verdreifachen.[23]

Wie ein Urknall: die Explosion der Industriedaten

Der Löwenanteil dieser miteinander vernetzten Anlagen, Geräte und Maschinen steht in industrieller Nutzung. Der überwältigende Input an Informationen, der dabei entsteht, kann nur mithilfe digitaler Analytik überhaupt ausgewertet werden. So erzeugt zum Beispiel eine größere Offshore-Ölförderplattform 0,75 Terabyte (Billionen Bytes) an Daten wöchentlich, eine Raffinerie 1 Terabyte am Tag. Zehn Terabyte an Informationen produziert das Triebwerk eines Düsenflugzeugs in nur 30 Minuten.[24] Derzeit entstehen täglich mehr als zwei Exabytes (Trillionen Bytes) neue Daten – ein Zuwachs, der durch das Industrielle Internet der Dinge genauso angetrieben wird wie durch die Zunahme der Weltbevölkerung.

Die Auswertung des Datenstroms ist eine Art Urknall für die Industrie – sie wird in sämtlichen Bereichen die Art des Arbeitens drastisch verändern. Noch müssen zum Beispiel Werks- oder Produktionsleiter bis zu 80 Prozent ihrer Arbeitszeit darauf verwenden, die Realität des Arbeitsalltages mit der Planung in Einklang zu bringen[25] – wenn Fertigungsteile nicht nachgeliefert wurden, Maschinen stottern oder der Krankenstand hoch ist. Das Internet der Dinge kann frühzeitig warnen und Lösungsmöglichkeiten anbieten – es ermöglicht Transparenz in Echtzeit. So wie das Internet das soziale Miteinander nachhaltig verändert hat, können nun auch intelligente Geräte und Komponenten sich selbstständig organisieren und gemeinsam Abläufe und Termine koordinieren. Das ermöglicht schnellere Durchlaufzeiten, bessere Qualität und effizientere Auslastung in der Produktion.

Digitale Daten werden aber nicht nur gezielt und für definierte Zwecke erhoben – wie etwa bei der Funktionskontrolle eines Roboters oder bei einer Sensormessung an einer Wetterstation. Es entstehen auch immer mehr unstrukturierte Real-Time-Daten, quasi als Nebenprodukt – wenn zum Beispiel ein Fahrzeug neben seinen Betriebsdaten gleichzeitig Informationen über die allgemeine Luftqualität oder den Straßenzustand liefert, Menschen beim Passieren der Metro-Schranken, ohne, dass ihnen das bewusst ist, ein System zur Gesichtserkennung trainieren, oder GPS-gesteuerte Systeme Hintergrundinformationen zur Beanspruchung eines Reifens geben. Solche komplexen Datenströme sind immer wertvolles Trainingsmaterial für lernende Systeme, die in verschiedensten Kontexten Künstliche Intelligenz (siehe Seite 52) einsetzen.

Aus den industriellen Daten ergeben sich also nicht nur Potenziale zur Optimierung der bestehenden Produktionsprozesse – zum

Beispiel durch automatische Wartung von Maschinen oder Hinweise auf Störungen. Die entstehenden Feedback-Schlaufen, deren Daten mithilfe von Sensoren erhoben und dann automatisiert analysiert und ausgewertet werden, zeigen neue Möglichkeiten für Dienstleistungen und die Weiterentwicklung smarter Produkte. Dieser Schub an neu gewonnener Erfahrung öffnet schließlich über neue Ideen den Weg zu bislang unerschlossenen Märkten.

Das Internet der Dinge: von Technologien zu Werten

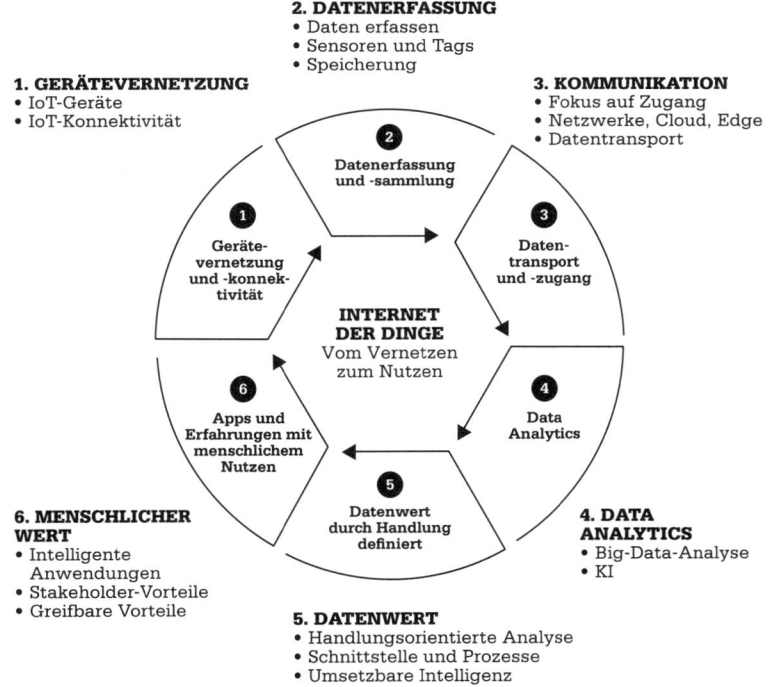

Grafik 8: Das Internet der Dinge vervielfacht den Datenstrom und liefert die Grundlage für Analytik und neue Wertschöpfung.[26]

Mehr als nur Effizienz

Schließen sich industrielle Anlagen und Maschinen sowie intelligente Endgeräte zum Internet der Dinge zusammen, ist das nicht nur ein großer Effizienzgewinn, sondern auch die Quelle für schier unerschöpfliche neue Wertschöpfung – denn die anfallenden Daten können zur Entwicklung neuer digitaler Services und Geschäftsmodelle dienen. Das ist die eigentliche, die entscheidende Veränderung durch die digitale Ökonomie und jener kritische Punkt, wo in Deutschland die Transformation ins Stocken geraten ist.

Dabei geht es um viel Geld: Bis zum Jahr 2030 sollen neue datenbasierte Geschäftsmodelle die globale Wirtschaftsleistung um 14,2 Billionen US-Dollar steigern.[27] Allein in den USA werden Investitionen in das Internet der Dinge und die daraus resultierenden Produktionsschübe bis 2030 voraussichtlich 6,1 Billionen US-Dollar zum kumulativen Bruttoinlandsprodukt (BIP) beitragen. Würde das Land aber weitere 50 Prozent in die Technologien des industriellen Internets der Dinge und den Ausbau der entsprechenden Infrastruktur investieren, könnte der Zuwachs sogar 7,1 Billionen US-Dollar betragen, ein Plus von 2,3 Prozent zum BIP. Deutschland hätte die Chance, bei ähnlichen Investitionsanstrengungen sein kumulatives BIP um 700 Milliarden US-Dollar – also um 1,7 Prozent – im Jahr 2030 zu steigern.[28]

Geschäfte in den Wolken

Cloud Computing war eines der ersten Geschäftsmodelle, das sich aus der Datenflut entwickelt hat. Clouds kommen überall dort zum Einsatz, wo große Datenmengen verarbeitet werden. Sie stellen über das Internet Anwendungsprogramme bereit (*Software as a Service, SaaS*), Speicher- oder Rechnerkapazitäten (*Infrastructure as a Service, IaaS*) oder Entwicklungsumgebungen (*Platform as a Service, PaaS*). Für die intelligente Fabrik 4.0 ist Cloud Computing Basistechnologie. Aber es kann auch bei kleinen und mittleren Betrieben ein eigenes Rechenzentrum ersetzen oder einspringen, wenn die richtigen »smart talents« in der Belegschaft fehlen.[29] Laut der IDC-Studie »Cloud Trends in Deutschland 2018« ist die Cloud bereits in 90 Prozent der befragten Unternehmen verankert, entweder als Bestandteil der IT- oder sogar als Teil der Unternehmensstrategie (bei fast 50 Prozent).[30]

Man unterscheidet Public Clouds, die von frei zugänglichen Providern angeboten werden – wie etwa Webmail-Dienste oder die Google-Docs. Andere sind kostenpflichtig wie Microsoft Office 365. Private Clouds bleiben – meist aus Sicherheitsgründen – den eigenen Mitarbeitern vorbehalten. Hybrid Clouds sind Mischformen, zum Beispiel, wenn ein Teil der Dienstleistungen bei öffentlichen Anbietern über das Internet läuft, während datenschutzkritische Anwendungen und Daten im Unternehmen bleiben. In der Praxis nutzen immer mehr Unternehmen unterschiedliche Clouds gleichzeitig. Schätzungen von Cisco zufolge werden 2021 schon 95 Prozent des gesamten Datenverkehrs in Rechenzentren aus der Cloud stammen.[31]

Die Business Software Alliance (BSA) hat übrigens 2018 Deutschland das international beste Umfeld für Cloud Computing attestiert, noch vor Japan und den USA. Gelobt wurden vor allem effektive Gesetze zum Schutz von E-Commerce und zur IT-Sicherheit, für elektronische Signaturen.[32]

Der digitale Zwilling

Virtuelle Abbilder von Produkten und Maschinen bis hin zu ganzen Fabriken sind ein weiteres Geschäftsmodell, das aus Daten neuen Nutzen zieht. Neben der Virtualisierung von »Dingen« und zusätzlichen Services/Leistungsversprechen geht es auch darum, einen ganzheitlichen Blick auf die Fabrik mit ihren Produktionsanlagen, Assets und den gesamten Produktionsprozessen zu bekommen – in Echtzeit und vom Dashboard aus. Die Realität ist heute noch vielerorts von Scheingenauigkeiten und Informationsbrüchen auf/zwischen ERP/MES-Ebene geprägt.

Noch ist der digitale Zwilling im Anfangsstadium, doch es lässt sich jetzt schon absehen, dass er entlang der gesamten Wertschöpfungskette vom Design über das Engineering bis hin zum Betrieb eingesetzt werden kann. Das wird einen weiteren Technologiesprung auslösen. Der Analyst Gartner geht davon aus, dass bereits 2021 die Hälfte aller großen Industrieunternehmen den Digitalen Zwilling nutzen werden.[33] Bisher wird diese Technologie in der Produktkonfiguration, in digitalen Katalogen, virtuellen Showrooms, multimedialen Kiosken sowie in der Filmindustrie genutzt. Der Business Case ist überzeugend: Der Analyst Gartner schätzt, dass der digitale Zwilling eine Effizienzsteigerung von 10 Prozent ermöglicht.[34]

Der digitale Zwilling als dreidimensionales CAD-Modell enthält alle Eigenschaften und Funktionen des echten Produkts. Über Computer Generated Imagery (CGI), Visual Effects (VFX) sowie Augmented und Virtual Reality (AR/VR) werden Daten in virtuelle Anwendungen übersetzt und ermöglichen immersive Produkterfahrungen. Entwickler erkennen Produktfehler bereits in frühen Phasen und können im laufenden Betrieb Korrekturen vornehmen. Fertigungsabläufe werden virtualisiert und können im Betrieb optimiert werden. Die 3-D-Visualisierungen werden zur Benutzeroberfläche im Internet der Dinge. Physische und virtuelle Produktion verschmelzen zu einem intelligenten System.

Inspiration Künstliche Intelligenz

Ein umfassender Einsatz von Künstlicher Intelligenz (KI) in der Wirtschaft setzt Kapazitäten für Tätigkeiten frei, die nur Menschen ausüben können: kreative und innovative Aufgaben. Er könnte auf diese Weise, so eine Studie über zwölf Industrienationen[35], das jährliche Wirtschaftswachstum verdoppeln und die Arbeitsproduktivität bis 2035 um bis zu 40 Prozent steigern. In Deutschland würde diesen Prognosen nach die jährliche Bruttowertschöpfung um jährlich drei Prozent wachsen. Das wäre mehr als eine Verdopplung gegenüber dem Basisszenario mit einer Wachstumsrate von 1,4 Prozent pro Jahr, gemäß dem technologischen Stand von heute. Die Produktivität der Beschäftigten könnte hier durch Künstliche Intelligenz um 29 Prozent steigen, da viele Arbeitsabläufe effizienter gestaltet würden und der Fokus auf Aufgaben mit einer hohen Wertschöpfung läge (siehe Kapitel 5).[36]

Wirtschaftswachstum durch Künstliche Intelligenz

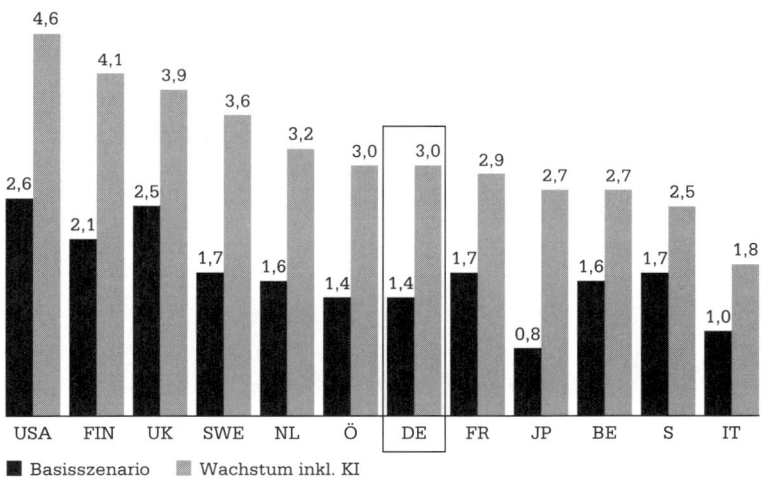

Grafik 9: Jährliche Wachstumsrate der Bruttowertschöpfung (in Prozent) durch KI (grau) im Vergleich zum Basisszenario mit dem technologischen Stand von 2016.[37]

Der Einsatz Künstlicher Intelligenz kann den Zeitraum bis zur Verdoppelung der Arbeitsproduktivität annähernd halbieren.

Die Beschleunigung des Wachstums durch KI

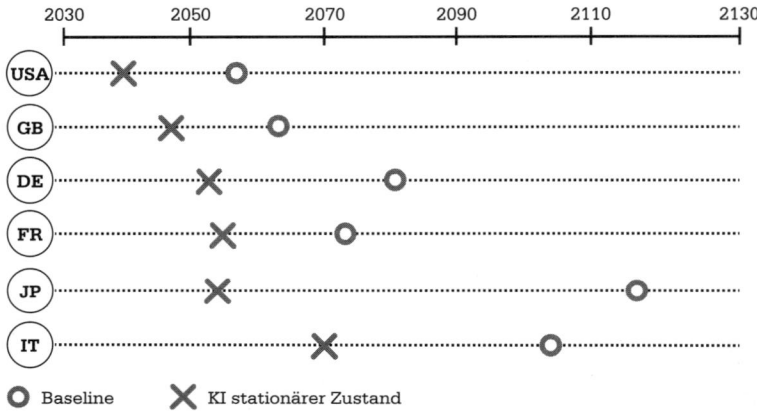

O Baseline   ✕ KI stationärer Zustand

Grafik 10: Ist die KI voll in die Wirtschaft integriert (diese Prognose nimmt dafür das Jahr 2035 an), verdoppelt sich das Wirtschaftswachstum im Vergleich zur normalen Entwicklung.

Spitzenforschung in Deutschland

Viele wissen das nicht: Das größte KI-Forschungszentrum der Welt hat seinen (Haupt-)Sitz in Kaiserslautern. Das Deutsche Forschungszentrum für Künstliche Intelligenz (DFKI), eine öffentlich-private Partnerschaft von Großunternehmen, Mittelständlern, den Ländern Rheinland-Pfalz, Bremen und Saarland als Gesellschaftern und dem deutschen Bundesministerium für Bildung und Forschung als Projektförderer ist eine wissenschaftlich renommierte Spitzeneinrichtung auf dem Gebiet der Künstlichen Intelligenz. Dort arbeiten rund 550 Wissenschaftler und Verwaltungsangestellte mit einer ähnlich großen Zahl an studentischen Mitarbeitern aus über 60 Nationen.[38] Durch seine hohen technologischen und wissenschaftlichen Standards könnte die Künstliche Intelligenz auch in Deutschland zum zentralen Treiber von Innovation und Wachstum werden. Denn ihre Technologien (*Machine Learning*, *Natural Language Processing* und virtuelle Assistenten, kognitive robotergesteuerte Prozessautomatisierung, *Unique-Identity*-Technologie, *Video Analytics* und vieles mehr) verbinden und dynamisieren Produktion, Organisation und Management quer durch alle Sektoren und Industriezweigen.

KI in Unternehmen

Intelligente Automatisierung

➤ Der kollaborative Roboter »LBR iiwa« der Augsburger Firma KUKA übernimmt körperbelastende Aufgaben der Mitarbeiter wie zum Beispiel schweres Heben und trägt so zur Arbeitssicherheit bei.

➤ Amelia, eine Natural Language Processing Plattform von IPSoft, ist unter anderem fähig, ein Problem zu evaluieren und eine Lösung vorzuschlagen. Dabei lernt Amelia selbstständig durch Wiederholung, erkennt eigene Wissenslücken und kann diese schließen. Kann Amelia eine Frage nicht beantworten, reicht sie diese an einen menschlichen Kollegen weiter und beobachtet ihn bei der Problemlösung, um weitere Lernfortschritte zu erzielen.[39] Das System kann zum Beispiel Entscheidungen und Bewertungen von Vorgesetzten und Mitarbeitern durch KI unterstützten.

Augmentierung

Menschliche Fähigkeiten können dank virtueller Assistenten zielgenauer eingesetzt und Arbeitsprozesse verbessert werden. Das entlastet Mitarbeiter von zeitaufwendigen Aufgaben wie Dokumentationen und Registerführung und schafft Raum für kreative und komplexe Aufgaben. Maschinen und Roboter werden in Zukunft immer häufiger »Hand in Hand« in einem augmentierten Team arbeiten.

– Volkswagen kooperiert mit dem deutschen Hidden Champion (1 Mrd. Umsatz) Otto Bock beim Einsatz von Exoskeletten in der VW-Produktion zur Entlastung der Werker. [40]

Innovation

KI fördert Innovationen und branchenübergreifende »Spillover-Effekte«: Autonome Fahrzeuge führen zum Beispiel zu Innovationen außerhalb der Automobilindustrie, wie bei mobilen Diensten, Werbung, Versicherungen und sogar Sozialleistungen. Drohnen ermöglichen neue Versandwege und Air-Taxis könnten zur intelligenten und optimierten Verkehrsvernetzung beitragen.

In der beim DFKI angesiedelten Technologie-Initiative SmartFactory KL e.V. entwickeln Forscher und Akteure aus der Industrie gemeinsam die »Fabrik von morgen«, indem sie den Einsatz von Zukunftstechnologien wie KI oder 5G erforschen und testen.

Der starke und weit entwickelte produzierende Sektor in Deutschland, verbunden mit bereits erfolgreichen nationalen Initiativen wie Industrie 4.0, hält ein großes wirtschaftliches Potenzial für KI bereit. Das Bundesministerium für Wirtschaft und Energie rechnet mit einer zusätzlichen Wertschöpfung von ca. 31,8 Mrd. Euro in den nächsten fünf Jahren, was einem Drittel des gesamten Wachstums des produzierenden Gewerbes in Deutschland entspricht.[41]

Bislang führen China und die USA auf diesem Sektor. Das muss aber nicht so bleiben: Zahlreiche Staaten haben ambitionierte Ziele im Wettbewerb mit diesen Ländern. Sie schaffen geeignete Rahmenbedingungen für Künstliche Intelligenz, durch Investitionen in Forschung, Talentförderung und eine innovationsfreundliche Regulierung. Seit März 2017 haben bereits 20 Länder in KI-Strategien ihre Schwerpunkte formuliert, Finanzmittel allokiert und Governancestrukturen für Produktion und Dienstleistung etabliert. Auch die deutsche Bundesregierung hat im November 2018 ihre Strategie der Öffentlichkeit vorgestellt und erklärt, Deutschland und Europa zu einem führenden KI-Standort machen zu wollen, um die Wettbewerbsfähigkeit zu sichern. Dafür sollen drei Milliarden Euro bereitgestellt werden: Unter anderem sollen hundert neue Professuren an den Hochschulen geschaffen werden und ein Forschungsnetzwerk von mindestens zwölf Zentren entstehen.[42] Entscheidend wird sein, das Deutschland ambitionierte Ziele entwickelt, die auf den Stärken des Standortes aufbauen.

Länder mit nationalen KI-Strategien

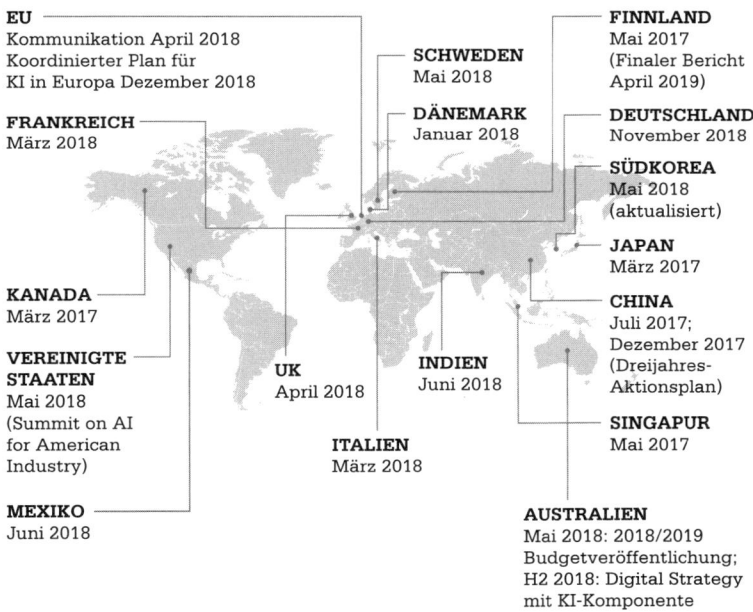

EU
Kommunikation April 2018
Koordinierter Plan für
KI in Europa Dezember 2018

FRANKREICH
März 2018

KANADA
März 2017

**VEREINIGTE
STAATEN**
Mai 2018
(Summit on AI
for American
Industry)

MEXIKO
Juni 2018

SCHWEDEN
Mai 2018

DÄNEMARK
Januar 2018

UK
April 2018

INDIEN
Juni 2018

ITALIEN
März 2018

FINNLAND
Mai 2017
(Finaler Bericht
April 2019)

DEUTSCHLAND
November 2018

SÜDKOREA
Mai 2018
(aktualisiert)

JAPAN
März 2017

CHINA
Juli 2017;
Dezember 2017
(Dreijahres-
Aktionsplan)

SINGAPUR
Mai 2017

AUSTRALIEN
Mai 2018: 2018/2019
Budgetveröffentlichung;
H2 2018: Digital Strategy
mit KI-Komponente

ANDERE:
Kenia (Januar 2018, Taskforce on Blockchain & AI), Malaysia (Oktober 2017, angekündigt), Neuseeland (in Betracht gezogen), Polen (in Entwicklung), Taiwan (Januar 2017), VAE (Oktober 2017), Nordischer Rat (Mai 2018)

Grafik 11: Zahlreiche wichtige Industrienationen haben eine Strategie entwickelt, um Künstliche Intelligenz in die Wirtschaft einzubetten.

Neue Wertschöpfung aus dem Rohstoff Daten

Die technologische Entwicklung hat zur Folge, dass sich die Wertschöpfungsketten rekonfigurieren – sie werden einfacher, lokaler und gleichzeitig dynamischer. Von der Öffentlichkeit bisher kaum wahrgenommen entsteht eine neue Landkarte der globalen Produktion, die das Gefüge der Weltwirtschaft signifikant verändert. Was hat dazu geführt?

Veränderte Landkarten der Produktion

Das Internet hatte die Liberalisierung der Märkte und mit ihr die Globalisierung der Wirtschaft vorangetrieben. Handelsabkommen förderten den Warenaustausch, auch gesunkene Transportkosten. Das brachte weltweites Wachstum und schuf eine kaufkräftige globale »Middle Class«, die inzwischen 3,2 Milliarden Menschen umfasst.[43]

Auch hat sich in rund 25 Jahren, zwischen 1990 und 2014, der Welthandel insgesamt verfünffacht und das globale Pro-Kopf-Einkommen ist um 250 Prozent gestiegen. 56 Prozent des weltweiten Bruttosozialprodukts beruhten im Jahr 2016 allein auf Handel.[44] Getrieben wurde diese Entwicklung von Kostensenkungen: Die Wertschöpfungsketten nämlich orientierten sich, was ihre unterschiedlichen Etappen anbetraf, vor allem an den kostengünstigsten Standorten – zum Beispiel an regional niedrigen Löhnen (*labour arbitrage*). Unterstützt durch niedrige Transportkosten hat das aber dazu beigetragen, sie immer weiter zu fragmentieren.

Die Komplexität der Wertschöpfungsketten, die daraus resultierte, hat ihre Tücken. Sie steigert die Anforderungen an das Risiko-Management und die Organisation generell und lähmt bisweilen die Agilität. Auch bleiben auf Arbeits-Arbitrage aufgebaute Geschäftsmodelle in der Regel nicht lange stabil: So sind in dem wichtigen Produktionsstandort China die Löhne und Gehälter zwischen 2003 und 2010 um fast das Dreifache gestiegen, um 281 Prozent (siehe Kapitel 3).[45]

Wirtschaftswachstum durch globalen Handel

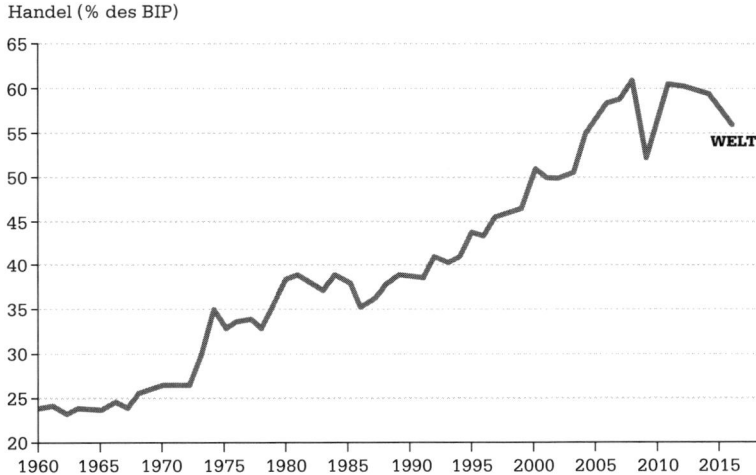

Handel (% des BIP)

Grafik 12: Die Liberalisierung des Welthandels hatte das globale Wachstum angekurbelt. Neuer Protektionismus verändert die Märkte.[46]

Mehrere aktuelle Entwicklungen führen nun dazu, dass sich die Wertschöpfungsketten umstrukturieren. Neben den Kostensteigerungen ist es auch die Rückkehr protektionistischer Handelspolitik, die Änderungen erzwingt. Neue Technologien wie die Cloud, das Internet der Dinge (Internet of Things, IoT), Weiterentwicklungen der Robotik oder auch der 3-D-Druck definieren außerdem ganz andere, neue Bedingungen für Produktionsstandorte.

Der Rückzug der Multis?

Das verändert das globale Bild. Der Economist hat die 500 größten (gemessen an ihrer Marktkapitalisierung) Unternehmen der Welt in nationale und multinationale gegliedert, als solche definiert, wenn sie mehr als 30 Prozent ihres Umsatzes im Ausland machen. Dabei stellte sich heraus, dass die international aufgestellten Unternehmen seit dem Jahr 2015 ihren Umsatz zwar um

12 Prozent steigern konnten, weit besser noch schnitten aber nationale Firmen ab: Sie verbesserten ihren Umsatz gegenüber den multinationalen um mehr als das Doppelte, um 30 Prozent.[47]

Ausländische Direktinvestionen

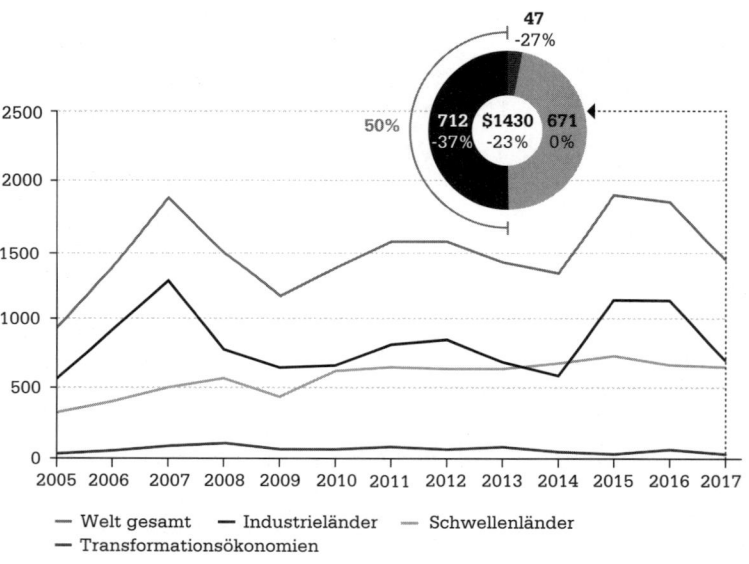

Grafik 13: 2017 fiel die Rate der ausländischen Direktinvestitionen um 23 Prozent – nach Prognosen der Beginn einer länger andauernden Talfahrt.[48]

Der World Investment Report[49] belegt, dass im Jahr 2017 Auslandsinvestitionen um 23 Prozent auf 1,42 Billionen US-Dollar zurückgegangen sind. Während die Rate grenzüberschreitender Investitionen in Industrienationen und Schwellenländern drastisch abfiel, bewegten sich die Wachstumsraten in Entwicklungsländern auf quasi Null-Level. Diese Entwicklung wirft brisante Fragen auf: Ist da »Trouble in the Making«, wie ein Report der Weltbank konstatiert?[50] Wird das die Ungleichheit in der Welt verschärfen? Fest steht: Die bisherige Logik – wirtschaftliche Entwicklung durch Produktion – funktioniert so nicht mehr. Der globale Wettbewerb ist in eine neue Phase getreten.

Die Digitalisierung erfordert gut ausgebildete Arbeitskräfte und lässt auch in den Entwicklungs- und Schwellenländern die Löhne und Gehälter steigen. Länder, deren Wirtschaftswachstum darauf basiert, dass sie aufgrund niedrigerer Gehälter Teil einer längeren Lieferkette sind, werden nach neuen Perspektiven suchen müssen. Unter anderem strukturiert sich der gesamte Transportsektor um. Fertige Güter werden kürzere Strecken bis zu ihren Zielorten zurücklegen, Rohstoffe an anderen Orten nachgefragt werden. Manche Produkte werden gar nicht mehr physisch verschickt, sondern in Daten verwandelt oder simuliert, etwa bei einem »digitalen Zwilling« (siehe Seite 51).

Die räumliche Nähe der Produktionsstätten zu den Absatzmärkten und Konsumenten reduziert den Bedarf an Lagerfläche und Vorratshaltung, Faktoren, die Unternehmen zusätzlich belasten. Die neuen Serviceangebote, die durch die digitalen Technologien – zum Teil automatisiert – möglich werden, werden ohne Leistungen aus Drittländern erstellt und konsumiert. Ein Dominostein reißt im Fall den anderen mit.

Hightech statt low wages

Die Kostenvorteile durch Produktionsauslagerungen haben sich verringert. Es hat sich auch gezeigt, dass Offshore-Geschäfte nicht nur versteckte Kostenfaktoren enthalten, sondern auch Probleme aufwerfen, was Urheberrechte und Markenschutz, aber auch Qualitätskontrolle und Kommunikation angeht. Die räumliche Trennung von den Forschungs- und Entwicklungsabteilungen, die meist am Hauptsitz der Unternehmen angesiedelt sind, von der Produktion hat außerdem Innovation erschwert. Die wachsende Notwendigkeit, unter diesen Umständen Kosteneffizienz mit Risikodiversifizierung in Einklang zu bringen, verteuert auf mittlere Sicht die internationale Verteilung von Gütern und macht das Zusammenrücken von Produktion und Märkten wieder attraktiv.[51]

Gleichzeitig ist es aber auch so, dass die Datenwirtschaft völlig neue Geschäftsmodelle kreiert, die alte in den Hintergrund drängen.

Plattformen: Vehikel der Serviceökonomie

Die Plattform ist eine Technologie, die als Wirtschaftsmodell eine ungeheure Dynamik entfacht hat, sie ist eine der wichtigsten ökonomischen und sozialen Entwicklungen unserer Zeit. Plattformen beeinflussen inzwischen viele Bereiche der Ökonomie und Gesellschaft, von der Gesundheit über die Erziehung und Bildung bis hin zur Energieverwaltung und Politik. Ob Arbeitnehmer, Wirtschaftsführer, Künstler, Krankenschwester oder Konsument – Plattformen verändern den beruflichen und privaten Alltag von uns allen. Sie sind so zentral, dass sie einer neuen wirtschaftlichen Ära den Namen gegeben haben: der Plattformökonomie.

Eine Plattform ist im engeren Sinn zunächst einmal eine technische Basis, auf der Anwendungsprogramme entwickelt und ausgeführt werden. Im weiteren Sinn jedoch verbinden Plattformen Technologien mit Transformation. Als Katalysatoren aggregieren sie Datenströme und ermöglichen deren Speicherung, Analyse und Auswertung. Sie bieten aber auch Open-Source-Software oder geeignete digitale Tools wie APIs (*Application Programming Interfaces*), Schnittstellen, die Kooperation mit und Kommunikation zwischen verschiedenen Partnern ermöglichen. Über Internet und Cloud zugänglich erleichtern Plattformen nicht nur die Optimierung von Prozessen, sondern sie ermöglichen in real-time ganz neue Geschäftsmodelle in einer sich verändernden wirtschaftlichen Landschaft.

Ein Beispiel aus dem industriellen Internet der Dinge: Eine Plattform kann, sagen wir für einen Kraftfahrzeughersteller, über die Sensorik in den Geräten relevante Daten im Betrieb sammeln und analysieren, etwa über die Funktionen eines Autos während der Fahrt. Meldet das Fahrzeug auf seinem Display »Werkstatt aufsuchen«, wird dieses Warnsignal automatisch mit vielen anderen Informationen aus dem laufenden Fahrbetrieb verglichen. Zeigt sich, dass es auf ein ernsthaftes Problem hinweist, zum Beispiel den fallenden Druck in den Bremsschläuchen, wird diese Information sofort an den Hersteller übermittelt – das heißt, sie läuft über das Funknetz zu einer zuständigen Plattform.

Der Hersteller kann mit dem Input solcher Informationen Applikationen entwickeln und betreiben, die spezielle Problemfälle lösen. In diesem Fall aktiviert die Plattform ein Programm, das Schadensmeldungen nicht nur registriert, sondern sie sofort an eine Service-Einrichtung weiterleitet. Dort wird automatisch gecheckt, ob das richtige Ersatzteil vorrätig ist oder bestellt werden muss. Der Fahrer des reparaturbedürftigen Autos erhält einen Terminvorschlag und eine Fahrroute per GPS. All das wird über die Plattform vermittelt, die gleichzeitig Daten über ähnliche Fälle sammelt und auswertet, um es dem Hersteller zu ermöglichen, Schwachstellen an der Fahrzeugkonstruktion zu finden und baldmöglichst auszumerzen.

Mit der Hilfe von Plattformen können zielorientiert Dienstleistungen so konfiguriert werden, dass sie individualisiert sind wie eine handwerkliche Auftragsarbeit, aber zu Preisen der Massenproduktion angeboten werden. Die exponentiell anwachsenden Datenströme, die dabei entstehen, können gespeichert, analysiert und weiterverwertet werden. Daten dienen nur dann der Wertschöpfung, wenn man ohne großen Zeitverlust neuen Sinn daraus ziehen kann. Die großen Plattformen, die – cloudbasiert – unendlich viele Daten komprimieren und mithilfe von Analysesystemen und Künstlicher Intelligenz in neue Geschäftsmodelle verwandeln, haben deshalb die Pole Position auf einem Markt. Plattformen sind Vehikel der entstehenden Serviceökonomie.

Im Moment noch wird das Plattformgeschäft von wenigen großen Internetfirmen in den USA und Asien dominiert, die als B2C-Geschäftsmodelle begonnen haben, inzwischen aber auch über Cloud-Geschäfte und andere Dienstleistungen auch in den B2B-Bereich vordringen. Aber auch traditionelle Industrien nutzen immer häufiger Plattformen als Drehscheiben in neuen Wertschöpfungsnetzen zwischen Partnern, Kunden und Dienstleistern.

Vom Offline- zum Online-Geschäft

Plattformen sind also nicht nur technische Lösungen für Geschäfte, die im Internet vermittelt werden. Sie sind Dreh- und Angelpunkt für den radikalen Wandel vom Offline- zum Online-Geschäft. Damit verbinden sich aber nicht nur neue Distributionskanäle. Eines der ersten Beispiele für den fundamentalen Strukturwandel, den Plattformen auslösen, ist Amazon. 1994 von Jeff Bezos als Online-Buchhandel begründet, setzte das Unternehmen von Anfang an konsequent Datenanalytik für eine Art von Marktforschung ein, die vor der Erfindung des Internets in diesem Ausmaß unmöglich und selbst in Teilen kaum finanzierbar gewesen wäre – nach dem Motto »Wir sagen Ihnen heute, was Sie sich morgen an Produkten wünschen werden«.

Das Amazon-Online-Angebot dehnte sich rasch von Büchern zu CDs, DVDs und Elektronik aus, später kamen Kleidung, Möbel, Spielzeug und Juwelen hinzu. Wer hätte sich wenige Jahre zuvor noch vorstellen können, dass ein Buchhändler mehr Edelstahl-Kochtöpfe verkauft als der stationäre Groß- oder Einzelhandel? Und Bio-Lebensmittel im Abonnement nach Hause liefert? Aber Amazon ist eben längst kein Buchhändler mehr. Bereits im Jahr 2000 öffnete sich das Unternehmen auch für externe Verkäufer, die nun auf dem »*Marketplace*« viele verschiedene Waren anbieten.

Das Beispiel zeigt klar, warum herkömmliche Händler wie zum Beispiel Kaufhäuser – oder im Fall von Amazon der Konkurrent WalMart – es schwer haben, im Kampf gegen den Online-Handel zu bestehen: Zwar bieten die meisten ihre Waren auch längst online an, und sie versuchen, durch Abholstationen ihre Kundschaft in ihre Häuser zu locken. Doch die hohen Kosten für Immobilien und Lagerhaltung, Fachpersonal und Werbung sind nicht konkurrenzfähig mit einem virtuellen Konkurrenten, dessen wichtigstes Gut ein riesiger Datensatz ist.

Heute ist Amazon der weltweit größte Online-Händler, dem sogar nachgesagt wird, über seine Preispolitik die Inflation beeinflussen zu können. Zu den Milliardengewinnen trägt zunehmend auch das Cloud-Computing-Geschäft bei, das Datenverarbeitung, Speicherung und Migration von Daten für alle Größen anbietet, inkl. Maschinenlernen und Daten-Analytik, Tools, Sicherheitssystemen und Schulung, um nur einige zu nennen. Die Amazon Web Services meldeten für das erste Quartal 2018 einen Umsatz von 5,44 Milliarden US-Dollar an und übertrafen damit alle Erwartungen. Die Gewinne machten dabei einen Sprung von 49 Prozent – von 8,5 auf elf Prozent.[52]

»Two-sided markets«

Der Erfolg der Datengiganten folgt dem Konzept der »Two-sided markets«, das der französische Ökonom Jean Tirole 2005 gemeinsam mit Jean Charles Rochet in einem Aufsatz vorgestellt und analysiert hatte.[53] In der Praxis bedeutet das, dass Unternehmen sich immer häufiger an die Schnittstelle zwischen Angebot und Nachfrage schieben, um diese zu kontrollieren und über alle Industrien hinweg ein Monopol zu bilden. Die Veröffentlichung schlug hohe Wellen und war einer der Hauptgründe, warum Tirole 2014 den Alfred-Nobel-Gedächtnispreis für Wirtschaftswissenschaften erhielt.

Die erhebliche Marktmacht, die Unternehmen auf diese Weise erhalten können, ist erst durch Plattformen ermöglicht worden und hat quer durch alle Industriezweige Ängste geschürt, von einem branchenfremden Konkurrenten (etwa, wenn Google ankündigt, Autos zu entwickeln) aus der Kundenbeziehung gedrängt zu werden – nach dem Motto »The winner takes it all«. Das Prinzip des zweiseitigen Marktes hat dazu geführt, dass die Pioniere der Plattformrevolution zu den wertvollsten Unternehmen der Welt gehören: Von den zehn Top-Unternehmen sind 2018 bereits sieben Plattformunternehmen. Gemeinsam repräsentieren sie 80 Prozent der Marktkapitalisierung der zehn.[54]

Die 60 wertvollsten Plattformen der Welt (Stand: Juni 2018)

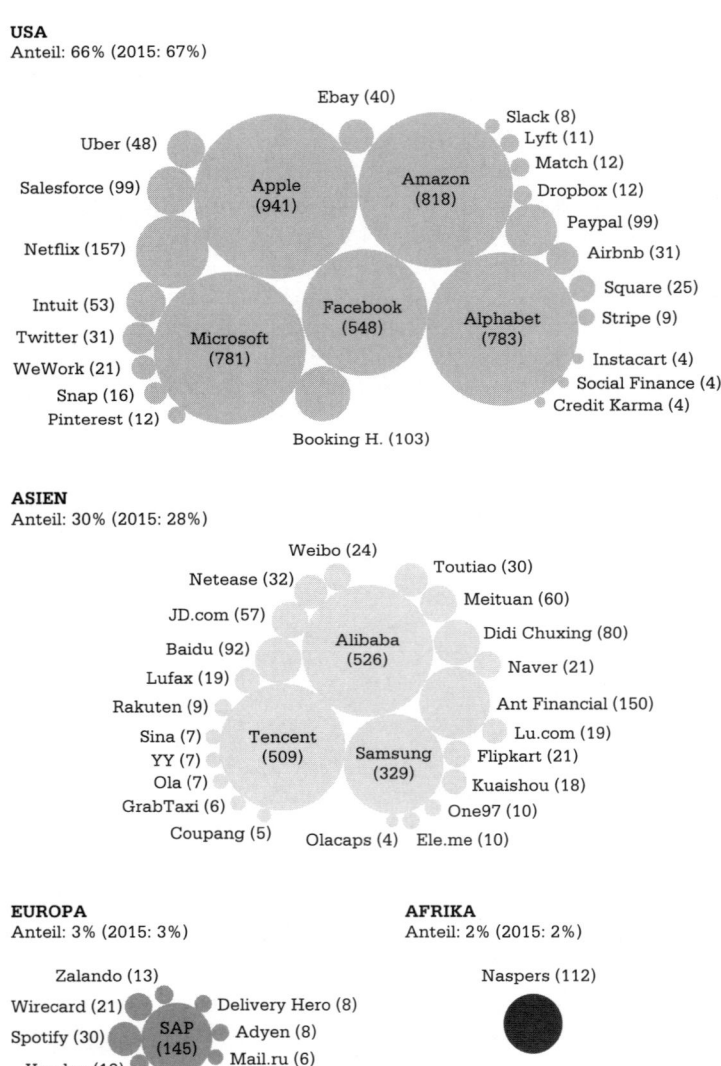

USA
Anteil: 66% (2015: 67%)

Ebay (40)
Slack (8)
Uber (48)
Lyft (11)
Match (12)
Salesforce (99)
Apple (941)
Amazon (818)
Dropbox (12)
Paypal (99)
Netflix (157)
Airbnb (31)
Square (25)
Intuit (53)
Facebook (548)
Alphabet (783)
Stripe (9)
Twitter (31)
Microsoft (781)
WeWork (21)
Instacart (4)
Snap (16)
Social Finance (4)
Pinterest (12)
Credit Karma (4)
Booking H. (103)

ASIEN
Anteil: 30% (2015: 28%)

Weibo (24)
Netease (32)
Toutiao (30)
JD.com (57)
Meituan (60)
Baidu (92)
Alibaba (526)
Didi Chuxing (80)
Lufax (19)
Naver (21)
Rakuten (9)
Ant Financial (150)
Sina (7)
Tencent (509)
Lu.com (19)
YY (7)
Samsung (329)
Flipkart (21)
Ola (7)
Kuaishou (18)
GrabTaxi (6)
One97 (10)
Coupang (5)
Olacaps (4)   Ele.me (10)

EUROPA
Anteil: 3% (2015: 3%)

Zalando (13)
Wirecard (21)
Delivery Hero (8)
Spotify (30)
SAP (145)
Adyen (8)
Mail.ru (6)
Yandex (12)
Scout24 (6)

AFRIKA
Anteil: 2% (2015: 2%)

Naspers (112)

Grafik 14: In wenigen Jahren haben Plattformunternehmen riesige Gewinne erzielt (gemessen in Milliarden US-Dollar Börsenwert) – die meisten davon mit E-Commerce und B2C. Asien mit seinen großen Bevölkerungszahlen holt rasch auf.[55]

Digitales Know-how als Kernkompetenz

Die Schlüsselkompetenzen dieser Plattformbetreiber liegen in den Bereichen Software-Engineering, Big Data Analytics und Cloud Computing, sind also andere als die der Hersteller der klassischen angebotsgetriebenen und einseitigen Märkte. Frühere Asset-orientierte und als Pipeline konfigurierte Geschäftsmodelle werden von neuen datengetriebenen und auf Vernetzung ausgerichteten Konzepten abgelöst. Wesentliche Wertschöpfungs- und Umsatzanteile verschieben sich dabei zu digitalen Dienstleistungen. Das erfordert ein völlig anderes Know-how als das des Kerngeschäfts.

Amazon, Alibaba, Google, Uber, JD.com, airbnb & Co. waren die Pioniere der Plattformökonomie. Sie haben in wenigen Jahren Lieferketten und Absatzmärkte umgeworfen und mit ihren neu geschaffenen Plattformen bis in den Lebensstil der Menschen hinein die Welt gründlich verändert. Möglich war das, weil diese Newcomer sich nicht an traditionelle Verhaltensmuster gehalten, sondern völlig neue Regeln aufgestellt haben. So konnten sie rasch wachsen und hohe Marktkapitalisierung erreichen – Profite machen, die sie in weitere digitale Ökosysteme gesteckt haben, ein sich selbst perpetuierendes Erfolgssystem. Auf diese Weise sind ihre traditionellen Konkurrenten rasch ins Hintertreffen geraten – die überraschenden Erfolge der neuartigen Plattformen haben viele ehemalige Leitsterne am Firmament schlagartig verblassen lassen. Ganze Branchen spüren nun, wie der Boden unter ihren Füßen bebt und stabilste Fundamente dabei Risse zeigen.

Daten als Chance für Traditionsunternehmen

Die klassischen Industrieunternehmen müssen ihre Märkte aber nicht den Newcomern überlassen. Wenn sie realisieren, dass Daten der wichtigste Rohstoff des 21. Jahrhunderts sind, dann können auch sie sich in erfolgreiche Plattformunternehmen transformieren – und das, ohne ihr Kerngeschäft aufzugeben. Im Gegenteil: Das Kerngeschäft – zum Beispiel Produktion und Verkauf medizinischer Geräte – wird zum entscheidenden Treiber, um wertvolles Wissen (Smart Data) zu gewinnen und daraus neue

Geschäftsmodelle zu entwickeln, die »*everything as a service*« umsetzen. Hochautomatisierte Cloud-Zentren werden zu neuen Produktionsstätten.

Kooperation schafft neue Märkte

Was unterscheidet die neue von der alten Ökonomie? Bisher waren Industrien linear aufgestellt, sie funktionierten nach dem Prinzip der Pipeline: Forschung und Entwicklung bestimmten die Beschaffung von Rohstoffen und die Organisation der Prozesse sowie die Herstellung. Die Produkte wurden dann gelagert und zu den Märkten geliefert. Die neuartigen Geschäftsmodelle, deren Hauptressource Daten sind, lassen sich alle gleichzeitig über eine Plattform oder ein Wertschöpfungsnetzwerk orchestrieren. Und, was noch wichtiger ist: Sie vernetzen Anbieter von Produkten und Dienstleistungen, die vorher weitgehend unabhängig agiert haben. Traditionelle Regeln des Wettbewerbs verlieren ihre Gültigkeit: Ehemalige Konkurrenten arbeiten potenziell eng zusammen, und Partner aus der Vergangenheit können auf anderen Plattformen zu Konkurrenten werden. Anstatt unterschiedliche Märkte zu besetzen, siedeln sich Unternehmen rund um ein Kerngeschäft an und schaffen so einen gemeinsamen, größeren Markt, an dem alle partizipieren und von dem alle profitieren.

Früher war es so, dass Unternehmen Werte produzierten und an ihre Kunden verkauften. In der Plattformwelt schaffen User Werte für andere User. Wenn zum Beispiel Unternehmen als Partner in das Plattformgeschäft eintreten, können sie komplementäre Produkte oder Dienstleistungen anbieten und parallel zu den Besitzern der Plattform wachsen. Unternehmen, die als Lieferanten agieren, erhalten Zugang zu neuen Distributionswegen und profitieren von zusätzlichen Einkünften und reduzierten Transaktionskosten.

So hat zum Beispiel die Life-Sciences-Industrie verschiedenste Partner aus der Medizinische-Geräte-Industrie, dem Health Tracking, dem Bereich Elektronik und Hightech zusammengebracht, die gemeinsam einen neuartigen Gesundheitsmarkt geschaffen haben. Als Ergebnis findet sich dort nun etwa eine Kommunikationsplattform für ältere Menschen, ihre Angehörigen und Pflegenden, die von Samsung und einem Unternehmen für ferngesteuerte Systeme, Independa, betrieben wird.

Im Bereich Handel ist ein riesiger neuer Konsumentenmarkt entstanden, der Technologie-Provider, Massenmedien, Finanzdienstleister, Transportunternehmen und Hersteller auf verschiedenen Plattformen vereint. Ein dritter wichtiger Bereich ist Automotive, in dem etwa der öffentliche Personennahverkehr mit Rental und Sharing Services für Fahrrad wie Auto zu einem Angebot verschmelzen, mit gemeinsamen Buchungs-, Ortungs- und Bezahlsystemen.

Die folgende Grafik zeigt, wie sich bisher getrennte Industrien durch die datengetriebene Kundennachfrage verändern und, bezogen auf ein Kerngeschäft, miteinander partiell verschmelzen. Sie bleiben dennoch Konkurrenten, aber auf einem gemeinsamen Markt, der ingesamt größer geworden ist und mehr Chancen bietet.

Plattformen erweitern Wettbewerb und Markt

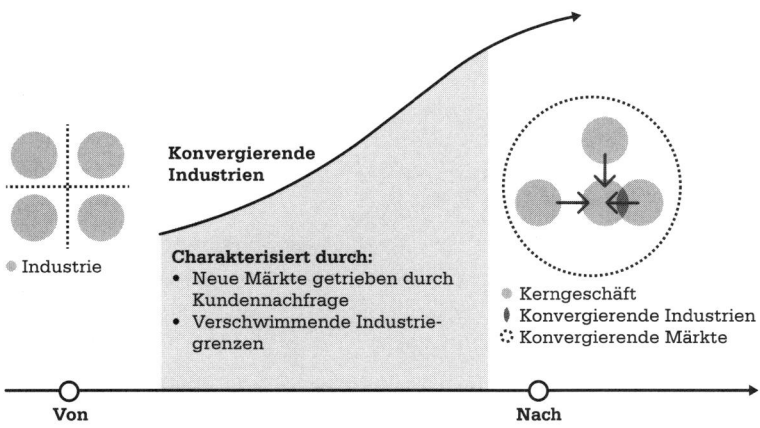

Grafik 15: Aus einzeln agierenden Konkurrenten werden Akteure auf einem gemeinsamen Markt.

Im Laufe dieser Transformation kann es auch dazu kommen, dass durch die Vernetzung von Wettbewerbsmodellen gleichzeitig der Konkurrenzdruck steigt: Es kommt zu »Coopetition«. Ein Beispiel:

Case Study: Die Hubject GmbH verknüpft Konkurrenten für bessere Elektromobilität[56]

»Charge wherever you like« ist das Motto der Berliner Hubject GmbH. Nachdem Insellösungen die erste Phase der Elektromobilität kennzeichneten, wenn es um die Energiezufuhr ging, schuf dieses Unternehmen 2012 als neutraler Intermediär eine branchenübergreifende Serviceplattform. Diese vernetzt Ladeinfrastruktur und Mobilitätsdienstleister in ganz Europa: Inzwischen sind über 80 000 Ladestationen in 26 Ländern angeschlossen.[57] Die Ladestationen tragen ein »intercharge«-Kompatibilitätszeichen. Durch technische und kommerzielle Mindestanforderungen sind die Mobilitätsanbieter und Ladestationsbetreiber effizient miteinander verbunden. Ein offenes IT-Schnittstellenprotokoll steht seit März 2013 den Akteuren kostenlos zur Verfügung und dient der technischen Vernetzung verschiedener IT-Systeme. Über die Plattform werden Services und abrechnungsrelevante Informationen zwischen den Akteuren ausgetauscht.

Das Unternehmen ist ein Joint Venture der BMW Group, Bosch, Daimler, EnBW, innogy, Siemens sowie der Volkswagen Gruppe und hat rund 300 B2B-Partner. Ziel ist es, Geschäftsmodelle der an die Plattform angebundenen Unternehmen über einen einheitlichen Vertragsrahmen und eine technische Schnittstelle zu ermöglichen oder auch zu erweitern.

Das Beispiel zeigt, dass eine neutrale Serviceplattform ein Erfolgsfaktor für die Vernetzung unterschiedlichster Akteure beim Verfolgen eines gemeinsamen Ziels sein kann. Diese Grundlage zur effektiven Vernetzung im Smart-Mobility-Kontext kann auch in ÖPNV- oder Carsharing-Modellen genutzt werden.

Standardisierung und Interoperabilität sind ebenfalls wichtige Säulen der »Industrie 4.0«, wie auch des amerikanischen Industrial Internet Consortiums, das von AT&T, Cisco, General Electric, Intel und IBM im März 2014 gegründet wurde.

Optimale Lösungen zum passablen Preis

Kooperation macht die Märkte also nicht langweiliger, sondern spannender, und sie schafft den Wettbewerb nicht ab, sondern intensiviert ihn, indem sie die Datengrundlage für neue Geschäftsmodelle schafft. Doch die Zusammenarbeit in diesen Wertschöpfungsnetzwerken ist komplex und viele Unternehmen hadern noch damit. Aber nur noch einen einzigen Business-Fokus zu haben, ist ein Kriterium für Untergang in der Plattformökonomie, denn die Kunden gewöhnen sich immer mehr daran, geschmeidige Lösungen für ihre Bedürfnisse angeboten zu bekommen, anstatt sich diese aus einzelnen Bausteinen selber zusammenzusetzen. Die Kunden wollen Werteversprechen, die ein einzelnes Unternehmen so gar nicht mehr erfüllen kann: So hat das Auto vielleicht als Prestigegegenstand bald ausgespielt – man will bequem und individuell planbar ans Ziel kommen, vielleicht täglich mit anderem Outfit, mal mit Dach und mal offen, mal mit 300 PS, mal mit 90, aber dafür mit Chance auf einen Parkplatz. Man will sich mit Besitz nicht mehr belasten, sondern sucht optimale Mobilität. Und das alles möglichst ad hoc verfügbar und zu einem passablen Preis. In vielen anderen Branchen ist das ähnlich.

Viele Traditionsunternehmen sehen diese Entwicklung mit Sorge, wenn nicht sogar mit Angst. Zum Dreh- und Angelpunkt des Wettbewerbs sind Kontrollpunkte der Wertschöpfung geworden. Die Plattformen im B2C-Bereich etwa kontrollieren den Kontrollpunkt »Schnittstelle zum Kunden« und damit den Markt. Die Veränderungen der digitalen Plattformökonomie lösen Identitätskrisen aus, denn auch eine ruhmreiche Vergangenheit ist plötzlich nicht mehr viel wert, wenn sich der eigene Horizont nicht ändert. Und das Tempo des Wandels nimmt zu: 1958 hielt sich eines der großen 500 der US-Unternehmen (S&P 500) im Schnitt 61 Jahre auf dem Markt. 2012 waren es nur noch 12 Jahre. Rechnet man das hoch, dann sind um 2050 drei Viertel der heute wichtigsten Industrieunternehmen verschwunden.[58]

Disruption – Changing the Game

Digitale Technologien sind also Treiber des Umbaus, sie reißen Lieferketten auseinander, bilden neue Muster der Kooperation und stellen dabei Identität und Wertekanon traditioneller Unternehmen infrage. Die Kunden erwarten sich von ihnen maßgeschneiderte und schnelle Lösungen für ihre Probleme und innovative Geschäftsmodelle bieten dieses neuartige Werteversprechen und wecken Bedürfnisse.

Unternehmen müssen sich dieser Herausforderung stellen, wenn sie auch in Zukunft noch Geschäfte machen wollen. Mehr noch, sie können von dieser Disruption profitieren, wenn sie diese aktiv mitgestalten.

Untersucht man die Plattformökonomie in den G20-Ländern, findet man fünf Faktoren, welche die Bildung von Netzwerken unterstützen und dadurch zu der notwendigen kritischen Masse führen, die für den Erfolg von Plattformen wichtig sind:

– die Qualität der Werteversprechen
– die Möglichkeit der Individualisierung
– angemessene Preise
– gegenseitiges Vertrauen unter den Beteiligten
– die Offenheit für Partner[59]

Um diese Bedingungen wachsen zu lassen, braucht eine Ökonomie vor allem Zugang zu Daten, aber auch eine ausreichende Zahl von Usern, die mit digitalen Technologien umgehen können, innovatives Unternehmertum, die passenden und sinnvoll eingesetzten Technologien, eine offene Innovationskultur und einen unterstützenden regulativen Rahmen. Dann können Plattformen zu entscheidenden Wachstumstreibern werden.

Bausteine der digitalen Ökonomie

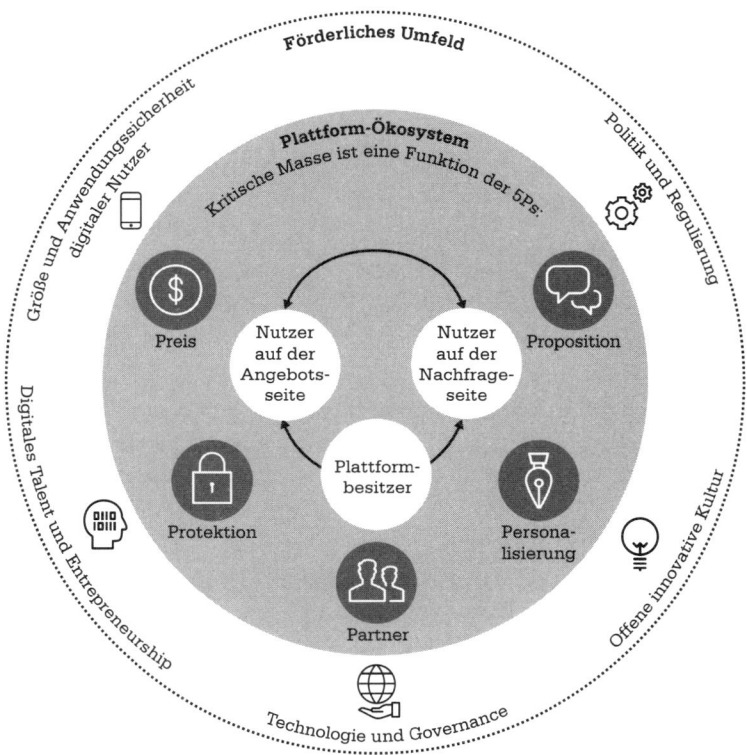

*Grafik 16: Eine kritische Masse von Akteuren und eine innovations-
freundliche Basis sind nötig, damit ein Plattform-Ökosystem entstehen
und sich entwickeln kann.*

Nicht alle Länder erfüllen diese Bedingungen: Die größten Chancen für eine Plattformwirtschaft in Wachstum und Skalierung bestehen in den USA, China, Großbritannien, Indien und Deutschland. 2020 sollen diese Länder an der Spitze rangieren. Länder
wie Italien, Südafrika oder Russland rangieren derzeit auf den
letzten Plätzen.[60]

Fantasie, Vision und Ehrgeiz

Im Gegensatz zur Innovation bedeutet »Disruption« nicht nur Neuorientierung, sondern die komplette Umstrukturierung oder Zerschlagung bestehender Geschäftsmodelle. Der Begriff hat deshalb ein eher negatives Image. Das mag auch daran liegen, dass ihm etwas Revolutionäres anhaftet, dessen Sprengkraft bisherige Leistung infrage zu stellen scheint. Eine negative Sichtweise der Disruption aber verstellt den Blick auf die positiven Seiten des Wandels und die Fülle an neuen Möglichkeiten, die sich auch für die bisherigen Marktführer ergeben – wenn sie bereit sind umzudenken.

Die wichtigste Lektion, die wir derzeit lernen, ist: Digitalisierung ist viel mehr als nur Hochleistungstechnologie. Sie ist Fantasie, Vision und Ehrgeiz. Ohne einen soliden Datenbestand, der von smarten Instrumenten analysiert und aufbereitet wird, sowie einer smarten Workforce, die nicht nur ab-, sondern auch entwickelt, taugt die beste Technologie nichts. Eine gemeinsam mit dem World Economic Forum erstellte Analyse von über 16.000 Unternehmen zeigt, dass jene, die diesen Dreiklang gut beherrschen, ihre Produktivität mehr als verdoppeln können.[61]

Digitale Verdichtung

Es kommt dabei mehr auf die richtige Kombination und Vernetzung von digitalen Strategien an, als auf den Innovationsgrad. Wo genau die Desiderate der digitalen Verdichtung liegen, das ist von Land zu Land unterschiedlich. Das können eine optimalere Nutzung des industriellen Internets sein oder ein schnellerer Breitbandausbau, die Intensivierung der Mobilkommunikation oder der Ausbau von Plattformen.

Wichtige Faktoren sind die Erschließung neuer Märkte, die Unternehmenspolitik, der effektive Umgang mit Ressourcen und der Einsatz beschleunigender Faktoren. Das in der digitalen Verdichtung international führende Land sind übrigens die kleinen Niederlande, wo die Kinder in der Schule schon selbstständig von

Tablets lernen, digitale Pflegekonzepte für die Alten existieren, und nicht zuletzt eine nationale Agenda sich zum Ziel gesetzt hat, bis 2021 das flexibelste und beste digitale Produktionsnetzwerk der Welt zu besitzen. Im Vergleich zu den Niederlanden hat Deutschland in der Detailbetrachtung deutliche Rückstände vor allem in der Kundenaktivierung, dem digitalen Humankapital oder auch der Innovationsbereitschaft.

Hierzulande sehen viele Unternehmen die Digitalisierung als schwierige Herausforderung, die Chancen dabei werden viel seltener erkannt. Anstatt mit Partnern zu kooperieren, um eine solide gemeinsame Datenbasis zu erhalten, aus der sich interessante neue Geschäftsideen entwickeln lassen, setzen deutsche Unternehmen lieber verstärkt auf eigene Digitalkompetenzen und Ressourcen. Nach einer Umfrage des Digitalverbands Bitkom entwickelt jedes dritte Unternehmen (33 Prozent) in Deutschland seine eigene Software, und jedes vierte beschäftigt firmeninterne Softwarearchitekten (24 Prozent).[62] Beim Ausbau der Industrie 4.0 und digitaler Plattformen birgt dieser Separatismus die Gefahr, dass die Geschäftsideen irgendwann von anderen kommen und ehemals führende Unternehmen zu Zulieferern degradiert werden.

Bildung und Business

Diejenigen Unternehmen, die sich nicht wandeln, sondern es schaffen, dem digitalen Strudel wie ein Fels in der Brandung zu widerstehen, könnten sich plötzlich sehr einsam fühlen, denn es ändern sich nicht nur die Produktionsmethoden und Geschäftsmodelle, sondern schlicht das ganze gesellschaftliche Leben darum herum. So wird sich zum Beispiel der ganze Bereich der Bildung in wenigen Jahren deutlich umstrukturieren, vom Kindergarten angefangen bis in die berufliche Weiterbildung hinein. Schon heute ist die »*gamification*« ein einflussreicher Trend, der viele Bereiche des gesellschaftlichen Lebens durchzieht. Auch Online Learning oder MOOCs, Massive Open Online Courses, werden traditionelle Bildungssysteme auf den Kopf stellen, weil sie nicht nur räumlich und zeitlich unabhängig machen, sondern auch barrierefrei sein können.

Diese neue Dynamik der Wissensvermittlung wird Lernen ähnlich schnell verändern, wie sich auch der Medienkonsum dezentralisiert und in individuellen Zeitmustern und eigenen Social-Media-Kanälen neu organisiert hat. Interaktive »*Multimedia Textbooks*«, die laufend aktualisiert werden können oder sich sogar selbstständig aus dem Internet neue Informationen holen, werden klassische Lehrbücher weitgehend ersetzen. Dabei geht es um weit mehr als die Vermittlung digitaler Kompetenzen und einen verbesserten Zugang zu Bildungsangeboten. Veränderungen im Bildungssystem, etwa den Curricula oder Studienordnungen, kommen mit den ersten Absolventen erst nach vielen Jahren im Arbeitsmarkt an. Dann haben sich aber die Anforderungen bereits wieder signifikant verändert. Digitale Lernangebote stellen sinnvolle ergänzende Bausteine für ein dezentrales und flexibles Ökosystem des Lernens dar, in dem auch flexible Zertifikate wie etwa die »*Nano-Degrees*« möglich sind. Diese neuen, flexiblen Lernangebote vermitteln Wissen passgenau und auch berufsbegleitend. Hier etabliert sich jenseits von Bachelor- und Masterabschlüssen an Hochschulen ein vernetztes Bildungssystem, das komplementär zu den etablierten Strukturen funktionieren kann.[63]

Oder der Bereich des Business. Schon heute haben viele Büros ihre klassische Struktur verloren: Hierarchien haben sich zumindest in ihrer äußeren Repräsentation weitgehend aufgelöst, Mitarbeiter arbeiten aus den unterschiedlichsten Lokalitäten – von zu Hause, von unterwegs oder in den fremden Schreibtisch eines Büro-Centers »eingeloggt«. Das Internet ersetzt viele Räumlichkeiten. Applications bieten ihren Anwendern Unterstützung bei der Terminorganisation, den Notizen, der Reiseplanung, der Abrechnung und dem Leistungsnachweis gleichermaßen. Audiovisuelle Konferenzen werden über Kontinente und Zeitgrenzen hinweg abgehalten, lernende Sprachsysteme arbeiten die Korrespondenzen ab, die trotzdem noch nötig sind. Wer heute in einem Büro eine Anstellung als Assistenz oder im Controlling antritt, dessen Job hat sich innerhalb einer einzigen Generation völlig verändert.

»Die Digitalisierung verändert fast alles«, schreibt die Welt.[64] Und »sich wegducken ist auch keine Lösung«. Disruptive Veränderungen entstehen dann, wenn existierende Strukturen nicht mehr fähig sind, neue Entwicklungen zu verarbeiten, und diese lägen nicht nur im technologischen, sondern auch im wirtschaftlichen und gesellschaftlichen Bereich, betont Wilhelm Bauer, Geschäftsführer des Fraunhofer-Instituts für Arbeitswirtschaft und Organisation (IAO): »Kulturelle und technologische Unterschiede werden in Ökosystemen zu gemeinsamen Ressourcen, mit denen nicht nur eigene Schwächen ausgeglichen, sondern der Digitalisierungsdruck kompensiert und sogar in Veränderungschancen verwandelt werden kann.«[65]

Zweihändigkeit: das Beispiel Autoindustrie

Dass Disruption nicht bedeutet, dass Unternehmen alles vergessen müssen, was sie bisher geleistet haben, zeigt das Modell der Zweihändigkeit (*Ambidexterity*), das wir hier am Beispiel der Autoindustrie vorstellen wollen.

Kaum eine andere Branche ist so bedeutend für den Standort und unterliegt derzeit so vielen Transformationen wie die Autoindustrie. Die Arbeitsplätze von 820 000 Menschen hängen in Deutschland von ihr und ihren Zulieferern ab. Insgesamt sind es sogar 1,8 Millionen Arbeitnehmer, die direkt oder indirekt von der Fahrzeugproduktion abhängig sind.[66] Sie alle sind von einer Entwicklung betroffen, die im Übrigen auch erst durch die Digitalisierung möglich wurde: dem absehbaren Ende des Verbrennungsmotors.

Rund 60 Prozent des Umsatzzuwachses der deutschen Top 500 erwirtschaftet die Autoindustrie, rund 20 Prozent kommen aus der Gesundheitswirtschaft und knapp sieben Prozent vom Anlagenbau.[67] Volkswagen erwirtschaftet 80 Prozent seiner Umsätze in Ausland, Daimler und BMW jeweils 85 Prozent. Der größte deutsche Zulieferer Robert Bosch erzielt 80 Prozent seiner Umsätze jenseits der Grenzen. Jedes vierte Auto wird in China verkauft[68], wo ab 2019 eine Zehn-Prozent-Quote für Elektroautos den Absatz dämpfen wird. Chinesische Anbieter wie zum Beispiel BYD (*Build Your Dream*) machen nicht nur ausländischen Importen Konkurrenz, sondern exportieren seit Kurzem auch nach Europa.

Wie auch Google forschen außerdem chinesische Suchmaschinen-Betreiber wie Baidu oder der Handelsriese Alibaba, also mächtige Plattformunternehmen, an der fahrerlosen Technik. China ist dabei, den Automarkt durch eine wachsende Zahl an Innovationen zu erobern: 2017 stand es mit 18 Prozent an zweiter Stelle der Automotive-Entwickler, noch vor Japan und den USA.[69]

Transformationsdruck durch Krise

Die Automobilbranche steht also unter massivem Druck durch die Digitalisierung, gleichzeitig ist sie aber ein Paradebeispiel für deren Transformationspotenzial. So hat die Möglichkeit, über Plattformen individualisierte Just-in-time-Angebote für Mobilität nachzufragen, zu veränderten Kundenerwartungen geführt und einem neuen Lebensstil: Das Auto ist dabei, seinen Rang als Prestigeobjekt zu verlieren, das früher jedes Wochenende poliert und sorgfältig in einer Garage verstaut wurde. Es wird zum schlichten Vehikel, das häufig nur noch benutzt wird, um individuell von einem Ort zum anderen zu kommen. So findet es sich – als Leihwagen wie bei Flinkster – am nächsten DB-Bahnhof oder ist über GPS zu ermitteln und über das Internet zu buchen wie der Fahrdienst Uber oder BlaBlaCar.

Einige Automobilunternehmen haben diesen Trend erkannt und sind an den neuen Mobilitätsdienstleistern beteiligt, wie zum Beispiel BMW und Daimler mit DriveNow und car2go. 2018 gaben die früheren Erzrivalen ein Joint Venture bekannt: Ziel ist der Aufbau eines Mobilitätsdienstleisters mit vier Millionen Kunden, 20 000 Autos und einem Unternehmenswert von mehr als einer Milliarde Euro. Die beiden Hersteller bündeln nun alles, was sie an Mobilitätsdienstleistungen in den vergangenen Jahren gesammelt haben: Carsharing, Mitfahrdienste, Taxivermittlung und auch die digitale Suche von Parkplätzen und Ladesäulen für Stromtankstellen.[70]

Das eine tun, das andere nicht lassen

Diese Strategie ist ein Beispiel für Ambidextrie – beidhändiges Management. Die Kombination traditioneller Technologien mit neuen Entwicklungen ist nicht nur für Fahrzeughersteller ein geeignetes Mittel, um auf veränderte Rahmenbedingungen wie steigende Preise, Regulierung oder veränderte Kundenbedürfnisse zu reagieren. »Der römische Gott Janus hatte zwei unterschiedliche Gesichter«, schrieb dazu die Harvard Business Review. »Das eine hatte die Vergangenheit im Blick, das andere die Zukunft. Unternehmer sollten diesem Prinzip folgen.«[71]

Ambidextrie ist die Fähigkeit, neue Wege zu erkunden, während gleichzeitig die existierenden Märkte weiter ausgeschöpft werden (»*exploration and exploitation*«). Sie ist immer dann gefragt, wenn gleichzeitig ganz unterschiedliche Strategien notwendig sind, um zum Ziel zu kommen. So erfordert die Erkundung neuer Business-Optionen eine flexible, dezentrale Struktur, die eigenständiges Handeln und Risikofreude zulässt, während der Umgang mit bekannten Märkten eher zentralisierte und standardisierte Organisationen voraussetzt, deren kurz- und mittelfristigen Ziele permanenter Kontrolle unterliegen.

In den Führungsetagen der Top 500 jedenfalls wird die Beidhändigkeit im Zuge der digitalen Transformation sehr intensiv diskutiert. Vor wenigen Jahren noch waren die Konzerne überwiegend mit Pilotprojekten beschäftigt, die ihnen die Perspektiven digitaler Geschäftsmodelle aufzeigen sollten. Doch inzwischen ist ganz klar geworden: Wer jetzt kein digitales Business aufbaut, verspielt seine Zukunftschancen – auch wenn die Umsätze noch längere Zeit aus traditionellen Geschäftsmodellen kommen werden. Außerdem hat sich gezeigt, dass viele neue Service-Ideen eine separate Unternehmenskultur benötigen. Das bedeutet: Traditionelle Geschäftsmodelle und neue, digitale Dienstleistungsangebote werden parallel vorangetrieben. Das verbessert, zeigt die Forschung, die Performance von Unternehmen. Aber es erhöht natürlich auch die Spannung zwischen den Polen.

Konkurrenz im eigenen Haus

Ambidextrie erfordert extrem große Anstrengungen in der Belegschaft und im Management. Einerseits muss das klassische Geschäft mit unverminderter Kraft weiterentwickelt werden, anderseits müssen aus traditionellen Bereichen finanzielle und personelle Ressourcen für den Aufbau neuer digitaler Unternehmen abgezogen werden. Das kann durchaus zur Überforderung der Organisation führen. Die Beidhändigkeit fordert viel mehr als die schrittweise erfolgte Digitalisierung im Rahmen von Industrie 4.0: nämlich hohe zusätzliche Investitionen und einen deutlichen Kulturwandel. Damit aber erschließen sich die Unternehmen notwendige zukünftige Wachstumsperspektiven.

Denn das Tempo nimmt zu: Während der PC noch 15 Jahre brauchte, um seinen Marktanteil von 10 auf 40 Prozent zu steigern, beherrschte das Internet sieben Jahre nach Beginn seiner kommerziellen Nutzung bereits 51 Prozent des weltweiten Telekommunikationsnetzes und weitere sieben Jahre später umfasste es schon 97 Prozent aller ausgetauschten Bytes. Das Internet der Dinge umfasst 2015 15 Milliarden Objekte – 2030 sollen es bereits 125 Milliarden Geräte sein.

Ein erster möglicher Weg, um neue Geschäftsmodelle zu entwickeln, ist die Abtrennung von Teilen des Unternehmens oder deren Neugründung außerhalb des Konzerns und in räumlicher Trennung. Möglich ist zweitens auch ein Stufenplan zur Veränderung der Unternehmensstrategie – zum Beispiel, wenn es darum geht, von der spielerischen Entdeckerphase rechtzeitig ins harte Geschäft zu wechseln, wo sich Ideen und Visionen auch in belastbaren Zahlen niederschlagen müssen. Amazon zum Beispiel ist dieser Schritt sehr schnell gelungen: In nur zwei Jahren wechselte das Unternehmen von der sprichwörtlichen Garage in die Öffentlichkeit und eröffnete sein erstes Verteilerzentrum. Dieses »Switching« aus dem experimentellen Labor in die Wirklichkeit funktioniert nur, wenn Information und Ressourcen auch quer zur Organisationsstruktur fließen können – Konflikte und passiver Widerstand müssen rasch ausgeräumt werden.

Es kann fatal sein, wenn in einem Unternehmen zwar viele neue Ideen entstehen, es aber an Kompetenz mangelt, diese auch umzusetzen. Prominentes Beispiel ist Ericsson, der Telekommunikations-Gigant, der lange Zeit an vorderster Front die Entwicklung der Mobilkommunikation bestimmte. In einer Phase des Unternehmens arbeiteten 30 000 Mitarbeiter in rund 100 Technologiezentren an Forschung und Entwicklung – bis Ericsson gezwungen war, insgesamt 60 000 Mitarbeiter zu entlassen und einen Großteil seiner Forschungsarbeit zu beenden.[72] Risto Siilasmaa, Chairman von Nokia, hat die dramatische Transformation des Unternehmens jüngst in einem Buch verarbeitet: »Transforming Nokia. The Power of Paranoid Optimism to lead through colossal change«.[73]

Eine dritte Möglichkeit des gezielten Wandels ist Selbstorganisation: Der chinesische Gerätehersteller Haier löste sein Unternehmen in rund 2000 selbstverwaltete Einheiten auf, um näher am Kunden operieren zu können. Dieser Schritt rettete es vor dem drohenden Bankrott. Heute ist es auf dem Weltmarkt führend.[74] Selbstorganisation hat jedoch ihre Nachteile, zum Beispiel können höhere Kosten durch Redundanz entstehen und die Skalierung fehlt.[75]

Besonders komplexe Geschäftsmodelle erfordern, dass zusätzlich externe Ressourcen die Ambidextrie unterstützen. Zum Beispiel ist es Apple gelungen, in seiner Smartphone-Sparte ganz unterschiedliche Erfordernisse unter einen Hut zu bringen: die schnelle Anpassung an den Kundengeschmack, wenn es um Content oder Apps geht, aber auch die eher klassische Entwicklung in der Fabrikation der Hardware. Um sich auf dem besonders volatilen Handy-Markt zu behaupten, verwendet Apple ein Ökosystem von Zulieferern und Dienstleistern, die gleichzeitig von seinen Plattformen wie etwa iTunes profitieren.

Die »*Outcome-Economy*«: Das Ergebnis zählt

Wann ist ein Geschäft abgeschlossen? Wenn das Produkt abgeliefert wurde? Früher hätten wir den Erfolg eines Unternehmens in solchen Kategorien des *Outputs* abgebildet. Je größer die Summe des *Outputs*, desto besser für die Firma. Doch in der Digitalwirtschaft müssen wir unsere Art, Erfolg zu bewerten, völlig verändern. Nicht die Masse ist wichtig, sondern die Qualität aus der individuellen Perspektive. Nicht der *Output,* sondern der *Outcome.*

Bei vielen industriellen Gütern hat es aus konventioneller Sicht gereicht, den Output als Maßstab für Erfolg zu nehmen. Wenn ein Auto einmal verkauft war, wussten die Hersteller ziemlich genau, wann dieses Fahrzeug auf dem Gebrauchtwagen-Markt landen würde und seine Besitzer sich nach einem neueren Auto umschauen würden. Ganz ähnlich ist das bei vielen anderen Gebrauchsgütern.

Bei digitalen Dienstleistungen ist die Lage viel komplexer. Der Abschluss allein sagt überhaupt nichts darüber aus, wie stabil die Kundenbeziehung sein wird. Digitale Dienstleistungen sind komplex – sie müssen ständig überwacht, justiert und angepasst werden. Wir brauchen also Erfolgszahlen, keine Stückzahlen.

Wie gut sind wir?

Messen können wir Erfolg über die Datenströme im Internet der Dinge. Obwohl dessen Bedeutung für die bessere Organisation von Prozessen prinzipiell erkannt wird, so eine Umfrage unter 1400 CEOs weltweit, sind nur sieben Prozent bereit, dafür Geld zu investieren. Dabei ließe sich das Bruttosozialprodukt in vielen Ländern durch ein stärkeres Engagement auf diesem Gebiet 1,5 Prozent über die Prognosen hinaus steigern.[76]

Heute schon verbessert das industrielle Internet der Dinge die Produktivität, senkt Prozesskosten und stärkt die Arbeitssicherheit. Doch das ist nicht genug. Angesichts der sich entwickelnden Outcome-Ökonomie, so auch das Weltwirtschaftsforum[77], müssen Unternehmen, die auf dem Markt bestehen wollen, völlig neue Produkte und Dienstleistungen entwickeln, sich der Disruption ihrer alten Erfolgsmodelle stellen und sich strategisch neu ausrichten. Kostensenkungen und Effizienzsteigerungen sind gut und schön.

Vor allem aber brauchen Unternehmen digitale Kenntnisse wie etwa im Bereich Advanced Analytics, um jederzeit Nachfrage, Bedürfnisse und Verhalten ihrer Kunden überprüfen zu können.

Mobilkommunikation und Sensortechnik haben das möglich gemacht: Immer mehr Aspekte der physischen Welt lassen sich in Daten übertragen. Leistungen können dadurch leichter skaliert werden. Das internationale Agrochemie-Unternehmen Monsanto zum Beispiel verkauft heute viel mehr als nur Dünger und Herbizide. Seine Datenbanken enthalten Informationen über viele Felder in den USA, geben Auskunft über Lage und Größe der Anbaufläche, Feldfrucht, Ausbeute, Bodenbeschaffenheit und andere wichtige Kriterien. Mithilfe dieser Informationen hilft Monsanto den Farmern, ihre Anbaumethoden zu verbessern und die Ernten zu steigern. Im Jahr 2025 sollen zwischen 100 und 200 Millionen Hektar auf diese Weise erfasst werden.[78]

Was heute noch als effizient gilt, ist morgen schon viel weniger wert. Die Erfolgskontrolle von Output auf Outcome umzustellen bedeutet, ein Unternehmen nicht nur zu optimieren, sondern zu transformieren. Denn es geht nicht mehr nur um Effizienz, sondern um die neuen Werteversprechen – und ihre Umsetzung. Es geht also nicht mehr nur um ein leistungsstarkes Röntgengerät, sondern um ein gesamtes Vorsorgekonzept, das für jede medizinische Indikation die richtige Untersuchungstechnik anbietet, die Prozesse überwacht, die Geräte wartet und die Ergebnisse nach bestimmten Kriterien auswertet, um eine Erfolgskontrolle zu ermöglichen. Um dieses Ziel zu erreichen, müssen die richtigen Partner zusammenarbeiten.

Ein zentraler Faktor ist aber auch die Zeit. Digitale Führung kann nur übernehmen, wer imstande ist, große Datenmengen quasi in Echtzeit zu verarbeiten. Schnelligkeit ist Trumpf – denn es geht nicht nur darum, die Kundenwünsche präzise und umgehend zu bedienen. Die anfallenden Daten zu sichten und rasch auszuwerten verhilft dem Unternehmen auch zu mehr Agilität – es kann frühzeitig auf veränderte Kundenwünsche, aber auch neue Wendungen des sich permanent wandelnden Markts aufmerksam werden. Das ermöglicht einem Anbieter »umzusatteln«, wenn sich am Horizont neue Geschäftsmodelle abzeichnen.

Agilität ist Trumpf

Bei der Beziehung zum Kunden geht es um weit mehr als um die traditionelle Geschäftsbeziehung – etwa Markentreue oder seine Zufriedenheit nach dem Abschluss. In der digitalen Wirtschaft ist es möglich, Motive und Optionen nachzuvollziehen, schon von dem Moment an, wo der Kunde die Absicht entwickelt, sich auf dem Markt umzusehen. Das bedeutet aber auch: Unternehmen müssen weit vor dem Geschäftsabschluss anfangen, potenzielle Kunden zu identifizieren, und sie müssen agil genug sein, um ihren Wünschen zu entsprechen. Denn ein besseres Angebot ist immer nur einen Klick entfernt. Neue Anbieter drängen sich nach dem Muster der zweiseitigen Märkte an die Kundenschnittstelle.

Bis zum Kaufabschluss selbst kann es außerdem ein längerer Weg sein – eine Online-Suche, ein Besuch beim Händler, eine Testfahrt, zum Beispiel bei einem Autokauf, eine Rückfrage, was Spezifizierungen der Ausstattung angeht, eine Preisverhandlung, die Zahlungsmodalitäten, eine Reklamation – und an jedem dieser »*touchpoints*« ist der Abschluss gefährdet, denn in der Just-in-time-Gesellschaft ist Geduld Mangelware und Treue ein flüchtiges Gut, zumindest, wenn die Erwartungen des Kunden nicht erfüllt werden.

Das erfordert für viele Unternehmen ein Umdenken: Früher waren sie vor allem auf ihre Produkte konzentriert, deren Qualität, Performance und die Märkte. Die Endkunden verbargen sich hinter Absatzzahlen und Gewinn- und Verlustrechnungen. Doch plötzlich tritt der Kunde ins Scheinwerferlicht. Verwöhnt durch die Erfahrungen, die er bereits in der Internetwelt mit Anbietern wie Amazon oder Uber gemacht hat, verlangt er Simplizität und Service – eine ungewohnte Herausforderung für Deutschland, das nicht gerade als Dienstleistungsgesellschaft bekannt ist. Nicht nur die Performance eines Produkts zählt in Zukunft – es sind, lange vorher, bereits die Erwartungen der potenziellen Kunden entscheidend. Entscheidend ist auch, die Bepreisung von Produkten und Dienstleistungen auf den Prüfstand zu stellen und zunehmend Margen über digitale Services zu realisieren.

Die Spaghettisoßen-Parabel

Viele Daten über das Kundenverhalten liegen derzeit noch als Verschlusssache bei den einzelnen Unternehmen. Solche Silos schränken aber die Ausbeute an Erkenntnissen deutlich ein. Sie reichen nicht aus, um der Dynamik der digitalen Wirtschaftswelt Rechnung zu tragen. Die Zusammenarbeit auf Plattformen hingegen erweitert den Pool an Daten drastisch und damit das Potenzial, die eigenen Geschäftsmodelle zu modifizieren oder auch ganz neue zu entwickeln. Sie erlaubt die Diversifizierung der Kundenbasis – ein Sicherheitsnetz in einem volatilen Geschäftsfeld.

Der US-Marktforscher Howard Moskowitz hatte bereits in den 80er-Jahren postuliert, dass es falsch sei, sich an statistischen Werten zu orientieren, um nach dem einen perfekten Produkt für eine Mehrheit von Kunden zu suchen. Der eigentliche Gewinn liege darin, unterschiedliche Kundengruppen mit diversifizierten Produkten zufriedenzustellen. Er demonstrierte das mit einer Verkostung neuartiger Spaghettisoßen. Das Ergebnis: Ein Drittel der Probanden entschied sich für das Angebot einer Spaghettisoße »*chunky*« (mit Stücken) – ein Produkt, das in der bisherigen Marktforschung nicht aufgetaucht war und auf dem Markt nicht existierte. In zehn Jahren konnte Campbell dann 600 Millionen Dollar Gewinn mit dem neuen Produkt machen.[79]

»*Chunky*« als Kundenwunsch zu identifizieren, wäre heute auf einer Plattform ein Leichtes – auch ohne aufwendige Verkostung. Zum Beispiel, weil die Präferenz von bissfesten Food-Ingredienzien auf anderen Märkten Hinweise darauf geben würde. Durch die Nutzungsdaten, aber auch viele andere digitale Feedback-Schleifen, stellt sich außerdem sehr schnell heraus, ob Produktideen funktionieren. Moderne Technologien erlauben es darüber hinaus, individuelle Kundenwünsche automatisiert – und damit zu den niedrigen Kosten der Massenproduktion – zu erfüllen.

Die Kosten für die notwendige Datenverarbeitung sinken täglich. Photon, ein kleiner Wi-Fi-Kit, mit dem man Sensoren für das Internet der Dinge einrichten und skalieren kann, ist schon für unter 20 Euro zu haben. Er lässt sich je nach Wunsch reprogrammieren und an die Cloud anschließen. Durch solche Entwicklungen werden Advanced -Analytics-Mainstream: Ocado, ein Online-Supermarkt in Großbritannien, verarbeitet mehr als 100 Terabytes, das Zehnfache des Umfangs der Bücher der amerikanischen *Library of Congress*, um Kundenverhalten auszuwerten und die Prozesse entsprechend zu optimieren.[80]

Der Kunde als Prosument

Bereits heute wollen die Endkunden mitbestimmen und sie haben hohe Ansprüche. Sie wollen Produkte nach individuellen Anforderungen gefertigt und am liebsten sofort zur Verfügung haben. Bald können sie einiges mit 3-D-Druck auch selbst fertigen. »Das allein«, so Hartmut Rauen vom Verband Deutscher Maschinen- und Anlagenbau, »wird einen fundamentalen Wandel anstoßen«.[81]

Zukunftsmusik? Nicht mehr. Beim Ditzinger Produktionstechnologie-Hersteller Trumpf (siehe auch Seite 144) können die Kunden online ihre individuellen Stanzwerkzeuge zur Metallbearbeitung auf einer Plattform konfigurieren. Die Auftragsinformationen werden automatisch erzeugt, autonom entsteht daraus ein Werkstück. Der dänische Hersteller LEGO zum Beispiel ist bereits verstärkt dazu übergegangen, das Design seiner Spielzeugwelt durch Crowdsourcing weiterzuentwickeln – das kreative Publikum kann dafür ein 3-D-Designer-Tool aus dem Web laden. Open Innovation findet zum Beispiel auch auf einer Plattform statt, die die Messe München und die Innolytics GmbH gemeinsam betreiben: Sportler entwickeln dort mit Unternehmen neue Ideen für Produkte und Service. »Kunden sind von der ersten Minute an Teil des Entwicklungsprozesses«, schreibt die Innolytics in einem Whitepaper. »Jedoch nicht irgendwelche Kunden. Es sind sogenannte »*consumer experts*« und »*early adopters*«, Kunden, die dem Massenmarkt durch ihren Lebensstil, ihre Erfahrungen und

ihre tiefgreifende Expertise um ein bis drei Jahre voraus sind.«
Die Kunden werden in ihrem Selbstbewusstsein angesprochen:
»Sie möchten die Märkte von morgen mitgestalten... Beteiligung
ist ihr Lebensstil.«[82] Moderne Kunden sind Produzenten und Konsumenten gleichzeitig: Sie sind Prosumenten.

Noch mitten in der Entwicklung eines Produktes schaffen Plattformen wie die der Sportmesse ISPO, gestützt auf eine Commu-
nity mit einem bestimmten Lifestyle, eine Fanbase. Ein Beispiel
ist das neuartige Funktionsshirt »Clim8« (wie »*climate*«), das sich
über eine App regulieren und mithilfe von Mikrochips erwärmen
lässt. Entwickelt wird das smarte Kleidungsstück von einem
Start-up-Unternehmen in Frankreich. Die 33 000 User der Plattform können sich dazu äußern, einige die Prototypen auch testen
und bewerten, noch bevor die Entwicklung abgeschlossen ist.
Das Marketing setzt also viel früher ein als bei herkömmlichen
Produkten.

»Ideen von Konsumenten sind nicht besser, sondern anders«,
so die Macher der Innovationsplattform.[83] Kreativität nämlich
brauche die Innen- und die Außenperspektive. Diese Erkenntnis nutzen auch Angebote zur »Co-Creation«, wenn zum Beispiel
die Deutsche Bahn ihre Kunden-Community auffordert, mit ihr
gemeinsam ihre Mobilitätsangebote zu verbessern, oder BMW
einen Wettbewerb über das Internet ausschreibt, Ideen für die
Innenausstattung ihrer Pkws zu entwickeln.

Die Münchner innosabi GmbH beispielsweise stellt Lösungen
für Open Innovation mit Endkunden bereit. Sie ermöglicht ihren
Kunden Innovation und agiles Handeln durch fünf spezialisierte Software-Lösungen, die unter anderem durch semantische
Analytik und Künstliche Intelligenz datengetriebene Entschei-
dungshilfen liefern. Zu den Kunden der als bestes ITK-Start-up
Deutschlands ausgezeichneten Firma zählen die Postbank, Allianz, Daimler, Bayer oder der Flughafen München.

Neue Werteversprechen

Das Produkt wird in der digitalen Wirtschaft zum Träger einer Serviceleistung. Das wird seine wichtigste Funktion. Entsprechend sinkt, um ein einfaches Beispiel zu nennen, der Wert eines Smartphones immer weiter, weil das eigentliche Geschäft mit seiner Nutzung gemacht wird – und den Daten, die der Besitzer dabei produziert. Die Serviceleistung ist in der Plattformökonomie das entscheidende Kriterium, mit dem sich Hersteller von ihren Konkurrenten differenzieren.

In der Industrie ist das noch nicht überall angekommen. Wirklich zukunfts- und wettbewerbsfähig wird ein Unternehmen erst, wenn die Werteversprechen nicht nur auf Beschleunigung, Optimierung und Qualitätssteigerung bestehender Prozesse und Produkte ausgerichtet sind, wie das häufig noch der Fall ist. Vielmehr muss eine Überleitung in völlig neuartige und dynamisch anpassbare und individualisierbare Angebote erfolgen. Das sind dann die Werteversprechen, die für nachhaltige Rentabilität sorgen und innovative Erlösmodelle in einer veränderten, flexiblen Wertschöpfungsarchitektur ermöglichen.

Service fängt mit dem Kundenkontakt an. Die besten Produkte scheitern im Markt, wenn der nicht funktioniert – die unmittelbare Betreuung am Point of Sale, aber auch die Callcenter und der Internetauftritt, der Umgang mit Beschwerden und Nachfragen, die Markenbindung, die Produktbewertungen in den Social Media. Unternehmen müssen ihre Kunden verstehen, ernst nehmen und ihnen das auch zeigen – das wird umso wichtiger, als moderne Kunden sich über Social Media und Blogs rasch austauschen und dort mit »*thumbs up*« oder »*down*« ihr Urteil abgeben, das anderen zur Orientierung dient. Personalisierter Service wird zu einem entscheidenden und differenzierenden Leistungsbaustein im digitalen Business.

Das bedeutet keinesfalls, dass der persönliche und unmittelbare Kontakt mit dem Kunden keine Rolle mehr spielt. Der Accenture Global Consumer Pulse Survey basiert auf rund 25 000 Konsumenten in 33 Ländern. 2016 zeigte er für die USA: Je mehr unterschiedliche Zugänge Kunden nutzen können, um sich zu Produkt und Service zu äußern, desto zufriedener sind sie. Dabei ist es wichtig, dass die Kunden wählen können: Viele von ihnen suchen an irgendeinem Punkt ihrer Beziehung den unmittelbaren Kontakt. 77 Prozent gaben an, sich am liebsten persönlich beraten zu lassen. Nur jeder dritte Kunde (36 Prozent) hält die Digitalkommunikation für besser als andere Zugänge.[84]

Für negative Bewertungen scheint meist eine schlechte Customer Experience verantwortlich zu sein – vor allem im Einzelhandel, bei Banken und im Internetservice wechselten die US-Kunden 2016 dann häufig den Anbieter. Das kostete die USA-Wirtschaft, rechnete Accenture aus, 1,6 Billionen Dollar. Bemerkenswert: Selbst in der Dienstleistungsgesellschaft USA gaben drei Viertel der Kunden an, Beratungsleistungen müssten einfacher und leichter zu erhalten sein. 61 Prozent fanden sie nicht schnell genug. Vier Fünftel der Unzufriedenen klagten, man habe sich nicht einmal um sie bemüht.[85]

Verläuft der Weg des Kunden bis zur Kaufentscheidung hingegen positiv, bringt das »mehr Kundenzufriedenheit, weniger Abwanderung, höhere Gewinne und zufriedene Mitarbeiter«, resümiert die Harvard Business Review[86], außerdem synergistische Effekte quer zu allen Strukturen und Hierarchien. Immer mehr Firmen schaffen deshalb in ihrer Hierarchie Platz für spezielle Customer Experience Manager.

Ein Kennzeichen der neuen Digitalwirtschaft ist auch, dass Kunden sich von herkömmlichen Dienstleistern abwenden und sich selbst organisieren. Etwa über die französische Plattform BlaBla-Car, die Fahrzeugbesitzer mit freien Plätzen mit Menschen zusammenbringen, die eine Transportmöglichkeit suchen. Obwohl sich dabei an der materiellen Substanz dieser Geschäftsbeziehungen kaum etwas ändert, ist eine bedeutende Wertschöpfung entstanden. Andere tauschen für Urlaubsaufenthalte Häuser oder suchen im Gegenzug für ein Angebot (»repariere Autos«) bestimmte Dienstleistungen (»suche Tischler«). Plattformen machen es möglich.

Der entscheidende Paradigmenwechsel ist: Nicht mehr die Unternehmen bestimmen, was auf dem Markt gehandelt wird, sondern der Kunde. Seine Wünsche und sein Urteil entscheiden mehr denn je darüber, ob ein Unternehmen prosperiert oder nicht. Je mehr Daten die Unternehmen zur Verfügung haben, desto agiler können sie auf die Erfordernisse eingehen und schneller auf wechselnde Trends reagieren. Sie erhalten nicht nur mehr Übersicht und genauere Prognosen, sie können auch aus den Daten zusätzliche Dienstleistungen entwickeln – Smart Services. Diese bringen den Kunden zusätzlich zu den physischen Produkten weitere Funktionalitäten – zum Beispiel eine Steigerung in der Effizienz, reduzierte Kosten, vorbeugende Wartung oder eine Erhöhung der Ausfallsicherheit. Im Angebot sind aber auch freie Parkplätze neben dem Supermarkt oder individuelle Ausstattungsmerkmale. Die datengesteuerten Serviceangebote sind hoch individualisierbar und lassen sich quasi in Echtzeit an die Kundenbedürfnisse anpassen. Das Kundenerlebnis wird damit zu einem Schlüsselfaktor für die Unternehmensstrategie im digitalen Zeitalter.

Von der Banane zu Esslösungen

»Customization«, die Anpassung eines Produkts an individuelle Kundenwünsche, meint heute nicht mehr nur die hochpreisige Einzelanfertigung wie zum Beispiel die handgemalte Paint Line auf einem Rolls-Royce. Sie bezeichnet auch eine Massenfertigung, die über Standardisierung und individualisierbare Module bezahlbar wird. Ein plakatives Beispiel ist der Nahrungsmittelbereich: Hier werden erfolgreich Verpackungen und Etiketten (mit-) gestaltet, Ingredienzien von Müslis oder Hundefutter ausgewählt oder Rezepte für Burger entwickelt.

Das nützt nicht nur der Zufriedenheit der Kunden – ihre Wünsche an das Produkt liefern auch dem Unternehmen Hinweise auf den gesellschaftlichen Wertewandel, der die Märkte bestimmt. Welche Verpackungen werden präferiert, welche Inhaltsstoffe wie Gluten oder Laktose sind kritisch, welchen ethischen Anspruch muss ein Lebensmittel erfüllen, zum Beispiel was Tierschutz oder

Klimaverträglichkeit angeht? Ist es regional produziert worden? Allein die Wahl der Nahrungsmittel sagt viel darüber aus, welchen sozialen Stand ein Konsument in der Gesellschaft einnimmt und in welchen Netzwerken er sich bewegt und das kann Hinweise für völlig andere Produktideen geben. Die Summe zahlloser Einzelentscheidungen addiert sich zu Botschaften, die nur noch entschlüsselt werden müssen.

Je personalisierter das mögliche Angebotsspektrum ist – je mehr also der Kunde selbst bestimmen kann, was er will, anstatt sich mit einem Massenprodukt oder Standardservice zufrieden geben zu müssen – umso mehr braucht er auch Unterstützung bei seiner Entscheidung. Das führt zu neuen Geschäftsmodellen. So, wie die Kaufhäuser sich überlegen müssen, unter welchen Bedingungen sie im Online-Geschäft noch überleben können, suchen auch Supermärkte und Nahrungsmittelhändler nach neuen Konzepten. Sie werden, sagen Food-Experten, in Zukunft nicht mehr einfach nur Lebensmittel wie etwa Bananen vorhalten, sondern eine sorgfältig durchdachte Vorauswahl bieten – wie es Läden ohne Verpackungsmaterialien, Fair-Trade-Geschäfte oder Biomärkte heute schon tun. »Esslösungen« sind im Trend – das reicht von fertig geschnippelten Salaten »to go« bis zu Kochbox-Anbietern, die Rezeptideen propagieren und alles, was man dafür braucht, ins Haus liefern. Der demografische Wandel spielt dem in die Hand: Auf der einen Seite sind die Konsumenten junge Menschen, die keine Zeit haben zu kochen oder es nie gelernt haben. Auf der anderen Seite gibt es die Alten, die es nicht mehr schaffen zu kochen, oder für die »medical foods« alters- und krankheitsbedingte Defizite ausgleichen sollen. Kundenpartizipation und Datenanalytik machen frühzeitig auf solche Trends aufmerksam.

Knapp die Hälfte der *Millennials* übrigens konsultiert vor einer Kaufentscheidung das Internet, oft direkt mobil – vor dem Regal im Supermarkt. Sie bestellen zudem häufiger als die Altersgruppe 39+ Lebensmittel online.[87] Händler, die diese Konsumenten auch in Zukunft nicht verlieren wollen, müssen ihnen etwas bieten, am besten online. Dazu gehören nicht nur Lieferungen oder Freiminuten beim Carsharing (wie das REWE und DriveNow handhaben).

Sondern auch Social-Media-Ideen, die viral gehen, wie Friedrich von Liechtensteins »Supergeil«, die Werbung von Edeka.[88]

»Everything-as-a-Service«

Die Entwicklung geht dahin, nicht nur digitale Assets wie Programme, Speicherplatz oder Applications als Dienstleistung (»as-a-service«) anzubieten, sondern auch die dahinter liegenden Funktionen: So hat Singapur 2018 begonnen, Regierung und Verwaltung in eine G-Cloud zu transferieren, eine Government-Cloud. Bis zum Jahr 2023 sollen bis zu 95 Prozent der Kommunikation, aber auch der Amtshandlungen zwischen Bürger und dem Stadtstaat virtuell ablaufen. Durch Virtualisierung, Visualisierung und Personalisierung sollen die Dienste für die Bürger schneller, persönlicher und umfangreicher werden: eine gesamte Regierung »as-a-service«. Eine zweite Cloud wird die sensibleren Regierungsdaten nur für einen autorisierten Personenkreis vorhalten.[89] Auch die australische Regierung hat angekündigt, wichtige Funktionen in die Cloud zu verlagern.

Dieses und die vorangegangenen Beispiele zeigen: Das Orchestrieren der Kette der Werte(versprechens)schöpfung ist der zentrale Erfolgsfakor in einer datenbasierten Wirtschaft. Der Kunde mit seinen spezifischen Bedürfnissen steht im Zentrum. Daten sind die Grundlage, was es braucht, sind digitale Geschäftsmodelle und eine holistische Infrastruktur. Über allem aber steht die Notwendigkeit, einen Plan zu haben.

KAPITEL 3

A Star is born: Chinas Aufstieg zur digitalen Weltmacht

»Made in China 2025«: der Masterplan für eine Superpower

China hat einen ambitiösen Plan und die erste Stufe heißt »Made in China 2025«.[1] Mit smarten Technologien will das Land zur international führenden Wirtschaftsnation aufsteigen und nimmt dabei auch wichtige Anleihen aus Deutschland – zum Beispiel das Konzept der Industrie 4.0. Die Architekten dieses Masterplans sagen ganz offen, dass sie im Produktionsbereich das ganze Spektrum der Hightech-Branchen im Visier haben, das bisher noch die Domäne der führenden Industriestaaten ist: Automotive, Aviation, Maschinenbau, Schienen- und Schifffahrtstechologie, Robotik, Energieerzeugung und -effizienz, Medizin- und Biotechnologie, Informationstechnologien und neue Materialien sind die zehn fokussierten Schlüsselindustrien mit jeweils eigenen Roadmaps. In zahlreichen dieser Industrien sind deutsche Unternehmen heute Weltmarktführer.[2]

Definiert wurden auch fünf Leitprinzipien, nach denen die Entwicklung ablaufen soll: Als Ausgangspunkt werden Innovationen gefordert. Qualität sei wichtig. Die Anwendung müsse umweltschonend und energiesparend sein. Ziele seien auch die strukturelle Optimierung und die Förderung neuer Talente. Ist die erste Stufe 2025 erreicht – ein Platz unter den Industrienationen der Welt – dann will sich China in zwei weiteren Dekaden zu einer global führenden Wirtschaftsmacht entwickeln. Dieses Ziel möchte das Land im Jahr 2049 erreicht haben, wenn die Volksrepublik ihren hundertsten Geburtstag feiert.

Der Staat gibt also die Richtung vor, bündelt die Kräfte und fördert gleichzeitig massiv Grundlagenforschung und Zukunftstechnologien. Hochtechnologie wird kopiert oder eingekauft und durch Engineering verbessert. Staatsunternehmen wird eine starke Position eingeräumt wie auch Schlüsselunternehmen aus der Privatwirtschaft. Das Ziel ist ganz klar, so das Mercator Institute for China Studies (MERICS), importierte Technologien immer stärker durch eigene Produkte zu ersetzen und mit diesen gleichzeitig ausländische Märkte zu erobern. Zu dieser Strategie gehört auch, dass das Land gezielt Unternehmen im Ausland aufkauft, vor allem im Bereich Maschinen und Anlagen, wie etwa 2016 den deutschen Robotikhersteller Kuka.[3]

Bisher hatte der enorme wirtschaftliche Fortschritt des Landes florierende Absatzmärkte für europäische und US-amerikanische Unternehmen geschaffen. Der neue Masterplan soll gerade das aber ändern. Diejenigen Volkswirtschaften, die am meisten auf Technologien basieren, sind deshalb am stärksten bedroht.[4] So bröckelt schon jetzt die Dominanz deutscher Automobilhersteller: Die fünf meistverkauften Elektroautos in China stammen ausnahmslos von heimischen Anbietern. Die Kunden können dort bereits zwischen rund hundert verschiedenen E-Autos wählen.[5]

Kaderschmiede durch Künstliche Intelligenz

China verabschiedet sich also von seiner Rolle als Copycat und Werkbank der Welt und sucht den Anschluss an die hoch entwickelten Industrienationen. Eines steht fest: China hat den Ehrgeiz, die globale Führung zu übernehmen, wirtschaftlich wie politisch. Dafür nutzt das Land, strategisch bedacht, neue Technologien und tritt an, internationale Märkte zu erobern. Ausgerechnet die Industrie, die in Europa lange Zeit vor allem mit Sweat Shops und Umweltverschmutzung verbunden wurde, entwickelt sich zur Clean-Room-Landschaft. Der jüngste Coup: Der chinesische Konzern Alibaba hat angekündigt, eigene Halbleiterprodukte zu entwickeln, um das Land von US-amerikanischen Chips unabhängig zu machen. Ausgerechnet das Volk, dem man lange Zeit eigenständige Innovation absprach, ist dabei, die weltweite technologische Führung zu erobern. Das wichtigste Instrument dabei: die Künstliche Intelligenz (KI).

Im Dezember 2017 veröffentlichte das chinesische Ministerium für Industrie und Informationstechnologie dazu eine Roadmap für die kommenden drei Jahre. Die sieht vor, dass in China bis 2020 Chips zur Steuerung neuraler Netzwerke in Massenproduktion gehen, dass die Robotik voranschreiten wird, ebenso das Maschinenlernen.

Bedrohung hoch industrialisierter Nationen durch »Made in China 2025«

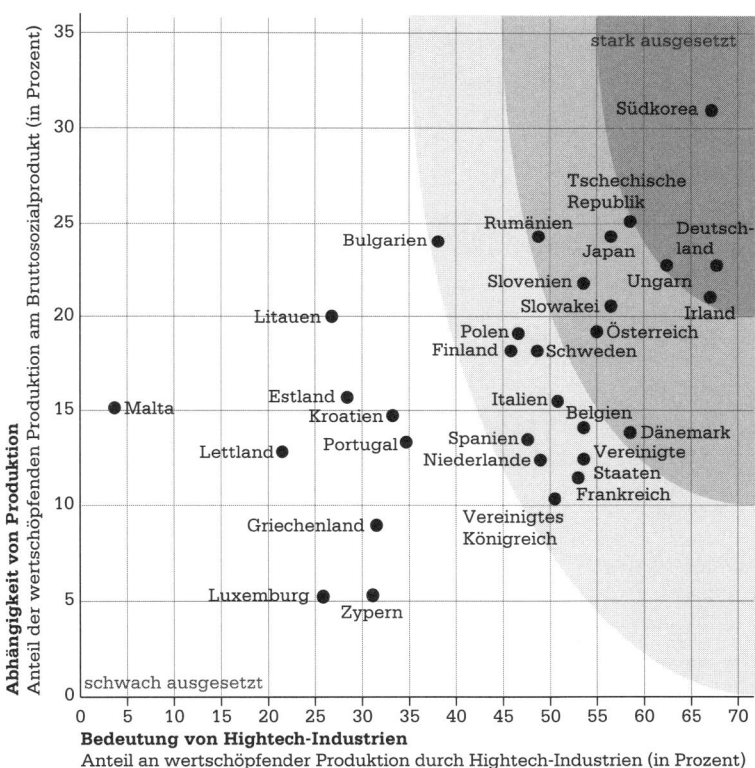

Grafik 17: Volkswirtschaften, deren BSP stark von der Produktion abhängt (in Prozent) und wo die Wertschöpfung aus Hightech am höchsten ist (in Prozent).[6]

Auch der Umweltschutz soll davon profitieren. Eine Energieersparnis von 10 Prozent bis 2020 wird in Aussicht gestellt. Die Strategie gibt auch vor, welche Marktanteile chinesische Unternehmen im Inland erreichen sollen. Zum Beispiel sollen chinesische Industrieroboter im Jahr 2025 bereits 70 Prozent des nationalen Marktes ausmachen.[7]

Der »*Next Generation Artificial Intelligence Development Plan*«
sieht als zweiten Schritt vor, dass die KI-Industrie bis 2025 auch
die Bereiche Intelligente Produktion, Medizin, Landschafts- und
Städteplanung erobert und bis dahin auch Gesetze und Regula-
tionsmechanismen entwickelt wurden. Bis zum Jahr 2030 will
China das führende KI-Innovationszentrum der Welt werden und
eine entsprechende Industrie mit einem Marktwert von rund 150
Milliarden Dollar aufgebaut haben.[8]

Über das frühe Setzen von Standards, schreibt die MIT Technology Review, könne China die weltweite Vorherrschaft auf den
Märkten der Künstlichen Intelligenz erobern, vom Nachahmer
zum Schrittmacher werden. »Das ist der erste Technologiebe-
reich, wo China eine echte Chance hat, die Spielregeln vorzuge-
ben«, wird dort Jeffrey Ding zitiert, international renommierter KI-
Experte mit chinesischen Wurzeln: »Beeindruckend aber sind vor
allem die Tiefe des Denkens, der lange Atem, mit dem Politiker,
Forscher und Technologieunternehmen vorgehen.«[9]

Allerdings ist noch lange nicht entschieden, ob China seine eh-
geizigen Vorhaben wie gewünscht umsetzen kann, denn sie hängen nicht nur vom Willen, vom Know-how und von guter Planung
ab, sondern nicht zuletzt auch von der Adaptionsgeschwindig-
keit und den politischen Rahmenbedingungen im Lande. Denn
es ist der spezielle Weg der dirigistisch gelenkten »sozialistischen
Marktwirtschaft«, der den technologischen Musterstaat chinesischer Prägung hervorbringen soll.

Pragmatik schlägt Ideologie

Begonnen hatte der Wandel Chinas bereits mit dem Tod Maos
1976. Schritt für Schritt gab sein Nachfolger Deng Xiaoping die
zentralisierte Planwirtschaft auf und experimentierte, zunächst
nur in ausgewählten Sonderwirtschaftszonen und Städten, mit
neuen Wirtschaftsformen, die Eigeninitiative zuließen und Kon-
sum nicht mehr verurteilten. Als das Tempo der Veränderung zu
schnell wurde, die Preise für Lebensmittel astronomische Höhen
erreichten und der Unmut der Bevölkerung sich 1989 auf dem

Tian'anmen-Platz in Beijing entlud, war die politische Führung Chinas zunächst wieder auf Stabilisierung bedacht. Doch schon 1992 forderte Deng »Draufgängertum und Abenteuermut«.[10] Die sollten eine Marktwirtschaft ermöglichen, deren Adjektiv »sozialistisch« nur noch auf dem Papier existiert. Vor allem in den Städten entwickelt sich rasant eine kapitalistische Privatwirtschaft.

2001, als China der Welthandelsorganisation WTO beitrat und damit sein Land ausländischen Firmen öffnete, war bereits die Hälfte der Arbeitnehmer in Städten im privaten Sektor beschäftigt. Ein Teil der Profite der boomenden Wirtschaft wurde für die Entwicklung der ländlichen Regionen umgelenkt, was die zum Teil krassen Unterschiede zwischen Stadt und Land aber nur wenig mildern konnte. Der demografische Wandel hängt wie ein Damoklesschwert über dem Land. Zwar hat die chinesische Regierung die Ein-Kind-Politik abgeschafft, aber aufgrund der hohen Ausbildungskosten halten sich die Chinesen beim Nachwuchs zurück. Schätzungen zufolge soll die Zahl der Erwerbstätigen von dem Höchststand von 925 Millionen im Jahr 2011 bis 2050 auf 700 Millionen Menschen zurückgehen.[11] Die Umweltlasten der schnellen Industrialisierung sind eine weitere Herausforderung. Finanzexperten warnen schließlich davor, dass sich das schnelle Wachstum und die enorme Verschuldung Chinas (der Unternehmenssektor ist mit über 160 Prozent am Bruttoinlandsprodukt im Obligo und kann nur dank subventionierter Kredite der Staatsbanken funktionieren) in einer nächsten weltweiten Finanzkrise entladen könnte.[12]

In all diesen Punkten ist von der gelobten Weitsicht der Chinesen noch nicht viel zu spüren. Stattdessen arbeitet man daran, neues Wachstum zu generieren und setzt darauf, dass sich die Probleme dann schon irgendwie lösen werden. Systematisch werden also die Millionenstädte Chinas mit Infrastruktur wie Autobahnen, Schienenverkehr und Telekommunikation ausgestattet, damit nicht nur in-, sondern auch ausländische Firmen sich dort niederlassen. Die Initiative zur Neuen Seidenstraße (OBOR) sieht eine intensive digitale Vernetzung Chinas mit anderen asiatischen Staaten vor. Das Ziel, den Kommunismus zu erreichen, wurde von der KPCh offiziell nie aufgegeben, doch schon Parteiführer Deng hatte 1984 betont, dass dafür nicht nur ein Überfluss an materiellem Wohlstand nötig sei, sondern auch »hoch entwickelte Produktivkräfte«.[13] Daran arbeitet China und die Künstliche Intelligenz ist sicher die wichtigste Produktivkraft der kommenden Jahre.

Shanghai oder Silicon Valley?

Wie weit ist die Aufholjagd zwischen dem Westen und dem Osten schon gediehen? Glaubt man chinesischer Propaganda, im Westen als glitzernde Konsumwerbung gestylt, gelingen den Chinesen Entwicklungen, die man vor wenigen Jahren noch außerhalb von Silicon Valley für undenkbar gehalten hätte. Zum Beispiel eine neue Chip-Architektur, die hilft, Künstliche Intelligenz so klein und energiesparend zu machen, dass sie transportabel wird. Ein Huawei *Smartphone,* brüstet sich der Hersteller, sei das »erste wirkliche KI-Handy« auf dem globalen Markt gewesen.

Die Vorarbeit dafür wurde allerdings überwiegend in den USA geleistet. Trotzdem könnten die langjährigen Vorreiter nun ins Hintertreffen gelangen. So baut China am westlichen Stadtrand von Beijing einen riesen KI-Technologiepark und investiert allein dort 2,1 Milliarden US-Dollar, während die USA deutlich weniger, lediglich 1,2 Milliarden (2016), in (nicht-militärische) Projekte stecken. Natürlich hat China, was Wissenschaft angeht, einiges aufzuholen, doch das Tempo der Entwicklung innerhalb dieser neuen Technologien ist so schnell, dass historische Verdienste um Wissenschaft und Forschung in den Hintergrund rücken: »Wir haben viele junge Menschen, die in diesem Wettbewerb mithalten können«, so der chinesische KI-Forscher Chen Yunji. Deshalb, glaubt Eric Lander, Präsident des biotechnologischen Broad-Forschungsinstituts von MIT und Harvard, »beträgt unser Vorsprung in KI vielleicht nur noch sechs Monate. China hat zwar keine Verdienste um den Start dieser Technologie, aber es holt in atemberaubendem Tempo auf.«[14]

Der Aufstieg der Plattformen in China

Der wirtschaftliche Aufstieg Chinas ist eng mit seiner Digital-Ökonomie verknüpft: Innerhalb weniger Jahre gelang es der Volksrepublik, Megaplattformen zu etablieren, die jenen im Westen in nichts nachstehen: So sind unter den zehn weltweit führenden Top-Unternehmen (nach Marktkapitalisierung) sieben Plattformunternehmen, und zwei davon – Alibaba und Tencent – sind aus China.

Blickt man auf die Internetunternehmen, fällt das Bild noch deutlicher aus. Der jährliche Mary Meeker Internetreport zeigt, dass China vor fünf Jahren erst zwei Unternehmen unter den größten Technologiekonzernen der Welt stellte und die USA neun. Heute sind elf der 20 größten Technologieunternehmen amerikanisch, die anderen neun chinesisch.[15]

Plattformen haben die Weltwirtschaft auf viele Weisen dynamisiert und verändert. Das begann mit E-Commerce und sozialen Netzwerken, dann kamen Dienstleistungen der *Sharing Economy* und andere Service-Plattformen, schließlich Innovationsnetzwerke. Die Plattformeigner häufen inzwischen Tausende von Patenten an und sind Attraktoren für Investoren.

China hat diese Entwicklung im Schnelllauf durchgemacht und besitzt in Asien nicht nur die meisten, sondern auch die unterschiedlichsten Plattformen. Ein wichtiger Faktor dabei war, dass die chinesische Bevölkerung einen Technologieschritt übersprungen hat und viele Menschen gleich mobil, per Smartphone, ins Internet gegangen sind. Heute sind mehr als 95 Prozent der Internetnutzer mobil online.[16] Hinzu kommt, dass der Datenschutz in China einen völlig anderen Stellenwert hat und die Bürgerinnen und Bürger des Landes ihre Daten erheblich freizügiger teilen.

Besonders aktiv ist die Start-up-Landschaft: Tausende Unternehmen entstehen und viele davon gehen bald wieder unter. Doch diejenigen, die sich durchsetzen, wachsen und wachsen. Die beiden mit Abstand größten Plattformunternehmen, gemessen an ihrer Marktkapitalisierung, waren im Sommer 2018 Alibaba (526 Milliarden US-Dollar) und Tencent (509 Milliarden US-Dollar). Mit einigem Abstand folgen dann Baidu, Ant Financial, JD.com, Didi Chuxing und Ctrip.com (zwischen 20 und 60 Milliarden US-Dollar). Das »Schlusslicht« bilden Unternehmen, die sich überwiegend auf E-Commerce, Logistik, Gaming oder Transport und Logistik beschränken (800 Millionen bis 20 Milliarden US-Dollar). Die meisten dieser erfolgreichen Unternehmen haben ihren Sitz in Beijing und Shanghai.

Tencent – Marktführer durch Social Media

Die chinesische Entsprechung der GAFAs – der US-Tech-Giganten Google, Apple, Facebook und Amazon – ist das Dreigestirn BAT: Baidu, Alibaba und Tencent. Darunter war Tencent, 1998 in Shenzhen gegründet, das erste Unternehmen, dem es in China gelang, profitabel zu arbeiten. Es startete im Februar 1999 mit seinem ersten Instant Messenger (Tencent QQ) und ist seit 2004 an der Börse von Hongkong notiert. Das Unternehmen ist in vielen digitalen Geschäftsfeldern aktiv – sozialen Netzwerken, Online-Spielen, E-Commerce-Plattformen sowie Online-Werbung.

Vergleicht man zum Beispiel Facebook und Tencent, spielen beide Konzerne durchaus in einer Liga: Im ersten Quartal 2018 machte Facebook Umsatz in Höhe von 12,4 Milliarden US-Dollar – das chinesische Pendant 11,7 Milliarden US-Dollar. Der Gewinn betrug bei Facebook fünf Milliarden US-Dollar, bei Tencent 3,8 Milliarden. Facebook hat 2,2 Milliarden monatlich aktive Nutzer, Tencent (mit seinem Messenger WeChat) 1,04 Milliarden User, die sich überwiegend auf Asien konzentrieren.[17] Facebook, das in China verboten ist, unternimmt seit Längerem Anläufe, um sich dort zu etablieren, scheiterte aber bisher, zuletzt im Sommer 2018, mit dem Projekt einer chinesischen Innovationsplattform.

Facebook und Tencent im Vergleich

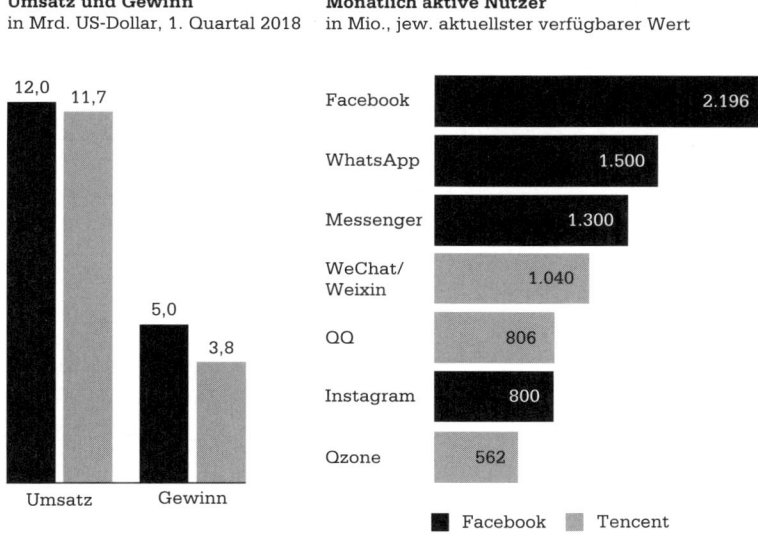

Umsatz und Gewinn
in Mrd. US-Dollar, 1. Quartal 2018

Monatlich aktive Nutzer
in Mio., jew. aktuellster verfügbarer Wert

Umsatz und Gewinn: 12,0 | 11,7 | 5,0 | 3,8 — Umsatz, Gewinn

Monatlich aktive Nutzer:
- Facebook 2.196
- WhatsApp 1.500
- Messenger 1.300
- WeChat/Weixin 1.040
- QQ 806
- Instagram 800
- Qzone 562

■ Facebook ■ Tencent

Grafik 18: Noch ist es Facebook nicht gelungen, sich in China zu etablieren.[18]

2011 launchte Tencent die Instant Messaging App *Weixin*, international bekannt als *WeChat*. 14 Monate nach dem Start waren bereits 100 Millionen Menschen angemeldet.[19] Mit WeChat kann man, wie etwa bei WhatsApp, Telefonanrufe tätigen und Sprachnachrichten hinterlassen, was, gerade wenn es schnell gehen soll, den Umgang mit den komplexen chinesischen Schriftzeichen ersetzen kann. WeChat kann als soziales Netzwerk dienen, in dem Freunde und Bekannten posten können. Es sendet Nachrichten und Werbung. Viele kleinere Unternehmen machen sich noch nicht einmal mehr die Mühe, eine eigene Website aufzusetzen, sondern kommunizieren direkt über WeChat, aber auch große Firmen benutzen diesen Kanal für ihren Kundenkontakt. In manchen Restaurants kann man am Tisch einen QR-Code scannen, der den Gast per WeChat auf die elektronische Speisekarte weiterleitet. Man bestellt dann per WeChat und sieht die Bedienung das erste

Mal, wenn das Essen gebracht wird. Gezahlt wird dann natürlich auch per WeChat. Das Kommunikations-Tool integrierte immer mehr Funktionen, zum Beispiel einen AppStore (beschränkt auf WeChat-User). Die Plattform öffnete sich auch für externe Entwickler.

Heute können die User den Messenger eigentlich zu allem verwenden, was sie über das Internet abwickeln wollen. Viele Mini-Apps sind in den Service integriert und müssen nicht extra geladen werden: So gibt es zum Beispiel den Fahrrad-Sharing-Dienst *Mobike* oder viele Spiele, die zum Gaming mit anderen einladen. Der Bezahlservice *WeChat Pay* (siehe Seite 112) lässt sich unter anderem mit einem Schrittzähler kombinieren, der je nach erreichter körperlicher Leistung Geld für soziale Initiativen spendet. Eine Suchmaschine soll folgen. Diese intensive Vernetzung von persönlichen Daten, Aktivitäten und Nutzwert ist im Westen unerreicht und macht den Dienst besonders für jüngere User attraktiv: Jeder fünfte besucht WeChat mehr als fünfzigmal täglich!

Alibaba – der Händler aus dem Osten

Die Handelsplattform mit dem märchenhaften Namen stand bis 2014 an der Spitze der chinesischen Plattformen. Heute liefert sie sich mit Tencent ein Kopf-an-Kopf-Rennen. 1999 von dem legendären Gründer Jack Ma, einem kreativen Englischlehrer, gemeinsam mit anderen ins Leben gerufen – zunächst als Plattform für kleinere chinesische Unternehmen, die exportieren oder sich international etablieren wollten. Die Entwicklung war stürmisch: Yahoo stieg 2005 mit einer Milliarde US-Dollar ein und reduzierte 2012 nach Auseinandersetzungen über die finanzielle Kontrolle seine Anteile wieder auf die Hälfte (20 Prozent). 2007 ging Alibaba.com an die Börse in Hongkong, 2012 zog sich das Unternehmen – mit der Begründung, sich vom Erwartungsdruck des Marktes befreien zu wollen – wieder zurück. Dann aber landete es 2014 einen spektakulären Börsenstart in New York.

Bis heute ist der Kern des Unternehmens eine international ausgerichtete B2B-Handelsplattform (Alibaba.com), die zwischen chinesischen Herstellern und Online-Händlern auf der ganzen Welt Geschäfte vermittelt. Die Dachgesellschaft, die Alibaba Group, vereint jedoch inzwischen etliche Marktplätze, die sich auch an Endkunden innerhalb und außerhalb Chinas richten. Neben *Alibaba.com* hostet sie zum Beispiel den auf China fokussierten Ableger *1688.com* mit dem Endkunden-Handelsplatz *Tmall. com*, *Aliexpress*, eine weltweit operierende Einzelhandelsplattform, und *Juhuasuan*, eine Group-Shopping-Seite. Außerdem besitzt die Alibaba Group auch Reales: Sie ist an dem größten Betreiber von SB-Warenhäusern und Supermärkten in der Volksrepublik beteiligt. 2016 kaufte sie auch die *South China Morning Post*, eine renommierte englischsprachige Zeitung Chinas, und schaffte für ihren Online-Auftritt die Paywall ab.

Taobao ist unter dem Dach von Alibaba als C2C-Marktplatz gegründet worden. Es gelang ihm, eBay aus China zu vertreiben. 2011 spaltete sich die Plattform dann in drei mit unterschiedlichen Funktionen auf: Taobao Marketplace (C2C), Tmall.com (B2C) und eTao (eine Suchmaschine für Online-Shopping, denn externe Suchmaschinen, das ist eine Besonderheit von Alibaba, sind von den Marktplätzen ausgeschlossen, um so viel Verkehr wie möglich auf die eigenen Seiten zu konzentrieren). Der Micro-Blogging-Dienst *Weibo* von der Sina Corporation – vergleichbar mit Twitter – ist in *Taobao* integriert. Es gibt einen eigenen Bezahldienst – *AliPay*.

Der B2C-Marktplatz *11main*, 2014 in den USA eröffnet, wurde bereits ein Jahr später an den amerikanischen Konkurrenten OpenSky verkauft. *Aliyun* bietet Storage und Cloud Computing an. Der Messaging-Dienst *Laiwang* weist eine mit WhatsApp vergleichbare Leistungsfähigkeit und Verbreitung auf: Textnachrichten, Bilder, Video- und Ton-Nachrichten können Nutzer in China mit diesem Dienst versenden. Daneben besitzt Alibaba aber noch Anteile an Chinas Marktführer Sina Weibo.

2014 lancierte Alibaba eine Kommunikationsplattform für Businesskunden in China: *Ding Ding*. Sie bietet Apps, die mit Android und iOS kompatibel sind und erlaubt Textnachrichten,

Sprachaufnahmen, Fotos, Mails und die Bearbeitung und Sicherung von Dokumenten. Dabei kann sie Konferenz-Calls von bis zu 30 Personen unterstützen und bietet Dienstprogramme für die verschiedensten Management-Aufgaben. Seit 2018 ist *Ding Ding* mit über 100 Millionen Usern eine der weltweit größten mobilen Apps für Organisationen.[20] Sie soll auch auf dem internationalen Markt eingeführt werden.

Alibaba ist aber auch in der Forschung aktiv. Unter anderem hat die Group die digitale Zwei-Faktor-Authentisierung zur Identitätsüberprüfung mit entwickelt. Sie lieferte auch das Betriebssystem für den 2016 entwickelten chinesischen SmartCar Roewe RX5. Das Plug-in-Hybrid-Auto hat eine eigene Internet-ID und kann so zum Beispiel automatisiert via Alipay an Tankstellen zahlen.

Baidu – das chinesische Google

Baidu, der dritte Plattformgigant im Bunde, wurde von dem Informatiker Robin Li und dem Philanthropen Eric Xu 2000 gegründet. Die gleichnamige Suchmaschine war die erste in China, die Künstliche Intelligenz nutzte. Damals war das ein Programm, das vom User fotografierte Objekte erkennt, im Internet sucht und dann die Preise der Angebote vergleicht.

Der Name *Baidu* geht auf ein klassisches Gedicht zurück, das die Suche nach Schönheit beschreibt, er bedeutet wörtlich »Hunderte von Malen«. Die Suchmaschine findet auch Inhalte aus Büchern und baut eine Internet-Enzyklopädie auf. Sie nutzt dazu Pinyin, die Möglichkeit, die Schriftzeichen des Mandarin gemäß ihrer Aussprache in lateinische Buchstaben zu übersetzen. (Im Übrigen errichtet China seit 2011 eine Datenbank, deren Ziel es ist, nach Fertigstellung 300 000 chinesische Schriftzeichen digitalisiert kodiert zu haben.) 75 Prozent aller chinesischen Online-Suchen werden über *Baidu* getätigt; die Seite gehört zu den fünf weltweit am häufigsten aufgerufenen Links.[21]

Das Unternehmen betreibt auch den Suchdienst *Shouji Baidu*, der nicht nur chinesische Texte, sondern auch andere Multimedia-

Inhalte wie MP3-Musik oder Filme findet – durch Technologien wie WAP und PDA optimiert für die mobile Nutzung. Die Breite des *Baidu*-Angebots ist so riesig, dass sie hier nicht detailliert abgebildet werden kann. Sie umfasst zum Beispiel einen beliebten App-Store, Landkarten und Routenfinder, Frage-und-Antwort-Angebote, Nachrichtenticker, Foto- und Videosuchen, ein soziales Netzwerk (*Baidu Space*), eine Behördenauskunft, Bildungsangebote und Lehrmaterialien, eine Patentsuche, statistische Daten, Unterhaltungsangebote wie Spiele und Gaming, ein eigenes Fernsehprogramm, Konsumempfehlungen (*Baidu around You*), einen Sprachassistenten für Chinesen in Japan und andere Bots, Cloud und Storage, Analytics, Antivirenprogramme, Firewalls und andere Cyber-Security-Angebote, Webmaster-Tools usw.

Baidu bietet auch elaborierte Tools für e-marketing und e-advertisement. *Tuiguang* heißt die Werbeplattform, die *Google Adwords* und *Adsense* vergleichbar ist. Die Werbekunden bezahlen auch hier nach Clicks, was Kritik in China hervorrief, weil man eine Verzerrung der Suchergebnisse befürchtete. Eine *Pay-for-Placement-Plattform (P4P)* verlinkt Werbekunden, getriggert durch Keywords in Suchanfragen, automatisch mit potenziellen Kunden und leistet Hilfestellung bei der Weboptimierung von Anzeigen. Weitere Targetizing-Angebote lassen sich nach Kundenwunsch spezifizieren. Eine *DU-Ad-Plattform* will sich zu einer internationalen Plattform für digitale Entwickler mausern.

Ihr schier endloses Wachstum im Gründerzeitboom hat *Baidu* auch mehrere Krisen beschert: eine, als ein krebskranker Student starb, weil er den Versprechungen der übertriebenen Werbung eines Krankenhauses glaubte, eine andere, als sich herausstellte, dass *Baidu* ein Online-Forum von Hämophilie-Kranken an eine private Klinik verkaufte, die dort warb und gleichzeitig Einfluss auf die Diskussion unter den Betroffenen zu nehmen versuchte. Beide Fälle führten zu heftigen Debatten in der chinesischen Öffentlichkeit und riefen die chinesische Internetbehörde auf den Plan, die ihre Auflagen für Werbung im Netz verschärfte. Baidu kündigte an, die Nutzung von Online-Foren nur noch öffentlichen Dienstleistern zu erlauben und nicht länger kommerziellen Anbietern.

Seit 2005 ist das multinationale Unternehmen an der Börse. Kurz davor hatte Google zwei Prozent der Aktien für fünf Millionen Dollar gekauft – schon ein Jahr danach konnte es die Anteile für das Zwölffache wieder veräußern. 2007 wurde Baidu als erstes chinesisches Unternehmen im NASDAQ-100 gelistet. Im Mai 2018 hatte seine Marktkapitalisierung einen Wert von 99 Milliarden US-Dollar.

Heute setzt *Baidu* verstärkt auf *Deep Learning*: Es hat zum Beispiel ein Patent für ein System angemeldet, das automatisch Copyright-Verletzungen im Internet erkennen soll. Zu seinen Mitarbeitern zählen mehr als 2000 KI-Forscher, einige davon auch in den USA. Sie arbeiten an autonomen Fahrzeugen, mobilen Datenerfassungssystemen oder auch an der Unterscheidung verschiedener Tofu-Zubereitungen, die nach Textur und Farbe differenziert werden sollen. Das multinationale Unternehmen ist der Anker eines großen Ökosystems an Plattformen mit vielen internationale Partnern und Kooperationen, darunter auch Daimler, Continental und Bosch. Der gemeinsam mit dem Automotive-Konzern King Long entwickelte selbstfahrende Bus *Apolong* geht gerade in Serienproduktion und soll schon 2019 auch in Japan auf den Straße rollen.

Teile und herrsche

Voraussetzung des Erfolges der drei China-Giganten ist die enge Zusammenarbeit mit der Regierung, der sie auch ihre technische Infrastruktur und Daten für eigene Zwecke zur Verfügung stellen. Ihr enormes Wachstum ist aber auch dem zu verdanken, dass sie unterschiedliche Schwerpunkte in ihren Angeboten gesetzt und sich intelligent diversifiziert haben. Das System des Teilens und Herrschens ist wohlüberlegt: Jack Ma zum Beispiel, Mitgründer und lange Zeit CEO von Alibaba, sorgte dafür, dass sich das Unternehmen als VIE aufstellte, als »*Variable Interest Entity*«. Diese rechtliche Organisationsform lässt laut chinesischem Recht zwar eine Finanzierung über die internationalen Kapitalmärkte zu, untersagt aber gleichzeitig den Verkauf konstituierender Internet-Assets, wie etwa Lizenzen.[22]

Das Ministerium für Wissenschaft und Technologie in Beijing bündelt im Bereich der Künstlichen Intelligenz Ressourcen, um schneller voranzukommen. 2017 benannte es deshalb nationale »Champions« für die Entwicklung spezieller Schlüsseltechnologien – bei Baidu ist das das autonome Fahren, bei Tencent die visuelle Erkennung in der medizinischen Diagnostik. Gleichzeitig soll aber auch die Zahl der universitären Einrichtungen in diesen Bereichen erhöht werden, um den Ball nicht ganz bei den Unternehmen zu belassen.

Die Informatiker der Universitäten Chinas müssen ohnehin eng mit der Industrie kooperieren, weil sie ohne diese gar nicht an die notwendigen Daten für ihre Forschungsarbeiten kämen. Die akademische Forschung hat auch im Westen ihre Handicaps: Unternehmen wie Google bieten nicht nur eine Ausstattung und Gehälter, wie sie sich eine Universität nicht einmal erträumen könnte. Sie konzentrieren auch die für Innovationen kritische Masse an potenten Experten, die in der akademischen Forschung selten in so großer Zahl zusammenarbeiten würden.

Früher wären die Stars unter den KI-Forschern Chinas vermutlich in die USA gegangen, doch heute bietet die eigene Wirtschaft größere Anreize – zumal die unter Präsident Donald Trump verschärfte Rhetorik im Handelsstreit zwischen den USA und China den Wettbewerb eher anheizt als mildert.

Neue Werteversprechen Made in China

Welche Möglichkeiten ein digitales Ökosystem bietet, zeigt das Beispiel der chinesischen Fosun Group. Sie hält Beteiligungen an so unterschiedlichen internationalen Firmen wie dem Club Med, dem Cirque du Soleil, Tom Tailor, Tsingtao, Gland Pharma oder Fidelidade. Was haben ein französischer Ferienclub, ein kanadischer Zirkus, eine deutsche Modemarke, ein chinesisches Pils, ein indischer Pharmakonzern und eine portugiesische Versicherung gemeinsam? Unter dem Dach »*Health, Wealth and Happiness*« entsteht hier eine digitale Welt für die Konsumenten hinter den Marken. Die aus den unterschiedlichsten Geschäften gewonnenen Daten sollen ein vielseitiges Verständnis für die Kunden und ihre Bedürfnisse in allen Lebenslagen bieten.

Das Investitionsvolumen von KI-Unternehmen im internationalen Vergleich

	DEUTSCHLAND/ EUROPA	USA	CHINA
KI-Unternehmen[1]	160	2905	709
Patent Filings[2]	523*	3321	7.853
Investments[3]	13**	32	48
Talentpool[4]	30 000	850 000	50 000
Proceedings Publikationen[5]	684	6412	639

** Alle übrigen Länder, Daten für Deutschland nicht verfügbar
* Daten beziehen sich auf Europa[23]
Grafik 19: Deutschland und Europa hängen im internationalen Vergleich weit zurück hinter den USA und China, was die Investitionen in Künstliche Intelligenz angeht.

Von B2B zu B2B2C

Die notwendige digitale Plattform ist youlè, ein Customer-Loyalty-Programm. Konsumenten erhalten Angebotspakete wie etwa einen Hotelurlaub inklusive Gesundheitscheck. Das Leistungsversprechen hebt die Angebote, Dienstleistungen und Waren der Portfolio-Unternehmen (»*Maker*«) auf ein neues synergetisches Level: Je häufiger ein Kunde Leistungen aus dem Portfolio nutzt, desto besser lernt Fosun ihn kennen und kann deshalb die Angebote aller *Maker* für ihn steuern – von der körperlichen Befindlichkeit über die familiären Verhältnisse bis zur finanziellen Lage. Das Unternehmen liefert eine Rundumversorgung entlang seines Leistungsversprechens »*Health, Wealth and Happiness*«.

Die wichtige Rolle der Bezahlsysteme

Es ist nicht nur die staatliche Förderpolitik, die China so weit nach vorn gebracht hat: Kein anderes Land kombiniert so effizient exponenzielle Technologiesprünge mit den veränderten Konsumentenerwartungen, die sich daraus zu ergeben, und schafft daraus völlig neue Wertschöpfungsketten. Die Daten, die diesem Geschehen zugrunde liegen und es antreiben, dürfen in China ohne große Restriktionen ausgewertet werden, »China«, schreibt der Economist angesichts dieses riesigen Daten-Rohstoffs, den das Magazin mit sprudelnden Ölquellen vergleicht, »ist das Saudi-Arabien der Daten«.[24]

Ob ein Bürger nur eine Suchmaschine oder einen Fahrdienst benutzt, ob er einen Kauf oder eine Überweisung tätigt, alle diese Handlungen hinterlassen Datenspuren, die in China wie den USA die Algorithmen der Künstlichen Intelligenz füttern und täglich verbessern. Doch während in den USA 312 Millionen Menschen online sind, stehen China die Daten von mehr als doppelt so viel Usern zur Verfügung, nämlich von 772 Millionen. Und was besonders wichtig ist: Mehr als 95 Prozent der chinesischen User sind mobil online.[25] Das aber öffnet den Weg zu elektronischen Bezahlsystemen, die wie keine andere Funktion die reale mit der virtuellen Welt verschmelzen. Sie führen dazu, dass ein Alltag ohne Internet kaum mehr denkbar ist.

Pay as you go: In den ersten zehn Monaten des Jahres 2017, meldet die staatliche Nachrichtenagentur Xinhua, wurden in China 12,8 Billionen US-Dollar elektronisch und mobil bezahlt – das ist ein 260-Faches des gesamten Jahres 2017 in den USA (49,3 Milliarden US-Dollar), resümiert eMarketer, ein US-Marktforschungsunternehmen.[26] Vom riesigen Einkaufszentrum bis hin zum kleinen Straßenhändler – überall in den Städten Chinas gibt es die QR-Codes, die kleinen schwarz-weißen Quadrate, die man mit Lasern auslesen kann, aber auch mit dem Smartphone. Das gilt sogar für die Musikanten, die in den Großstädten Chinas nicht mehr mit Geldscheinen oder gar Münzen bedacht werden, sondern – per QR-Scan – mit einer Überweisung. Einige Läden und Cafés haben gar keine Kassen mehr und sie akzeptieren auch keine Karten – sondern nur noch mobiles Telefongeld. 2021 sollen nach Vorhersagen rund 80 Prozent aller chinesischen Smartphone-Besitzer auf diese Weise bezahlen.[27]

Das Ende des Bargelds

So gut wie jedes smarte Handy hat in China einen der beiden Bezahldienste *WeChat Pay* (Tencent) und *Alipay* (Alibaba/Ant Financial) geladen. Sie vereinen die atemberaubende Zahl von einer halben Milliarde Kunden und das allein in China – *Apple Pay* im Vergleich hat gerade mal 127 Millionen weltweit. Und dabei geht es, wie gesagt, am wenigsten um das Geld, das hin- und hergeschoben wird, sondern um die Daten: Wer kauft wann was und wo? Warum? Was hat er vorher getan, was macht er nachher? Was kauft seine Frau? Welcher Freundeskreis wird sichtbar? Welche politische Einstellung? Welches Bewegungsmuster entsteht?

92 Prozent der Bevölkerung der großen Metropolen Chinas zahlen auf diese Weise – so eine Studie von 2017 von Penguin Intelligence, dem Research-Arm von Tencent.[28] Nur noch rund zehn Prozent aller Chinesen haben Bargeld in der Tasche, berichtet das Wall Street Journal. Was hat die Pay-Dienste so populär gemacht? Zum einen waren Kreditkarten in China nie besonders beliebt – wegen kulturell tradierter Abneigung gegenüber »Schulden«, aber auch, weil viele Menschen gar nicht so viel Geld zur Verfügung hatten, dass es sich gelohnt hätte, es auf eine der äußerst umständlichen staatlichen Banken zu transferieren. Und: ePay ist eine ziemliche sichere Art, mit Geld umzugehen. Von den 775 Milliarden mobilen Transaktionen, die 2017 getätigt wurden, wurden nach Schätzungen 800 000 in betrügerischer Absicht manipuliert – das ist nur ein Zehntausendstel.[29]

Als *Alipay* 2004 für die User von Taobao gegründet wurde, profitierte der Bezahldienst von der großen Beliebtheit dieser Online-Handelsplattform, die weltweit zu den zehn meistbesuchten Internetseiten zählt.

Nutzer mobiler Pay-Dienste in China

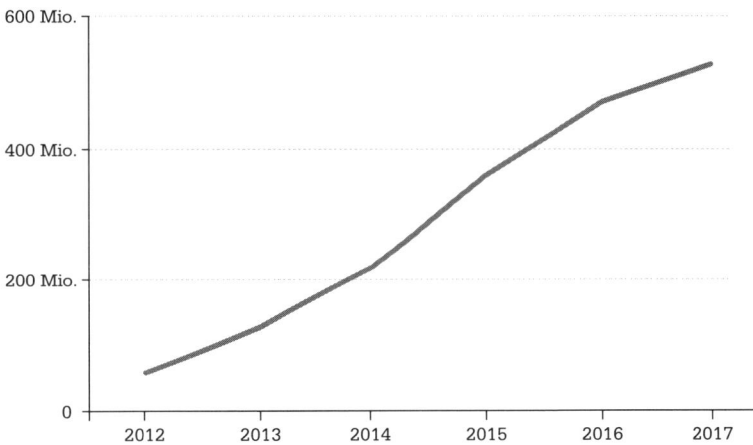

Grafik 20: Innerhalb weniger Jahre hat sich die Zahl der Benutzer mobiler Pay-Dienste vervielfacht – auf bald eine halbe Milliarde Menschen.[30]

WeChat Pay wurde erst zehn Jahre später gegründet und startete pünktlich zum chinesischen Mondfest, wenn traditionell Familie und Freunde einander rote Umschläge mit Geld schenken. Zur Einführung wurden die Überweisungen ebenfalls in rote Kuverts gesteckt, nur dass es diesmal digitale waren. Wer sich gleichzeitig für den Dienst registrieren ließ, bekam einen Bonus. Das Konzept war erfolgreich: 16 Millionen solcher roten Umschläge wurden in den ersten 24 Stunden verschickt.[31] Seither ist *WeChat Pay* besonders beliebt, wenn es um Geldgeschenke geht, oder wenn man sich für irgendetwas die Kosten teilen möchte.

Hinzu kommt, dass die Plattformen WeChat und Taobao neben ihren Bezahldiensten eine Vielzahl von Funktionen bieten: Man kann zum Beispiel ihre Messenger nutzen, sich vernetzen, einen Fahrdienst rufen, Fahrräder »sharen« oder Reisen buchen. Neben dem Angebot zweier Kreditinstitute sind nun Alibaba und Tencent dabei, weitere Finanzinstrumente zu entwickeln und sie in ihr Angebot zu integrieren. Auf diese Weise vernetzen sich die Nutzerdaten zu sehr detaillierten Profilen, die Facebook oder Google vor Neid erblassen lassen.

Da Harmonie in der Wirtschaft schon längst nicht mehr die oberste Maxime in China ist, ist inzwischen ein harter Wettkampf zwischen den beiden Bezahldiensten entbrannt. Der jüngere Dienst *WeChat Pay* ist seinem Konkurrenten dicht auf den Fersen und könnte ihn überholen, weil seine Plattform die beliebtere Messenger-Variante enthält. Statistiken nach verbringt der durchschnittliche Internet-User in China nämlich bereits rund eine Stunde täglich auf *WeChat*.[32] Und – Zeit ist Geld, wozu wechseln? Kommunikationsdienste sind deshalb so entscheidend im Internet-Geschäft, weil sie die Frequenz erhöhen, in der die Nutzer auf ihr Handy blicken.

Gesichter als Ausweise

Gesichtserkennung ist neben dem autonomen Fahren der zweite »Hype« in der chinesischen KI-Forschung. Im Nansha-Bezirk von Guangzhou, einer Hafenstadt in Südchina mit rund 13,5 Millionen Einwohnern, wurde der *WeChat-Account* mit einer Gesichtserkennungstechnologie kombiniert, sodass Smartphones mit dieser App als Personalausweis dienen. Ähnliche Pilotversuche liefen in einigen Städten bereits mit *Alipay*. Die Ergebnisse sollen zur Grundlage eines nationalen Programms werden. Aus chinesischer Sicht scheint das nur konsequent, denn der Ausweis muss verpflichtend stets mitgeführt werden und wird im Alltag auch häufig gebraucht, zum Beispiel für Bus oder Bahn oder das Einchecken im Hotel. Beim Eröffnen ihres Accounts müssen die User sich einmal mit ihren Personenkennzeichen und Ausweisnummern registrieren lassen. Später reicht dann eine automatische Gesichtserkennung per Handy.

Soziale Kontrolle durch Daten in China

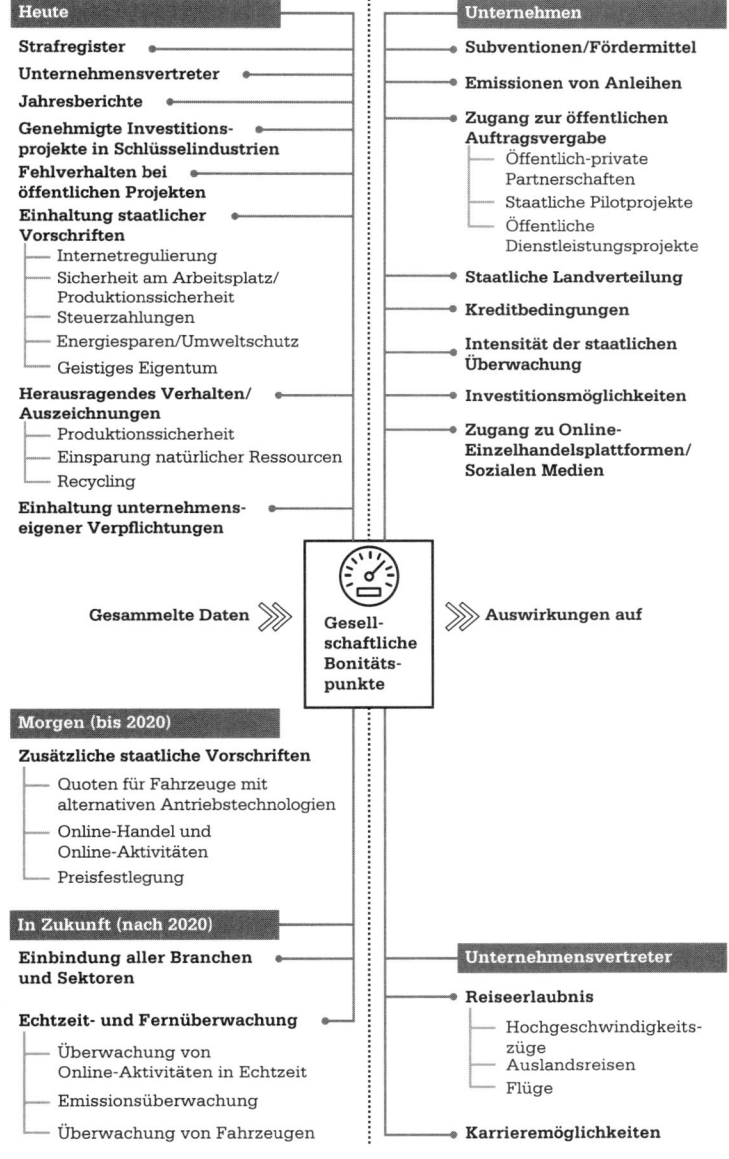

Grafik 21: Gesellschaftliche wie wirtschaftliche Aufstiegschancen hängen in China von der Auswertung persönlicher Daten ab.[33]

In einer Zeit, in der China durch den Bau einer Kette von Internierungslagern Schlagzeilen macht und sich sogar die Vereinten Nationen mit der Frage beschäftigen müssen, wie das Land mit ethnischen und religiösen Minderheiten wie den Uiguren umgeht, zeigt sich dieses Instrument der Identitätsüberprüfung natürlich auch von seiner Schattenseite – einer von Kontrolle und Repression.[34]

Spieglein, Spieglein ...

170 Millionen und vermutlich noch mehr Überwachungskameras[35] speisen in China unzählige Daten in die Netze. Sie sollen den Verkehr überwachen, nach Straftätern suchen, Notfalldienste unterstützen und viele anderen Informationen über das Kommen und Gehen der 1,4 Milliarden Menschen liefern. Eines der häufig kritisch thematisierten Ziele ist es, China in einen Überwachungsstaat zu verwandeln. Die chinesische Regierung arbeitet intensiv am Aufbau eines »Sozial-Kreditsystems«, das Verhalten der Bürgerinnen und Bürger überwacht und bewertet. Ein schlechter »*Score*« kann in dem Verweigern von freier Schulwahl für die Kinder oder des Erwerbs von Flugtickets resultieren. Dieses System wird aktuell in einigen Provinzen pilotiert und soll bis 2020 umgesetzt werden. Es ist integriert in ein weiterführendes »gesellschaftliches Bonitätssystem«, das systematisch Unternehmensdaten sammelt und diese mit den personenbezogenen Daten zusammenbringt. Interessanterweise befürwortet die chinesische Bevölkerung dieses System weitestgehend.[36]

Der Datenstrom treibt auch die weitere Entwicklung der Künstlichen Intelligenz voran und damit die wirtschaftliche Entwicklung Chinas, dessen Unternehmen bereits über die Hälfte der rund 15 000 Patente zur automatischen Gesichtserkennung halten. Bis 2030 soll der Markt 125 Milliarden Euro erreicht haben mit einem zehnfachen Spill-over auf andere Geschäftsfelder.[37]

Reise in die Zukunft

Ein Besuch Chinas im Sommer 2018 ist eine Reise in die Zukunft, die in wenigen Jahren auch bei uns schon Gegenwart sein könnte – in Teilen zumindest. Sie zeigt zum Beispiel, dass chinesische Unternehmen wie Huawei auch bereits Basistechnologien wie Router für die Telekom an den deutschen Markt liefern. Vor rund 20 Jahren hatte das 1987 gegründete Unternehmen begonnen, die rückständige Telekommunikationsinfrastruktur des Landes umzukrempeln, zunächst mit Telefonanlagen, die aus Hongkong importiert wurden. Seit 1996 beschränkte die chinesische Führung ausländische Wettbewerber im Bereich Telekommunikation und förderte heimische Anbieter. Das ließ das Unternehmen wachsen, das im Jahr 2000 in Stockholm sein erstes europäisches Forschungslabor eröffnete. 2005 überrundeten die Auslandsumsätze erstmals die Inlandsumsätze. 2008 ging Huawei mit dem US-Sicherheitsunternehmen Symantec ein Joint Venture ein, 2011 übernahmen die Chinesen bereits alle Anteile. 2016 schloss Huawei eine nach eigener Bekundung langfristige Allianz mit Leica. Das Unternehmen produziert unter anderem Smartphones mit hochauflösender Kamera, Fingerabdruck- und Gesichtserkennungs-Features.

Heute hat Huawei 180 000 Mitarbeiter und davon fast die Hälfte in Forschung und Entwicklung. Rund 1600 Entwickler gibt es in Europa. Das Unternehmen arbeitet mit einer »Glokalisierungsstrategie«: Die Standorte sind weltweit verstreut, aber die Mitarbeiter werden zu 70 Prozent lokal rekrutiert. »Unser Prozessmanagement haben wir von den Deutschen gelernt. Die Qualitätskontrolle von den Japanern«, erklärt unser chinesischer Tourguide nicht ohne Stolz. Der Konzern sieht sich als Enabler für zahlreiche Anwendungen und Geschäftsmodelle rund um das Internet der Dinge, natürlich basierend auf dem Standard 5G. Was den angeht, so haben die Chinesen Studien zufolge bereits zehnmal mehr 5G-fähige Mobilfunkmasten als die USA und wollen so ab dem Jahr 2020 bei Schlüsseltechnologien des Mobilfunks die Nase vorn haben.[38]

»Innovation-as-a-Service«

In Beijing hat sich der frühere Klassenfeind als Beschleuniger installiert: »*Microsoft for Startups Beijing*« offeriert den üblichen Zugang zu Mentoren und Technologie. Aber gleichzeitig – und das ist so nicht die Regel – gibt es dort ein eigenes Sales-Team, das nach Erfolg bezahlt wird. »Start-ups«, sagt CEO Tan Lin, »dienen den großen chinesischen Unternehmen als Transformation Agents.« Aber das gilt auch für Microsoft, das auf diese Weise Gelegenheit erhält, das eigene Ökosystem an Plattformen auszubauen und Partner für Start-ups einzubringen wie auch an Land zu ziehen.

NIO, ein chinesischer E-Mobil-Anbieter, ist erst im Sommer 2018 an die Börse gegangen. Er will mehr machen, als nur Blech auf vier Rädern zu verkaufen. Wer ein Auto von NIO erwirbt, ist kein Konsument, sondern ein »User«. Was ist der Unterschied? Kaufen kann man nur einmal, benutzen eine ganze Weile länger. Deshalb baut NIO rund um seine Fahrzeuge eine Erlebniswelt auf, die man mit den Loyalty-Programmen von Airlines vergleichen kann. Die User haben in mehreren chinesischen Städten eine eigene private Lounge mit Open Office, Kaffeebar und Kinderbespaßung, in die sie natürlich per App gelangen. Neun der »NIO Houses« gibt es bereits, weitere sollen folgen. Bislang hat NIO etwa 500 Fahrzeuge verkauft. Das klingt wenig, aber die Zielgruppe ist eng definiert: Der SE8 ist ein Premiumwagen mit Platz für sieben Personen. Yasha Daniel Wolfman, International Communications Manager, erklärt: »Für viele User ist ein NIO das zweite Fahrzeug, zum Beispiel nach einem Mercedes. Die Leute wollen nicht komplett umsteigen, aber sie kaufen sich eben noch eins.«

Diese Art von Kundenbindung ist das eine. Aber auch in Sachen Technologie hat sich NIO gut aufgestellt. In Europa wird noch darüber diskutiert, wie einheitliche Stromlademodelle aussehen und ob die Reichweiten genug sind. China ist pragmatisch: NIO baut »*Swap Stations*« auf. Das sind Boxen, in die man den Wagen fährt. Unter der Karosserie wird automatisch die leere Batterie gegen eine neue ausgetauscht. In drei Minuten! Oder ein angeforderter Van »tankt« innerhalb von zehn Minuten so weit auf, dass weitere 100 Kilometer drin sind. Das ist Service.

»*On and Off*«

JD.com ist eine Mischung aus Online- und Offline-Handel, mit eigenen Warenzentren und dem Versprechen logistischer Meisterschaft: Wer in China kanadischen Lobster bestellt, kann diesen »alive and kicking« 48 Stunden später in Empfang nehmen. Ansonsten stehen 90 Prozent der Warenkörbe noch am selben Tag vor der Tür. Die Marktabdeckung im riesigen Land beträgt sagenhafte 99 Prozent. Gloria Li, weiblicher Vice President, bringt es auf den Punkt: »We are Amazon. Plus FedEx.« JD.com ist natürlich auch vollständig in WeChat integriert. Es zeigt sich: Die Kundenschnittstelle besetzen ist alles. Der Trend geht zu einer Mischung aus On- und Offline: »*New Retail*«. Seit Oktober 2017 hat JD.com über 20 »richtige« Läden eröffnet. In denen muss man nur beim Eintreten einmalig einen QR-Code scannen, der den Store automatisch mit den Zahlungsdetails aus dem persönlichen Account versorgt. Kein Barcode-Scannen, der Einkauf wird über Sensoren erfasst.

Kann man Gefühle messen?

Im Handel erfasst werden auch Bewegungsprofile und Gesichter. Die allein reichen aber dem KI-Spezialisten Meezao nicht: Die Firma arbeitet daran, Gefühle zu entschlüsseln. Das soll dem Händler helfen, mürrische Kunden durch verbesserte Angebote glücklich zu machen. Die Technologie, meinen die Entwickler, eigne sich aber auch für Kindergärten und Schulen – um Probleme frühzeitig festzustellen. Irgendwann wird man eine solche smarte Fähigkeit vielleicht auch Robotern einspeichern, damit sie sensibler für ihr menschliches Gegenüber werden.

Das Konkurrenzunternehmen Megvii ist noch skeptisch, was das betrifft: Auch 100 Datenpunkte im Gesicht könnten nicht zeigen, ob jemand glücklich sei oder traurig: »*People are too complicated*.« Stattdessen arbeitet man an Algorithmen, die über Sensoren Alter, Geschlecht, Körperhaltung und Kleidung und damit Menschen identifizieren. Kunde ist die Polizei. In den meisten Provinzen ist die Software Face ++ bereits im Einsatz. Auch für Bezahlung per Fingerabdruck oder Gesicht (»*Facial Unlock*«) wird Megviis Produkt genutzt. In Europa wurde der Service der Firma laut Website übrigens eingestellt. Offizieller Grund ist die Datenschutzgrundverordnung.

Nichts geht mehr ohne Smartphone

Der stärkste Eindruck: Ohne sein kluges Mobiltelefon kann der typische chinesische Städter nicht leben. Aber er kann ohne weitere Hilfsmittel durchaus einige Tage überleben, wenn er ein Smartphone besitzt. Die Bindung an die Mobilkommunikation ist so stark, dass sie den Rahmen für alle anderen digitalen Serviceangebote setzt: Chinesische Autohersteller müssen sich zum Beispiel überlegen, wie sie WeChat ins Dashboard integrieren können. Das sind ganz andere Fragen als die nach Knautschzonen und Reifendruck.

Chinas Wirtschaft im Daten-Speedboot

Westliche Experten sind noch skeptisch, ob die ambitionierten Ziele der chinesischen Industrie-Entwicklungspläne erreicht werden können. Noch ist die Produktivität relativ niedrig und Krisen sind in den Konzepten nicht vorgesehen. Doch die chinesische Führung ist entschlossen, Fehlentwicklungen rasch entgegenzutreten. Sie setzt dabei auf eine Mischung von Investitionen und Protektionismus. Kernprojekte, vor allem auf dem Gebiet des Internets der Dinge sowie umweltfreundlicher und energiesparender Technologien, erhalten vorrangig staatliche Zuschüsse. Marktführer werden gezielt aufgebaut, man vertraut nicht auf die Kräfte des freien Wettbewerbs.

Was die Plattformökonomie angeht, so haben es chinesische Unternehmen wie Alibaba, Baidu, JD.com und Tencent geschafft, die Plattformökonomie in einer Skalierung zu nutzen, die ansonsten nur in den USA ihresgleichen findet. Beim Einsatz digitaler Informations- und Kommunikationstechnik liegt China deshalb laut Report des World Economic Forums inzwischen knapp vor Nordamerika und etliche Plätze vor Deutschland.[39] Das ist eine rasante Leistung für ein Land, das vor einigen Jahren noch als technisches Entwicklungsland galt.

Die Überlegenheit der chinesischen Datenwirtschaft liegt unter anderem darin, dass bei ihren Plattformen drei wichtige Fragen gelöst sind: Die weit verbreitete Gesichtserkennung liefert einen gesicherten Identitätsnachweis. Soziale Netzwerke und Bezahlsysteme sind in die Architektur der Plattformen integriert und werden in großem Maßstab genutzt. Beim *Mobile-Payment* ist China deshalb weltweit die Nummer eins: Laut Informationsbüro des chinesischen Staatsrats wurden 2017 rund 20 Billionen US-Dollar online bezahlt[40] – mit immensen Konsequenzen für die Banken: Durch die Verschiebung von Zahlungsabwicklungen zu AliPay und WeChat Pay verlieren sie einen großen Teil ihrer Transaktionsgebühren, in Milliardenhöhe. Diese Plattformen sind dadurch erfolgreicher und umfassender als die amerikanischer

Mitbewerber wie Facebook, Amazon oder PayPal, von den europäischen ganz zu schweigen.

Dass ausgewählten chinesischen Unternehmen von Staatsseite der Zugang zu öffentlichen Big Data gewährt wird, verhilft der Entwicklung neuer Geschäftsmodelle und dem Re-Engineering der Industrie zusätzlich. Zum Beispiel wird auf der Weltkonferenz für künstliche Intelligenz 2018 in Shanghai unter anderem das Projekt einer voll digitalisierten Smart City als Teil von Shanghai vorgestellt – mit automatisierter Verkehrskontrolle, Drohnen, die Gesichter und Menschen identifizieren, medizinischer Versorgung der Alten mit Smartwatches und »*Assisted Ambient Living*«, also intelligenten Wohnumgebungen, die Unfälle und andere Störungen bei Mensch und Umgebung melden. Zehntausende Rentner wurden in einem Stadtteil medizinisch vermessen: Daten zu Gewicht, Blutbild, Atemfrequenz und Schlafgewohnheiten speichert eine zentrale Datenbank.

Wird das Vorbild auch für Deutschland? Wenn wir das nicht oder anders wollen, müssen wir Alternativen entwickeln. Europa aber, kritisiert die Wochenzeitung DIE ZEIT, sei auf der KI-Konferenz in Shanghai »abgemeldet« gewesen, die Redner im Programm waren allesamt Chinesen oder Amerikaner. Keine einzige europäische Hochschule sei vertreten gewesen.[41]

Was will die westliche Welt?

Als größte Volkswirtschaft der Welt hat China den Punkt erreicht, an dem seine Innovationen einen enormen Hebel haben. Dies zeigt sich in der Geschwindigkeit, mit der China im Innovations-Ökosystem aufholt und zu einem bedeutenden Akteur in der Entwicklung und Anwendung von Künstlicher Intelligenz und lernenden Systemen geworden ist. Gerade hier gilt es, bei der Forschung und Entwicklung in deutschen Unternehmen, aber auch im Rahmen politischer Konzepte und Wirtschaftsbeziehungen Boden gut zu machen.

Doch was können, was müssen wir aus den Erfahrungen des chinesischen Digital-Booms lernen? Viele der Rahmenbedingungen, wie etwa die zentrale politische Lenkung und die weitgehende Preisgabe des Datenschutzes sind in Deutschland und Europa undenkbar. Doch das chinesische Beispiel zeigt, wie wichtig Ambitionen und klar definierte Ziele sind. Wir brauchen nicht tausend unterschiedliche Plattformen, wir brauchen ein Konzept und bundesweite oder besser noch europaweite Einigkeit in der Frage unserer Ziele. Sonst wird China in absehbarer Zeit die technologischen Standards vorgeben.

KAPITEL 4

Umsturz nach Plan: Starthilfen für eine neue Ära der Innovation

Sind wir bereit?

Das Beispiel China zeigt, dass disruptive digitale Technologien die Welt verändern. Die Unternehmen müssen deshalb jetzt die Innovation zur Chefsache machen. Das ist eine anspruchsvolle Wende in voller Fahrt – so, als wolle man ein großes Schiff auf hoher See runderneuern und auf neue Aufgaben vorbereiten, ohne Halt und Kenntnis der Gewässer und Zielhäfen. Einige Unternehmen konzentrieren sich deshalb weiterhin zu sehr auf ihr Kerngeschäft, anstatt neue Chancen in den Blick zu nehmen. Andere wieder sind zu hektisch – sie vernachlässigen ihr Kerngeschäft in einem überstürzten Sprung nach vorn, geraten dabei auf dünnes Eis oder bleiben auf halber Strecke hängen, weil sie über zu geringe Investitionsmittel verfügen. Das richtige Gleichgewicht zwischen diesen Extremen zu finden, erfordert mehr als Geschick. Es erfordert Mut.

»Jede Erfolgsstory ist eine Geschichte ständiger Anpassung, Überarbeitung und Veränderung. Unternehmen im Stillstand sind schon bald vergessen«, ist einer der bekannten Quotes des britischen Unternehmers Richard Branson, Gründer der Virgin Group. Nur so bleiben sie auch in Zeiten disruptiver Marktveränderungen erfolgreich. Doch diese Fähigkeit zur ständigen Selbstprüfung und -erneuerung ist nicht einfach. Wie gehen Unternehmen das Thema Innovation an? Der Schlüssel zu einer erfolgreichen Innovationswende liegt in einem neuen, sehr methodischen Ansatz für den organisatorischen Wandel – der Beidhändigkeit. Unternehmen expandieren in neue Geschäftsfelder, transformieren aber zugleich ihr bestehendes Geschäft. Was ist dabei zu beachten?

Wetterleuchten: zwischen Technikangst und Fortschrittslust

Zunächst einmal müssen wir uns mit dem Technikskeptizismus auseinandersetzen, der anscheinend ein typisches Kennzeichen des deutschen Wesens ist. »The German ›Angst‹« – gibt es sie wirklich? Der Begriff der Angst ist so sehr mit dem deutschen

Wesen verbunden, dass er als nicht adäquat übersetzbar gilt und als Germanismus ins Anglo-Amerikanische überging – ganz ähnlich wie »Weltschmerz«. Historiker, die sich mit der Geschichte von Emotionen beschäftigen, beschreiben die verschiedensten Etappen des deutschen Bedenkenträgertums – die Angst vor Krieg, der Atomenergie, dem Waldsterben, der Gentechnik, der Finanzkrise, den Flüchtlingen. Nicht, dass es für jedes einzelne Bedenken nicht auch gute Gründe gäbe, aber das Phänomen, sagen manche Psychologen und Philosophen, scheint doch tiefer zu reichen als die aktuellen Anlässe. Ihm scheint eine generalisierte diffuse Furcht zugrunde zu liegen, etwas »typisch Deutsches«.

Ist auch die Angst vor der Digitalisierung etwas »typisch Deutsches«? In Europa hat nur die Schweiz eine ähnlich negative Einstellung – vor allem aber sehen es die großen Konkurrenten völlig anders. Die Einstellung zu Technik ist dabei häufig ambivalent: Der Sozialpsychologe Ortwin Renn spricht von einem Risikoparadoxon: Die Technikakzeptanz sei im privaten Umfeld und im Arbeitsalltag hoch, weil direkter individueller Nutzen erkannt wird, sinkt aber dort rapide, wo der Nutzen für einen selbst nicht mehr gesehen wird.[1]

Nach einer Studie des Telekommunikationskonzerns Huawei 2016[2] nehmen die Chinesen vor allem Chancen wahr, während die Deutschen vor allem über die Nachteile grübelten. Zwei Drittel der Chinesen setzten also auf den Nutzen der neuen Technologien, während eine Mehrheit der Deutschen von 53 Prozent sie als Gefahr versteht. Auch die USA sind optimistischer: In einer ähnlichen Befragung[3] hielten 90 Prozent der Unternehmen ihre Mitarbeiter für qualifiziert genug, mit der digitalen Transformation umzugehen, während dieser Wert in deutschen Unternehmen nur bei 42 Prozent liegt.

Laut einer Bitkom-Studie[4] sieht jeder dritte Bundesbürger in der Digitalisierung eine Gefahr, jeder zweite befürchtet den Verlust von Arbeitsplätzen. Vor allem die ältere Generation sei skeptisch und hänge bei der Nutzung digitaler Geräte und Medien weit hinterher. Eine »Angststarre« konstatiert die Präsidentin des Wissenschaftszentrums Berlin für Sozialforschung, Jutta Allmendinger, und fordert einen Kulturwandel. Noch verstelle nämlich Abstiegsangst den Blick auf den Wandel, kritisiert eine »Vermächtnis«-Studie, die ihr Institut gemeinsam mit dem Meinungsforschungsinstitut infas und der ZEIT erstellt hat.[5] Die aktuelle Generation Deutschlands wünscht darin ihren Nachfolgern einen »sicheren Lebensverlauf«, zum Beispiel, was eine dauerhafte Wohnung und einen festen Arbeitsplatz angeht. Gleichzeitig ist sich die Mehrheit der über 3000 Befragten aber auch einig, dass es diese Art von Beständigkeit in Zukunft nicht mehr geben wird.

Der Sozialhistoriker Jürgen Kocka vergleicht die jetzige Umbruchsituation mit der ersten industriellen Revolution, als Dampfkraft und Lohnarbeit große Auswirkungen auf die Gesellschaft hatten. Berufe wurden damals massenhaft verdrängt, aber auch unmenschliche Tätigkeiten, die nun von Maschinen gemacht wurden. Die Armut der Massen, der Pauperismus, verschwand allmählich, die Lebenserwartung stieg deutlich. So berechtigt die Angst vor individuellen Arbeitsplatzverlusten auch diesmal sei, so beinhalte jeder Wandel doch auch viele positive Entwicklungen. »Ohne Transformation keine Fortschritte«, so das Fazit von Kocka.[6]

Drei Aspekte, so der Sozialhistoriker, unterscheiden allerdings den jetzigen Umbruch von dem der industriellen Revolution: das rasante Tempo, die Ubiquität der Entwicklung, die in Windeseile die gesamte Welt erfasse, und die Medialisierung: Die öffentliche Diskussion mache den Umschwung bewusst, vorzugsweise – so funktionieren die Regeln der Berichterstattung – seine negativen Seiten.

Mehr Digitalkompetenz!

Information, Aufklärung und Fortbildung können aber auch dazu beitragen, die Angst vor den Folgen der Digitalisierung zu nehmen. Nicht nur Mitarbeiter, sondern auch Manager aus allen Führungsetagen müssten deshalb auf die »digitale Schulbank«, fordert der Wirtschaftsinformatiker Tobias Kollmann, Vorsitzender des Beirats Junge Digitale Wirtschaft (BJDW), im Manager-Magazin: »Niemand hat uns auf die digitale Revolution vorbereitet. Weder die Schulen oder Hochschulen noch die berufliche Weiterbildung. Wir wissen einfach nicht, was es bedeutet, einen elektronischen Mehrwert im Netz aufzubauen, für den der Kunde bereit wäre etwas zu bezahlen. Wir wissen nicht, wie man digitale Plattformen im Netz aufbaut... Das degradiert uns in der Breite zu digitalen Analphabeten und gefährdet die Zukunft der deutschen Wirtschaft.«[7]

90 Prozent der in Deutschland lebenden Menschen haben zum Beispiel keine genauere Vorstellung, was sich hinter einem Algorithmus verbirgt und wozu er im Alltag dient, so eine Erhebung des Instituts für Demoskopie Allensbach von 2018 im Auftrag der Bertelsmann-Stiftung.[8] 45 Prozent der befragten Bürger fällt nichts zu dem Begriff ein, 46 Prozent sind sich nicht sicher, ob sich dahinter etwas Positives oder eher etwas Negatives verbirgt, und 73 Prozent sind auf jeden Fall dagegen, dass Maschinen selbstständig Entscheidungen treffen.

Dass aber automatisierte mathematische Handlungsvorschriften längst unseren Alltag bestimmen und nicht nur Suchmaschinen und Dating-Dienste lenken, sondern auch Personalentscheidungen vorbereiten, Produktionsabläufe steuern und medizinische Daten bewerten, das wissen die wenigsten – und zwar unabhängig von ihrem Alter und Bildungsniveau. Lediglich rund die Hälfte der Befragten ist sich darüber klar, dass Algorithmen in Werbung oder auf Datingportalen verwendet werden, der Vorsortierung von Nachrichten dienen oder der Bewertung der Kreditwürdigkeit.

Ein interessantes Ergebnis bei Managern erbrachte eine Accenture-Erhebung aus dem Jahr 2015: Ihr Vertrauen in die Fortschrittstechnologie stieg mit der Karrierestufe. Zwar waren die meisten der Befragten der Ansicht, ihre Arbeit würde dadurch effizienter und auch interessanter. Aber nur 14 Prozent der leitenden Angestellten und 24 Prozent der Chefs aus dem mittleren

Management wollten sich der Maschinenintelligenz anvertrauen. Im Gegensatz dazu schätzten 46 Prozent der Führungsriege die Informationen als hilfreich ein. Hier gibt es also ein deutliches Entwicklungspotenzial – im Wissen genauso wie in der Vorbildfunktion der »*digital leaders*«.[9]

»In Deutschland fehlt es an grundsätzlichem Wissen über den digitalen Wandel«, ist auch der Schluss, den Jörg Dräger, Vorstand der Bertelsmann-Stiftung, aus der Umfrage seines Hauses zieht. Alle Bürger, so seine Forderung, bräuchten mehr »Digitalkompetenz« – nicht nur, was den Algorithmus angeht. Ein besseres Verständnis fördere eine positive Einstellung zur Digitalisierung – das bedinge aber einen breiten Wissens- und Kompetenzaufbau auf allen Ebenen sowie einen differenzierten Diskurs über Chancen und Risiken der neuen Technologien.

Rudern statt dümpeln!

Deutschland hat hier ganz klar Nachholbedarf. Diesen Trend bestätigt auch die bereits zitierte Bitkom-Umfrage aus demselben Jahr: Sieben von zehn der abhängig Beschäftigten (72 Prozent) beklagten dort, dass während der Arbeit keine Zeit für eine Weiterbildung zum Umgang mit neuen, digitalen Technologien bleibe. Sechs von zehn (59 Prozent) sagten, dass ihr Arbeitgeber keine Weiterbildungen zu Digitalthemen anbiete. Und vier von zehn (39 Prozent) erklärten, dass ihr Arbeitgeber zwar vermehrt auf neue, digitale Technologien setze, jedoch ohne in die dafür erforderliche Weiterbildung seiner Mitarbeiter zu investieren.

Mit dem Ausmaß, in dem die Entscheidungskompetenzen abnehmen, nehmen die negativen Einstellungen zu: Während jeder zweite Manager der Ansicht ist, dass die Digitalisierung zu flexibleren Tätigkeitsbereichen führen wird, glauben das nur 24 Prozent der beschäftigten Arbeitnehmer. Umgekehrt geht fast jeder zweite Arbeitnehmer davon aus, dass sich traditionelle Arbeitsfelder völlig verändern werden, was nur 28 Prozent der Manager so sehen.

Digitales als Kernkompetenz

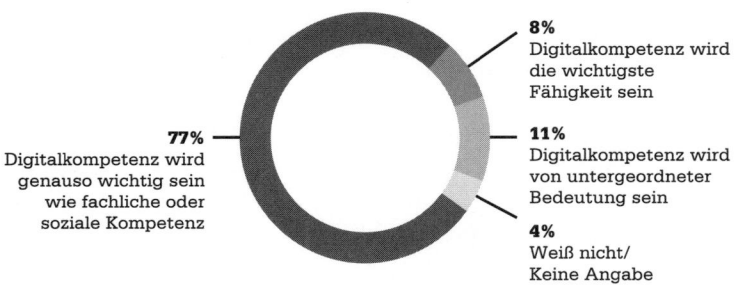

8%
Digitalkompetenz wird
die wichtigste
Fähigkeit sein

77%
Digitalkompetenz wird
genauso wichtig sein
wie fachliche oder
soziale Kompetenz

11%
Digitalkompetenz wird
von untergeordneter
Bedeutung sein

4%
Weiß nicht/
Keine Angabe

Grafik 22: Die zentrale Rolle der Digitalisierung wird von den Arbeitnehmern erkannt.[10]

Interessant ist auch ein weiterer Gap in der Wahrnehmung digitaler Techniken: Besonders gut ausgebildete Facharbeiter sind weniger bereit, ihre Kompetenzen an intelligente Maschinen abzugeben als ungelernte, die ein positiveres Bild davon haben.[11]

Gerade mal »ausreichend«

Als Gesellschaft geben sich die Deutschen selbst nur eine Schulnote von 3,8 (ausreichend) für ihre Digitalkompetenz. Selbst die Jüngeren unter ihnen, die Teens und Twens zwischen 14 und 29 Jahren, fühlen sich mit 3,2 (befriedigend) nur geringfügig fitter. Und das, obwohl sie fast ausnahmslos und seit vielen Jahren mit dem Internet umgehen.[12]

All diese Faktoren führen dazu, dass Deutschland, immerhin Europas größte Volkswirtschaft, was die digitale Wettbewerbsfähigkeit angeht, immer noch auf einem Mittelplatz stagniert: Zwar steht es 2017 unter 35 Industrienationen auf Platz 4 des Innovationsindikators von acatech und dem Bund der Deutschen Industrie (BDI).[13] Er misst anhand von 38 Indikatoren die Innovationsleistung der Länder. Im Ranking zur »digital competitiveness« der IMD Business School[14] nimmt Deutschland jedoch nur den 17. Platz ein. Ähnlich bestätigt das ein Jahr später der Wirtschaftsindex DIGITAL des Bundeswirtschaftsministeriums, der neben der Nutzung digitaler Technologien auch strategische Entscheidungen und Geschäftserfolge berücksichtigt. Die deutsche Wirtschaft erhält hier lediglich 54 von 100 möglichen Punkten.[15]

Auf dem von der EU-Kommission jährlich erstellten Index für digitale Wirtschaft und Gesellschaft rangiert Deutschland 2018 ebenfalls im Mittelfeld, noch hinter Österreich und Spanien: Bei der Internetnutzung stehen die Deutschen dort auf dem 21. von 28 Plätzen. Online-Banking machen nur 62 Prozent. Weit hinten rangiert Deutschland bei der Online-Kommunikation zwischen Behörden und Bürgern bzw. der Nutzung öffentlicher digitaler Dienste. Beim eGovernment kommt Deutschland mit 39 Prozent auf Platz 25 von 28. Digitale Gesundheitsdienstleistungen nutzen nur 7 Prozent, was Platz 26 ergibt, im europäischen Durchschnitt sind es 18 Prozent. Zurückgeführt wird das auf die niedrige Akzeptanz bei Allgemeinmedizinern und Krankenhäusern. Den vorletzten Platz nimmt Deutschland bei der schleppenden Nutzung sozialer Dienste ein.[16] Was die Digitalisierung angeht, dümpelt das deutsche Boot also mehr vor sich hin, als es vorwärts gerudert wird.

Optimieren reicht nicht

Deutschland hat ein international anerkanntes hohes Niveau, wenn es um Datenschutz und digitale Sicherheit geht, also um Eingrenzung von Risiken. Doch es bleibt eigenartig konturlos, wo es um Expansion und neue Horizonte geht – also digitale Innovation und Kreativität gefragt sind. Hier zeigt sich, dass die über Jahrzehnte führende Rolle der deutschen Industrie in der Weltwirtschaft ihre Schattenseiten hat. Sie hat zu einer Unternehmenskultur geführt, in der traditionell die Optimierung einen größeren Stellenwert hat als die Innovation, in der Technologien mehr Bedeutung zugemessen wurde als Geschäftsmodellen. Wozu Risiken eingehen, wenn die Pfade des Erfolgs so gut eingefahren und breit scheinen?

Doch in der digitalen Revolution verlaufen die Pfade nicht mehr so gradlinig wie früher, sie stecken voller unerwarteter Wendungen, die Flexibilität und schnelle Anpassungsfähigkeit erfordern.

Digitalisierung Deutschlands im europäischen Vergleich

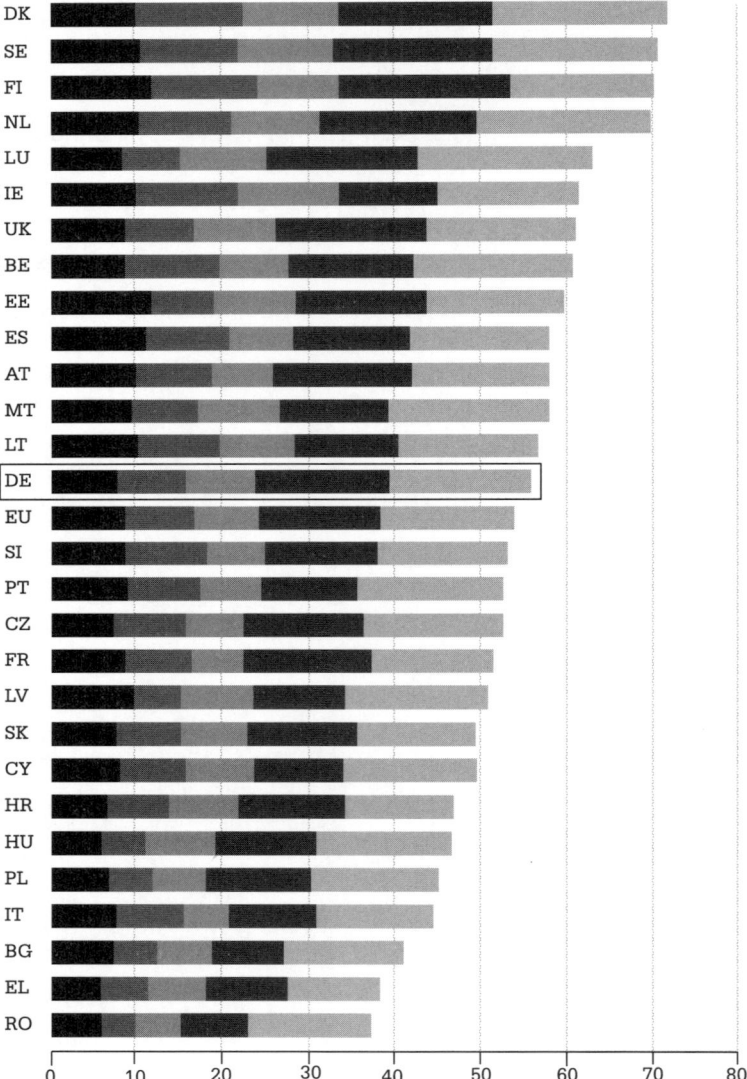

Grafik 23: Indizes versuchen, die digitale Reife eines Landes anhand verschiedener Faktoren zu erfassen. Auf dem europäischen DESI-Index nimmt Deutschland einen Mittelplatz ein.[17]

Eine andere mentale Haltung ist da nötig, agilere Arbeitsmethoden sind gefragt und der Austausch mit Innovatoren auch außerhalb der Organisation.

Ein entscheidender Faktor in der digitalen Wirtschaft ist auch das Tempo. Die Beschlüsse zum Umbau, zur Reallokation von Ressourcen müssen schneller gefällt werden, strategische Entscheidungen sich denen des Venture-Business annähern – mit risikofreudigem Voranschreiten, Austesten, Investieren und, wenn notwendig, auch wieder entschlossenem Deinvestieren. Das erfordert vor allem kulturellen Wandel: Intransparenz, Abteilungen, die nicht bereit sind, Informationen zu teilen und zu kooperieren, die nur auf ihr eigenes Wohl bedacht sind, sogenannte Silos, sind nicht nur ein strukturelles Problem. Wandelt sich die Kultur nicht, bleibt auch das Unternehmen auf der Strecke.

Wie kommt Schwung ins Unternehmen?

Die besonders erfolgreichen deutschen Unternehmen, die Top 500, haben es bisher immer wieder geschafft, auf volatilen Märkten und unter verschärften Wettbewerbsbedingungen ihre Position zu verteidigen, indem sie richtig auf neue Herausforderungen reagiert haben. Zu den drei aktuellen strategischen Weichenstellungen der Top 500 gehören neben Kostensenkungsprogrammen und *Sustainability* vor allem auch digitales Wachstum – durch Plattformen und Ökosysteme.

Doch wie bringt man die Fortschrittslust ins Unternehmen? Die Erfahrungen erfolgreicher Geschäftsmodelle zeigen, dass Experimentierfreude, Entdeckergeist und Inspiration zwar von topdown angestoßen werden können, sich aber nicht verordnen lassen. Eher geht es darum, überkommenes Silodenken zu bekämpfen, Risikoaversion zu thematisieren, falsche Anreizsysteme abzuschaffen und dafür zu sorgen, dass kreative Vordenker geschützt bzw. nicht isoliert werden. Erst dann kann ein Kulturwandel sprießen und sich entfalten.

Neue digitale Projekte können finanziell gut ausgestattet sein und auch das Placet von ganz oben haben. Doch wenn die Netzwerke und Strukturen fehlen, um sie im Unternehmen zu verankern, werden sie scheitern. Digitaler Kulturwandel bedeutet mehr als schicke iPads. Er fordert eine hohe Identifikation, strikte Marktorientierung, klare Kommunikation und starke Vorbilder.

Die Smart Service Welt

Das Gros der deutschen Unternehmen ist sich der Bedeutung der digitalen Revolution voll bewusst, das zeigten zwei Förderprogramme – »Smart Service Welt I und II« –, welche die Deutsche Akademie der Technikwissenschaften (acatech) unter Mitarbeit von Accenture zwischen 2013 und 2018 durchführte. Sie wurden mit jeweils bis zu 50 Millionen Euro vom Bundeswirtschaftsministerium unterstützt – als Teil staatlicher Förderinitiativen wie der »Digitalen Agenda«, der »Hightech-Strategie für Deutschland«, der »Digitalen Strategie 2025« und des »Aktionsprogramms Digitalisierung«. Die Programme dienten unter anderem einer Bestandsaufnahme und Diskussion der digitalen Wirtschaftsentwicklung.

Dabei zeigte sich wieder einmal: Der Fokus des Managements liegt meistens noch auf Organisationsoptimierung und traditionellen Change-Prozessen. Häufig aber erfordert der digitale Wandel mehr – grundlegende unternehmerische Erneuerung, ein umfassendes *Corporate Re-Thinking*. Visionäre Ziele und Strategien sind aber noch rar, das Gros der Unternehmen in Deutschland weiß noch nicht, wohin die Reise gehen soll.

Hürden auf dem Weg

Zum einen sind da noch strukturelle, technische wie auch kulturelle Hindernisse, die der vollen Nutzung der Daten aus dem Internet der Dinge im Weg stehen. Die Preise für die notwendige Hardware müssen weiter fallen: Während die Kosten für die in Smartphones verwendeten MEMS (micro-electromechanical systems) in den vergangenen fünf Jahren bereits um bis zu 70 Prozent gesunken sind, muss der Markt der Tracker-RFIDs oder etwa Batterien und Sensoren dieser Entwicklung folgen. Sichere Datenkommunikation und auch Schutz der Privatsphäre sind wichtige Themen. Hier ist gesellschaftliche Akzeptanz entscheidend. Dabei geht es nicht nur um den legitimen Besitz von Daten und die Verteidigung gegenüber Hackern – es geht auch um das sichere Funktionieren der Geräte und Maschinen. Eine interessante Frage ist auch die des geistigen Eigentums: Wem gehören zum Beispiel die Daten eines implantierten Blutzuckermessers – dem Hersteller? Dem Patienten? Oder dem Gesundheitsversorger, zum Beispiel einer Krankenversicherung oder einem Pflegedienst?

Baupläne für die Zukunft

Eine besondere Herausforderung ist die Interoperabilität. Ohne eine gemeinsame »Sprache« nämlich kann ein Großteil der anfallenden Daten nicht genutzt werden. Ein Ansatz, diese Fragestellungen anzugehen, ist der International Data Space, eine Referenzarchitektur, die im Rahmen des gleichnamigen, vom Bundesministerium für Bildung und Forschung geförderten Forschungsprojekts durch zwölf Institute der Fraunhofer-Gesellschaft entwickelt wurde. Governance, also die Sichtbarkeit von Datenquellen, ihre Qualität und die wertmäßige Betrachtung der Daten, ist dort genauso repräsentiert wie Sicherheit, funktionale Software mit Apps sowie Bausteinen zur Registrierung und Zertifizierung. In Arbeitsgruppen gestalten Unternehmen diesen International Data Space, der europäisch bzw. international ausgerichtet ist, mit.

Um die Architektur datengetriebener Geschäftsmodelle zu verstehen und Impulse zu setzen, hat 2018 die Plattform Industrie 4.0 eine neue Arbeitsgruppe ins Leben gerufen – die AG »Digitale Geschäftsmodelle in der Industrie 4.0« (kurz: AG 6). Ihr Ziel ist, Wirkmechanismen und Architekturen digitaler Geschäftsmodelle und ihren Wertschöpfungsbeitrag zur Industrie 4.0 zu beleuchten.

Der International Data Space

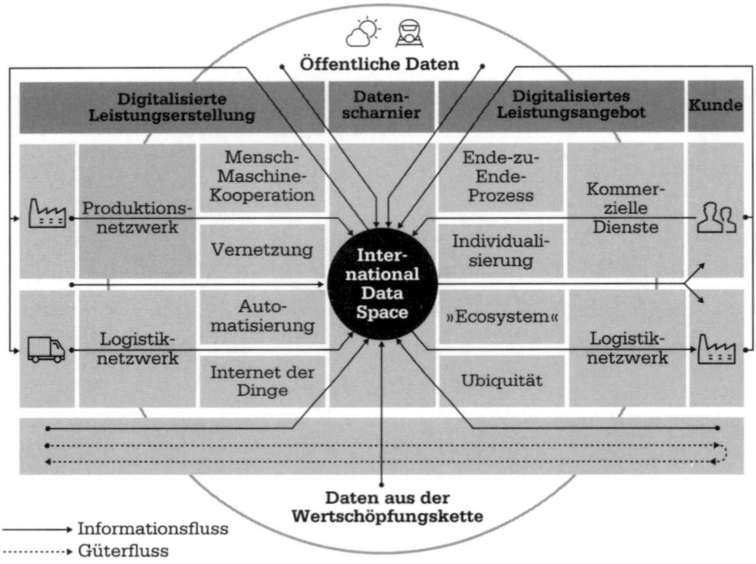

Grafik 24: *Das Universum der Daten braucht eine gemeinsame Sprache und Architektur. Der International Data Space bietet eine Referenzarchitektur.*[18]

Die Frage des Mehrwerts für die deutsche Industrie sowie der Wettbewerbsfähigkeit und Lebensqualität in Deutschland beschäftigt Unternehmen, Politik, Wissenschaft, Verbände und Sozialpartner gleichermaßen. Über einen strukturierten Multi-Stakeholder-Austausch will die AG 6 handlungsrelevante Impulse zu geben.

Eines der wichtigsten Themen sind auch hier die neuen Werteversprechen für den Endkunden. Die Überlegung ist folgende: Lassen sich alle hergestellten Produkte an die digitale Nabelschnur nehmen und die Betriebsdaten auslesen, um daraus dynamisch und zeitnah neue Services generieren? Solche, welche die zugrunde liegenden Produkte mit Werteversprechen veredeln? Also zum Beispiel ein Zug, der nie mehr zu spät kommt, ein Röntgenapparat, der nicht nur die richtige Diagnose, sondern im speziellen Einzelfall die beste Therapieempfehlung unterstützt, Aufzüge, die immer sofort da sind. Möglich sind auch Autos, die keine Unfälle mehr haben oder Maschinen, die den Facharbeiter im Betrieb mit Lerneinheiten in Echtzeit unterstützen?

Wachstum durch Lernen

Im Zeitalter der Künstlichen Intelligenz sind solche Lösungen denkbar. Jedes einzelne intelligente Produkt lernt aus den eigenen und den Betriebsdaten anderer Produkte. Jeden Tag wird dadurch die erlebte Performance ein bisschen besser. Das ermöglicht neue Ertragsmodelle für die Betreiber der Produkte und Services. Dabei wird sich dasjenige Unternehmen durchsetzen, das Betriebsdaten aus eigenen und fremden Quellen geschickt kombiniert und damit in ganz neue Leistungsklassen im Betrieb der intelligenten Produkte vorstoßen kann.

Wichtig ist, die Voraussetzungen zu schaffen, dass Daten zu einer Handelsware werden, die ihren Markt findet. Um hier einen großen Schritt weiter zu kommen, sind neben der technologischen Standardisierung neue Architekturen und Regeln nötig, wie Betriebsdaten unter den Firmen ausgetauscht und monetisiert werden. Es braucht betriebswirtschaftliche Modelle, wie sie bereits in der Musikindustrie und dem Buchhandel existieren. Es muss einfach werden, auf Daten Dritter zuzugreifen und diese für die eigenen Geschäftsmodelle zu nutzen – aber natürlich gegen Bezahlung. Technologisch ist das alles schon längst machbar.

Kreativpool für den Mittelstand: die »*Onboarding Factory*«

In der Digitalen Strategie 2025 der Bundesregierung hat der Mittelstand ein eigenes Kapitel: »Unser Ziel ist«, heißt es da, »dass unsere mittelständische Wirschaft sich der Digitalisierung aktiv stellt, um auch in Zukunft ihre Marktpositionen zu behaupten und neue Märkte erobern zu können. Dafür ist noch manches zu tun...« Denn für 60 Prozent der kleinen und mittleren Unternehmen (KMU) ist die Digitalisierung noch nicht Bestandteil ihrer Geschäftsstrategie.[19]

Mittelständische Betriebe sind jedoch eine Säule des deutschen Wirtschaftswunders. Sie stellen mehr als 99 Prozent aller Unternehmen und erwirtschaften etwa 45 Prozent der gesamten Wirtschaftsleistung – als Handwerk, Handel, Dienstleister oder freie Berufe (zum Beispiel Architekten, Steuerberater). Fast 60 Prozent der Erwerbstätigen arbeiten in einem mittelständischen Betrieb, von denen viele noch in Familienbesitz sind und vom Eigentümer geführt werden. 80 Prozent aller Auszubildenden werden dort betreut. Das Phänomen des Mittelstands wird im Ausland bewundert und geschätzt.[20] »Mittelstand«, schreibt die WELT, »ist keine Frage der Größe, sondern der Einstellung«.[21] Das sähen Millionen Unternehmer ähnlich – vom kleinen Handwerksmeister bis zum Schrauben-Fabrikanten, der Milliarden Umsätze mache. Mittelstandspolitik und Mittelstandsförderung haben deshalb eine erhebliche Bedeutung in der deutschen Wirtschaftspolitik. In zahlreichen dieser für die deutsche Wettbewerbsfähigkeit wichtigen Häuser steht der Generationswechsel an: Bis 2019 allein werden 240.000 Nachfolger gesucht.[22]

Nachholbedarf der KMU

Wer jetzt in Robotik, das Internet der Dinge und künstliche Intelligenz investiert, zeigte die Analyse von über 16 000 internationalen Firmen für das Weltwirtschaftsforum in Davos 2018, startet durch: Diese Unternehmen können sich vom Pulk lösen und die Marktführerschaft übernehmen.

So verzeichnete das jeweils erste Fünftel der verschiedenen Branchen zwischen 2011 und 2016 durchschnittliche Zuwächse von 12 Prozent. Bei allen anderen liegt das Wachstum eher bei zwei Prozent.[23]

Kleine und mittlere Unternehmen (KMU) in Deutschland (%)

	KMU-ANTEIL
Umsatzsteuerpflichtige Unternehmen	99,6
Auszubildende in Betrieben	82,0
Sozialversicherungspflichtig Beschäftigte in Unternehmen lt. Unternehmensregister	58,3
Nettowertschöpfung der Unternehmen	53,5
Umsatz der Unternehmen lt. Unternehmensregister	35,3
Exportumsatz insgesamt	17,0
FuE-Aufwendungen der Unternehmen	11,9

Grafik 25: Kleine und mittlere Unternehmen sind eine Säule des deutschen »Wirtschaftswunders«. Sie spielen eine wichtige Rolle bei Ausbildung, Arbeitsplätzen und Nettowertschöpfung.[24]

Auch und vor allem in kleinen und mittleren Unternehmen (KMU) wird die Digitalisierung bisher vor allem dazu eingesetzt, um Prozesse zu optimieren und Kosten einzusparen. 36 Prozent aller deutschen KMU verwenden Softwarelösungen, die den Datenaustausch innerhalb bzw. zwischen den verschiedenen Sachabteilungen erleichtern (Enterprise Resource Planning). 28 Prozent sind mit Zulieferern und Abnehmern digital vernetzt (Supply-Chain-Management). Fast jedes zweite Unternehmen (46 Prozent) sammelt und katalogisiert inzwischen seine Kundendaten (Customer Relationship Management).[25] In all diesen Bereichen liegen die deutschen kleinen und mittleren Betriebe über dem EU-Durchschnitt, aber weiterhin unter den Digitalisierungsaktivitäten der Großunternehmen, zeigen Auswertungen des Instituts für Mittelstandsforschung (IfM) Bonn.[26]

Der deutsche Mittelstand schöpft den wirtschaftlichen Nutzen bei Weitem noch nicht aus, den die digitalen Möglichkeiten bieten: So werten nur fünf Prozent der KMU die gesammelten Kundendaten systematisch aus – im EU-Durchschnitt sind es doppelt so viele Unternehmen. Von den deutschen Großunternehmen analysieren 17 Prozent Big Data. 55 Prozent der deutschen mittelständischen Betriebe kaufen zwar Waren über das Internet ein, doch nur 25 Prozent haben es auch als Absatzweg für sich erschlossen.

Dass die KMU angesichts des für sie besonders großen Investitionsrisikos vorsichtig sind, sei verständlich, so Christian Schröder, Ökonom am IfM Bonn. Doch die Gefahr bestehe, dass Mitbewerber ihnen den digitalen Absatzmarkt Internet wie auch die Ver- und Auswertung von Kundendaten als Wertschöpfungsteil streitig machten.[27]

Bis auf den Online-Handel, urteilt auch der europäische DESI-Index, reagierten die mittelständischen Betriebe auf die digitale Herausforderung eher träge: »KMU nehmen nur langsam digitale Technologien in Anspruch, und 34,6 Prozent davon weisen nur eine sehr geringe Digitalisierung auf. Nur 5,3 Prozent der deutschen KMU verwendeten im Jahr 2016 Big Data Analytik, verglichen mit fast 10 Prozent der europäischen KMU.«[28]

Eine Befragung der Commerzbank unter 2000 Firmen mit einem Umsatz ab 2,5 Millionen Euro ergab, dass nur acht Prozent Daten von Kunden und Kaufverhalten systematisch erfassten, analysierten und Nutzen daraus zogen. Stattdessen würden mit Schwerpunkt die Bereiche Finanzen, Ressourcen, Lagerbestände oder Absatzschwerpunkte datentechnisch erfasst. Lediglich 12 Prozent der Entscheider orientierten sich an den Informationen, die den Kunden betrafen. »Ein Kernproblem«, kommentierte deshalb die WELT, »könnte die fehlende Kompetenz an der Spitze sein.«[29]

KFW Research hat die branchenspezifischen Digitalisierungsaktivitäten analysiert: 32 Prozent der Medien-, IT-Dienstleister, Rechts-, Steuer- und Unternehmensberatungen sind hier bereits aktiv. Ebenfalls fast ein Drittel (31 Prozent) des verarbeitenden Gewerbes kümmert sich um die digitalen Potenziale. Im Durchschnitt investieren rund 3,71 Millionen mittelständische Unternehmen 18000 Euro in in den Einsatz digitaler Technologien für Prozesse, Produkte oder Dienstleistungen.[30]

Hand in Hand mit dem Mittelstand

Kleinere und mittelgroße Unternehmen benötigen Unterstützung, um den Sprung auf die nächste Ebene zu schaffen. Deshalb sind mit Unterstützung des Bundeswirtschaftsministeriums bis dato 23 Kompetenzzentren in Deutschland geschaffen worden, die Digitalisierungsthemen wie Cloud Computing oder eStandards mittelstandsgerecht aufarbeiten und für individuelle Beratungen zur Verfügung stehen.

Auch das mehrfach zitierte Projekt »Smart Service Welt« (siehe Seite 136) legte einen besonderen Fokus darauf, kleine und mittlere Unternehmen bei ihrer Reise in die digitale Welt zu unterstützen. Konzeptionell wie praxisbezogen wurden zwischen 2014 und 2018 Grundlagen aufgearbeitet, ein »*Massive Open Online Course (MOOC)*« bereitgestellt und gemeinsam mit Experten aus der Wirtschaft Best-Practice-Beispiele für Geschäftsmodelle gesammelt und aufbereitet. Neben den Grundzügen der Plattformökonomie sind auch technologische Fundamente, organisationstheoretische Gesichtspunkte sowie institutionelle Rahmenbedingungen wichtige Themen, ebenso die sich dynamisch entwickelnden digitalen Ökosysteme. In solchen Netzwerken können die Anbieter von Smart Services, also intelligenten Dienstleistungen, mit Forschungspartnern wie auch anderen Unternehmen kooperieren – unabhängig von deren Größe, Spezialisierung und Branchenherkunft. Hier können also Groß und Klein voneinander profitieren, die einen vom Spezialwissen der Partner, die anderen von der Fülle der Daten.

Case Study: Trumpf

Ein Vorbild für das digitale Engagement mittelständischer Unternehmen ist der Werkzeugmaschinen- und Laserhersteller Trumpf. 1923 als mechanische Werkstätte gegründet, hat sich das Familienunternehmen aus dem schwäbischen Ditzingen zu einem herausragenden Anbieter innovativer Produkte, Technologien und Lösungen für Kunden weltweit entwickelt. Heute hat Trumpf fast 12 000 Mitarbeiter in rund 70 Tochtergesellschaften in fast ganz Europa und ist in Nord- und Südamerika sowie in Asien vertreten. Im Geschäftsjahr 2017 erwirtschaftete Trumpf einen Umsatz von 3,565 Milliarden Euro[31], drei Viertel davon im Ausland. Fast zehn Prozent investierte es in Forschung und Entwicklung.

Trumpf ist weltweit führend auf dem Gebiet der Produktionstechnologie und präsentierte 2015 weitreichende Pläne zur Industrie 4.0, die unter anderem die Gründung einer Software-Plattform, die Betriebssysteme mit vorinstallierten Apps für die Fertigungswelt entwickelt: Axoom GmbH. Der Hersteller von Maschinen entwickelt sich auf diese Weise zum Anbieter von Software: »Einem, der den Markt wirklich kennt«, so die Trumpf-Chefin Nicola Leibinger-Kammüller. Das Unternehmen will die digitale Vernetzung selbst in die Hand nehmen. Die neue Plattform ist trotzdem offen und herstellerunabhängig. Sie soll den sicheren Datentransport sowie die Speicherung und Analyse von Daten ermöglichen. Gleichzeitig bietet sie Lösungsmodule für die durchgängige Auftragsbearbeitung in einem Produktionsbetrieb. »Mit Axoom begründen wir ein ganz neues Geschäftsmodell. Wir bieten allen Kunden mit industriellen Fertigungsprozessen die Möglichkeit, ihre Prozesse in einem einzigen System selbst zu organisieren«, so Leibinger-Kammüller.[32] Zum Beispiel die Konfiguration von Stanzwerkzeugen (siehe Seite 86).

Axoom verbindet als Plattform die unterschiedlichsten Maschinen miteinander und integriert sie – und zwar auch solche, die nicht von Trumpf stammen. Der Prozessablauf reicht dabei vom Auftragseingang über Materialbeschaffung und Produktion bis zur Logistik. In einer Fabrik soll vielleicht die Auslastung von Schneidemaschinen für Bleche optimiert werden, bei einer anderen die Wartungsintervalle für Aufzüge kontrolliert. Im Idealfall optimiert die Software von Axoom alle dafür notwendigen Prozesse mit bis zu 30 Prozent Effizienzgewinn. Die Herausforderung dabei ist, dass Maschinen keine einheitliche Sprache sprechen. Manche sind schon vor dem Internet-Zeitalter gebaut und auch sonst sind sie ziemlich verschieden. Axoom lässt Maschinen unterschiedlichster Hersteller und Bauweisen auf seiner Plattform miteinander kommunizieren.

Zu den Industriekunden und Partnern gehören die Maschinenbauer Felss (Rohrbearbeitung) oder Zeiss (Messtechnik), der Sensorspezialist Sick und der Gase-Produzent Linde. Bis 2020 sollen es 5000 bis 6000 Kunden sein, darunter auch viele kleinere mittelständische Betriebe.[33]

Den Mittelstand an Bord nehmen

Um praktische Hilfestellung zu geben, haben die Akteure der Smart Service Welt gemeinsam mit der Plattform-Industrie 4.0 die Idee einer »*Onboarding Factory*« geboren. Der Begriff »*Onboarding*« ist aus der Personalwirtschaft entnommen und meint in Analogie zur Integration neuer Mitarbeiter in eine Organisation das Unterstützen von (kleinen und mittleren) Unternehmen beim Eintritt in die Plattformökonomie.[34]

Die Expertise eines Netzwerks führender Unternehmen aus den Bereichen Technologie, Beratung und IT-Services sowie Institutionen aus Wissenschaft und Politik wird hier gebündelt, um große, mittlere und kleine Unternehmen bei der Digitalisierung ihrer Wertschöpfungsprozesse zu vernetzen und ihnen das in den bisherigen Initiativen gesammelte Wissen über daten- bzw. plattformbasierte Geschäftsstrategien weiterzugeben. Dabei sollen alle verfügbaren Synergien ausgenutzt werden, zum Beispiel in der Zusammenarbeit mit den Mittelstand-4.0-Kompetenzzentren sowie den Modellregionen der Intelligenten Vernetzung.

Unter anderem soll die Onboarding Factory

- Best Practices für erfolgreiche Plattformstrategien aufzeigen
- Orientierung innerhalb eines hoch flexiblen digitalen Ökosystems mit den unterschiedlichsten Synergiepotenzialen anbieten
- Antworten zu ökonomischen, organisationsspezifischen, technischen sowie juristischen und regulatorischen Fragestellungen geben

Der Schwerpunkt der *Onboarding Factory* liegt auf Innovationen durch datenbasierte Dienste. Mithilfe des Kreativprozesses *Design Thinking* oder ähnlichen Ansätzen soll sie dabei helfen, bestehende Geschäftsmodelle kritisch zu analysieren, Innovationspotenziale zu identifizieren und schließlich Prototypen für Smart Services zu erarbeiten.

- Der Einstieg in die Smart Services Welt beginnt mit einer Reihe einfacher Fragen:[35]
- Sind Sie auf der Suche nach neuen Erlösmöglichkeiten?
- Haben Sie ein physisches Produkt, das digitalisiert werden kann?
- Können Produktfunktionen digital verbessert und erweitert werden?
- Sammeln Sie bereits Daten, die bei der Nutzung Ihrer Anlagen, Produkte oder Dienstleistungen anfallen?
- Betrachten Sie datenbasierte Dienste (Smart Services) als Teil der Unternehmensstrategie?
- Bieten Sie individualisierte Produkt-Service-Pakete an, die Sie Ihren Kunden bei Bedarf zur Verfügung stellen?

Wo hakt es? Der Weg zu digitalen Geschäftsmodellen

Das Ziel: »*Operated by Germany*«

Wie verbinden wir das Gütesiegel der Produkte »*Made in Germany*« mit dem Leistungs- und Werteversprechen »*Operated by Germany*«?

Fassen wir noch einmal zusammen: Daten entstehen in allen Phasen des Lebenszyklus eines Produkts. Zunehmend werden aber auch die Produkte selbst zu smarten Objekten veredelt und mit Sensoren und Tags auf den Weg gebracht. Von dort aus melden sie nicht nur, ob das Produkt seine Aufgabe erfüllt, senden Leistungsdaten und Fehlermeldungen und mahnen Wartungen an. Sie messen auch eine Vielzahl von Daten, die Auskunft über den neuen Standort und sein Umfeld geben. Im Internet der Dinge können sie je nach dem Programm, das ihnen eingepflanzt wurde, mit anderen Systemen in Kontakt treten und ihre Datenströme, soweit sie standardisiert sind, addieren.

Dass Daten zum wertvollen Wirtschaftsgut geworden sind, zeigt sich auch daran, dass die Digitalriesen wie Google und Amazon bemüht sind, ihre Kompetenz bei der intelligenten Verarbeitung großer Informationsmengen auf andere Branchen auszuweiten. Dazu nützen sie entweder im Netz frei verfügbare Daten oder kaufen Firmen auf. Google zum Beispiel hat Nest erworben, ein Unternehmen, dessen wichtigstes Produkt intelligente Heizungsregler sind, Rauchmelder und Überwachungsanlagen für zu Hause. Die Hardware ist nur Beiwerk für Google, interessant aber sind die dabei anfallenden Daten und die Dienste, die man darauf aufsetzen kann.

Agile Unternehmen überlassen diesen Markt nicht den anderen. Entweder sie bauen selbst die Kompetenz auf, ihre Daten zu monetarisieren, oder aber sie streben danach, ihre intelligenten Produkte durch ein Bündel von Smart Services zu ergänzen. Über digitale Plattformen lassen sich diese dann in übergreifenden Ökosystemen organisieren und gewinnbringend gestalten. Das Ergebnis sind Wertschöpfungsnetzwerke, in denen die verschiedensten Stakeholder auf innovative Weise interagieren. Im Mittelpunkt steht der Kunde, ob als Verbraucher, Mitarbeiter, Staatsbürger oder Patient. Smart Services bedeutet für ihn: Er kann jederzeit und an jedem Ort situationsgerecht die für ihn passende Kombination von Produkten, Dienstleistungen und Werteversprechen erwarten.

Bausteine der Smart Service Welt

Intelligente Produkte	Intelligente Dienste/ Dienstleistungen	Neue Werte
• Digital Twin • Betriebssystem OTA/ Robotik/Autonom • Neue Elektronik (Sensoren, 5G, ML HW, Sicherheit) • Konsumerisierte HMI/Erweiterte & Virtuelle Realität (AR/VR) • Digitale Identität • API • Neue Fertigungskonzepte (z. B. 3-D-Druck)	• Plattformen & Internet der Dinge • Ökosystem • Blockchain • Big Data & ML & KI Framework (Produkt, Prozess, MMI) • Digitale Servicefabrik • Datenräume & Datenmarktplätze, Eigentum & Zugriff, Monetarisierung • Regulierung (z. B. dynamische Zertifizierung)	• Neue Erfahrungen • Komfort & Zugang • Neues Werteversprechen • Digitale Geschäftsmodelle • Kommerzieller Digital Twin

ML = Machine Learning   HMI = Human Machine Interaction
MMI = Mensch-Maschine-Interaktion

Grafik 26: Erst im Zusammenspiel aller drei Bereiche – smarter Produkte, Dienstleistungen und Werteversprechen – kann sich die Digitalökonomie entfalten.

Smarte Produkte brauchen »smarte Strategien«

»Ein wachsender Anteil der in Deutschland hergestellten und weltweit vertriebenen Produkte ist smart. Die Weiterentwicklung von Smart Products, die Sammlung, Speicherung, Analyse bzw. Auswertung von Daten (Smart Data) und das komplementäre Angebot von Smart Services auf Basis innovativer Geschäftsmodelle wird von deutschen Unternehmen bereits überwiegend als Potenzial erkannt. Die Plattformökonomie ist somit in vielen Unternehmen bereits Realität.«[36] Das ist das Fazit des Abschlussberichts der Smart Service Welt aus dem Jahr 2018.

Und doch: Nur jedes fünfte Unternehmen gibt in Umfragen an, einen starken Fokus auf Smart Products und Smart Services zu legen. Vier von zehn Unternehmen beschäftigten sich 2015 noch gar nicht mit diesen Angeboten. Nahezu 80 Prozent der Unternehmen kooperieren im Zuge der Digitalisierung kaum mit anderen Wertschöpfungspartnern.[37]

Schluss mit einsamen Entscheidungen

Dass das Silodenken nach wie vor deutsche Unternehmen beherrscht und sie zögern lässt, wenn es um die Zusammenarbeit mit anderen Playern geht, ist sicher ein wesentlicher Grund dafür, dass vertiefte Kompetenz in digitalen Geschäftsfeldern in der deutschen Industrie noch selten ist. Entsprechend fehlt es an Entfaltungsraum für neue datengetriebene Services und Geschäftsmodelle. Denn nur die Kombination von Produkten, Dienstleistungen und digitalen Talenten in Management und Entwicklung kann zu dem Perspektivenwechsel hin zum Kunden führen.

In deutschen Unternehmen hingegen dominieren immer noch die vergleichsweisen langsamen Innovationszyklen der Produkte.[38] Diese Orientierung verhindert Erkenntnisse, die Innovationen freisetzen und zur Disruption führen. Vollziehen die Unternehmen diesen Schritt aber nicht selbst, wird er von anderen getan. Werden die Schaltstellen der Unternehmen in Vorständen und Aufsichtsräten traditionell besetzt, bleiben Veränderungen inkrementell, der notwendige Kulturwandel bleibt aus.

Ein einzelnes Unternehmen ist, auch wenn es groß ist, in den seltensten Fällen imstande, die neue Dynamik der digitalen Wirtschaft zu erfassen und sich darin zu orientieren – auch nicht, wenn es datengestützt wird. Dann aber kann es auch kein Gespür für erfolgreiche Werteversprechen entwickeln. Häufig ist auch die Kooperation notwendig, um eine kritische Masse an Daten zu erzielen, die nötig ist, um Smart Services rentabel und profitabel zu gestalten. Noch haben die Anbieter Schwierigkeiten, ihre Dienstleistungen zu monetarisieren. Kommt es aber zu innovativen und rentablen Geschäftsmodellen, dann beschleunigen sich die Innovationszyklen, und der Vorsprung trägt dazu bei, dass die Umsätze wachsen.

Innovation in der Datenökonomie

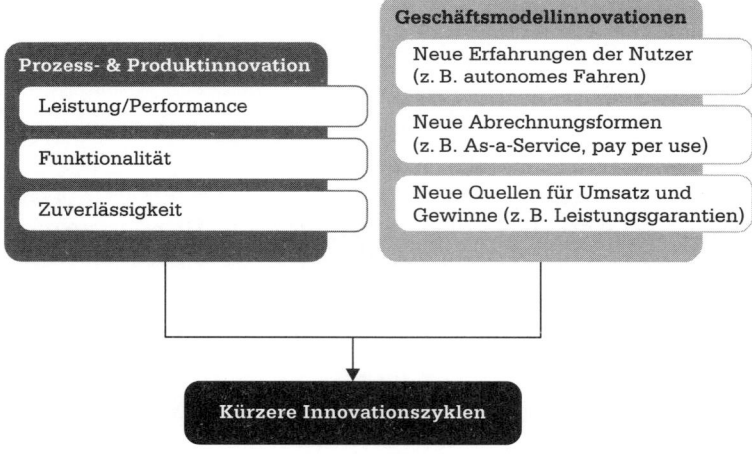

Grafik 27: Digitale Innovation muss auf zwei Ebenen erfolgen: der Prozess- und Produktebene sowie der Geschäftsmodelle.[39]

Die Plattform der Telekom ist angetreten, Daten zusammenzubringen:

Case Study: »Data Intelligence Hub (DIH)« der Deutschen Telekom[40]

Die Geschäftskundensparte der Deutschen Telekom hat einen interoperablen und industrieübergreifenden Datenmarktplatz mit gleichzeitiger Möglichkeit der Datenbearbeitung durch Künstliche Intelligenz (KI-Werkstatt) geschaffen. Seit Herbst 2018 können große und mittelständische Unternehmen auf dem Hub ihre eigenen Daten durch »fremde« so ergänzen, dass sie sinnvoll mit Mitteln der Künstlichen Intelligenz analysiert werden können. Die Plattform soll dabei Wertschöpfungsketten und Prozesse optimieren, die Performance und die Rentabilität steigern und die Entstehung neuer zukunfts- und wettbewerbsfähiger Geschäftsmodelle für das Internet der Dinge durch effektiven Datenaustausch ermöglichen. Ein Anwendungsfeld ist zum Beispiel die vereinfachte Kooperation entlang einer Lieferkette, wo der DIH die Planung, Produktion und Logistik zwischen Herstellern und Lieferanten vereinfachen kann. Aber auch Unternehmen außerhalb einer bestimmten Wertschöpfungskette können von den Datenmischungen und der KI-Auswertung profitieren.

Die Telekom bietet den DIH dabei als neutrale Infrastruktur an. Diejenigen Unternehmen, die an dem Marktplatz beteiligt sind, tauschen ihre Daten mittels Ende-zu-Ende-Verschlüsselung aus, eine externe oder zentrale Datenspeicherung ist also nicht erforderlich. Datenliefernde Unternehmen können entscheiden, ob und welche anderen Marktakteure die Daten nutzen können (Black/White-Lists). Zudem können Unternehmen den Aggregationsgrad ihrer Daten bestimmen, der öffentlich gemacht wird. Die angeschlossene »Mietwerkstatt für Künstliche Intelligenz« erlaubt das Verarbeiten von Daten mittels kommerzieller und Open-Source-Anwendungen. Gerade mittelständischen Unternehmen soll so der Einstieg in das Arbeiten mit KI erleichtert werden.

Zu den Werteversprechen gehören bei dieser Case Study

➤ der sichere Datenaustausch durch E2E-Verschlüsselung
➤ der kontrollierte Handel mit Daten und seine Monetarisierung
➤ die Gewährleistung von Datensouveränität (die Unternehmen bestimmen über den zu veröffentlichenden Aggregationsgrad ihrer Daten) durch eine dezentrale Datenhaltung
➤ die Bereitstellung von KI-Modulen bzw. einer KI-Werkstatt, die den Unternehmen das Verarbeiten von Daten mittels kommerzieller und Open-Source-Anwendungen ermöglicht und vereinfacht

Der DIH ist so breit angelegt, dass er auch von Unternehmen des produzierenden Gewerbes genutzt werden kann.

Der Dynamik der technologischen Entwicklung folgen

Der Wettbewerb zwischen Konkurrenten um Qualität und Preis ist heute nicht mehr das entscheidende Kriterium, das zu Kreativität und Innovation führt, denn die technologische Entwicklung verläuft so schnell, dass sie – von irgendwoher auf der Welt kommend, zum Beispiel aus China – den Markt bestimmt. Es ist notwendig, diesen Trends durch agilere Strukturen in den Unternehmen zu adressieren und Silos aufzulösen. Bei Festo etwa arbeiten Entwicklung und Vertrieb Hand in Hand, um aus der Perspektive der Kundenbedürfnisse wettbewerbsfähige Produkte und Dienstleistungen schnell in den Markt zu bringen.[41] Also macht es für Unternehmen Sinn, ihre Kräfte zu bündeln und miteinander statt gegeneinander zu operieren, um von den neuen Trends profitieren können: mit Hilfe innovativer Geschäftsmodelle.

Dank digitaler Technologien können dabei Partner über Plattformen zusammenarbeiten, die an völlig anderen Ecken der Welt ihren Sitz haben. Innovation lässt sich dadurch globalisieren, zum Beispiel, wenn die eigene Unternehmenskultur nicht kooperationsorientiert ist. 82 Prozent der Entscheider kritisieren dieses Manko und setzen auf digitale Lösungen. Gleiches gilt für mehr als drei Viertel der Führungskräfte, die Schwierigkeiten darin sehen, »*digital talents*« vor Ort anzuwerben.[42]

Agilität durch Kooperation gewinnen

Dass sich im Zuge der rasant fortschreitenden Digitalisierung und Vernetzung die Branchengrenzen ohnehin auflösen, bestätigten 2015 vier Fünftel von 2000 IT- und Business-Entscheidern. Während 60 Prozent mit neuen Partnern der eigenen Branche zusammenarbeiten wollen, suchen die anderen digital kompetente Partner außerhalb ihrer Industrie. Knapp jeder zweite Befragte zählt bei digitalen Technologieplattformen künftig auf die Zusammenarbeit mit etablierten Kompetenzführern.[43]

Case Study: Philips HealthSuite

Der Medizintechnik-Hersteller Philips hat eine cloud-basierte Plattform für eine vernetzte Gesundheitsversorgung eingeführt, die Philips HealthSuite. Sie ermöglicht eine enge Kooperation zwischen behandelnden Ärzten und anderen Gesundheitsdienstleistern mit den Patienten. Diese können über ihre Handhelds eine aktivere Rolle bei ihrem eigenen Gesundheitsmanagement übernehmen. Die HealthSuite hat den Anspruch[44], den komplexen Herausforderungen des medizinischen Themas Rechnung zu tragen. Dabei geht es um Datensicherheit, Vertraulichkeit, Laborparameter, Gerätestandards und Visualisierung. Partner bei diesem Geschäftsmodell sind deshalb Salesforce, Amazon (AWS IoT) und Alibaba (AliCloud). Dadurch generiert Philips neues Umsatzpotenzial, das im Alleingang nicht möglich wäre.

In einem anderen Fall kooperiert Philips mit dem australischen Bioinformatik-Experten Emotiv. Gemeinsam haben sie den Prototyp eines Wearables entwickelt, das es Patienten mit muskulärer Dystrophie, die sich nicht oder nur schwer bewegen können, ermöglicht, mithilfe ihrer Hirnwellen Licht- und Heizungsregler zu bedienen – eine Cutting-Edge-Technologie, die dennoch in ein paar Jahren in Serie hergestellt werden könnte.[45]

Solche Partnerschaften können zu einem völlig neuen Wachstum führen. Unternehmen lernen andere Arbeitsweisen kennen und können sich bisher unerreichbare Wertschöpfungspotenziale erschließen.

Zu Ökosystemen vernetzen

Digitale Ökosysteme gehen über konventionelle Partnerschaften weit hinaus. Wie entstehen sie? Zunächst sind da die smarten Produkte, die sich dadurch auszeichnen, dass sie ihre Herstellungs- und Nutzungsgeschichte kennen. Sie vernetzen sich untereinander und bilden eine erste Ebene physischer Plattformen. Ihre Daten werden auf speziellen Software-Plattformen zusammengeführt und weiterverarbeitet, mithilfe komplexer Algorithmen gesammelt, gebündelt und bewertet. Durch Virtualisierung werden die Dinge dabei unabhängig von ihrer physischen Repräsentation. Zum Beispiel lässt sich ein »digital twin« eines Triebwerks und all seiner Funktionen herstellen, der Funktionstests erlaubt wie an seinem realen Gegenstück.

Veredelte Daten können dann über Service-Plattformen zur Grundlage von Dienstleistungen werden. Sie liefern den betriebswirtschaftlichen Rahmen für die weitgehend automatisch ablaufenden Geschäftsprozesse. Hier vernetzen sich unterschiedliche Anbieter zu digitalen Ökosystemen. Das kann eindrucksvolle Ergebnisse hervorbringen – nicht zuletzt in finanzieller Hinsicht. In der Plattformwirtschaft zeigt sich ganz deutlich, dass ein Ökosystem von Partnern mehr ist als nur die Summe seiner Teile.

Wer die Service Plattformen kontrolliert, bekommt die Kontrolle über die Wertschöpfungskette. Ein Intermediär kann für einen Interessenausgleich zwischen Anbietern und Kunden sorgen, aber auch versuchen, die Hoheit über die Daten zu erlangen, um neue Spielregeln festzulegen. Gelingt es einem Intermediär, sowohl die Kunden als auch die Datenschnittstelle zu besetzen, dann kann er aus dieser Position der Macht heraus Hersteller und Anbieter intelligenter Produkte und Services zu austauschbaren Zulieferern degradieren. Der internationale Wettbewerb um die Hoheit über die großen Daten und Plattformen ist bereits entbrannt.

»*Everything-as-a-service*« – alles als eine Dienstleistung – ist ein zentrales Paradigma der Daten-Ökonomie. Statt wie früher Produkte zu verkaufen, die dann gewartet werden mussten, ist das Angebot heute das einer ganzheitlichen Dienstleistung – individualisiert und on-demand, jederzeit anpassbar, in Echtzeit und mit vorher unbekannten Werteversprechen. Der Besitz an Dingen ist nicht mehr notwendig – ihre Funktion wird flexibel und nach Bedarf bereitgestellt. So hat zum Beispiel der französische Reifenhersteller Michelin zusätzliche Wertschöpfung aus neuen Geschäftsmodellen generiert, ohne sein Kerngeschäft kannibalisieren zu müssen.

Case Study: Michelin und EFFIFUEL

Der französische Reifenhersteller Michelin hat seine Reifen mit Sensortechnik versehen, die, ausgelesen mit Analytics, seinen Kunden Auskunft darüber gibt, bei welchem Tempo und bei welcher Fahrweise zum Beispiel ein Gütertransport am meisten Treibstoff sparen kann. Die Spezialreifen mit Hightech sammeln Daten zu Reifendruck, Temperatur, Geschwindigkeit und Fahrbahn und wandern dann in eine Michelin-Cloud, wo ein Partnerunternehmen sie auswertet und Empfehlungen gibt. Das Resultat: Transportunternehmen konnten zwei Liter pro 100 Kilometern Strecke einsparen. Abgerechnet werden die Reifen nicht nach Stückzahl, sondern »*as a service*« – nach den gefahrenen Kilometern. Michelin wird zum Zentrum eines Ökosystems neuer Kompetenzen und Dienstleistungen – zum Beispiel Beratung oder Training von Fahrern.

In einer voll entwickelten Internet-der-Dinge-Welt werden sich die Grenzen zwischen den Branchen und Sektoren immer weiter auflösen. Stattdessen wird es einen Kosmos multidimensionaler Ökosysteme von Zulieferern, Kunden, Technologiepartnern, Start-ups, Wissenschaft, Wettbewerbern, Vertragspartnern, Händlern und Zwischenhändlern geben, die wechselnd symbiotisch zusammenarbeiten. Die kreative Tätigkeit von Entscheidern wird darin liegen, das notwendige Know-how für die jeweiligen Geschäftsmodelle zusammenzubringen. Das Hinzuoptieren von externer Qualifikation – ob von Einzelpersonen oder von Firmen – wird dabei nichts Außergewöhnliches mehr sein. Nicht die einzelnen Unternehmen stehen dann miteinander im Wettbewerb, sondern »lebendige« Ökosysteme mit ihren Akteuren. Eigene Daten und intellektuelles Eigentum werden nicht mehr gebunkert, sondern offengelegt. Die Fähigkeit, Erkenntnisse aus Daten zu gewinnen, zu analysieren und dann in Geschäftsmodelle zu verwandeln und diese auch in die Tat umzusetzen – das ist die Herausforderung in der aktuellen Situation. Denn dieses Mind-Set ist Lichtjahre entfernt von dem, was noch vor 20 Jahren als unternehmerische Tätigkeit gegolten hat.

Hyperpersonalisierung erreichen

Wer sich digital gut aufstellt, kann seinen Kunden einen höchst individualisierten Service bieten, seine Werteversprechen hyperpersonalisieren. Ein Beispiel ist Tesla. Als 2017 Hurrican Irma auf Florida zuraste, meldete sich ein Tesla-Besitzer bei dem Elektroauto-Hersteller und äußerte die Sorge, dass die Reichweite seiner Batterie mit 60 kWh nicht ausreichen könnte, um die Grenzen der Evakuierungszone zu erreichen. Über das Internet entriegelte Tesla daraufhin die Batterie und gab die restlichen 15 kWh frei, die sie noch als Reserve vorhält – was dem Auto rund 60 weitere Kilometer ermöglichte. Vorsorglich wurde diese Maßnahme auch bei anderen Kunden in der Region durchgeführt und die betroffenen Eigner informiert. Tesla reagierte also ohne Verzug auf die Anfrage eines einzigen Kunden, bewertete sie, recherchierte weitere Betroffene und handelte rechtzeitig.

In der Vergangenheit haben Unternehmen Milliarden dafür ausgegeben, ihren Kunden maßgeschneiderten Service zu bieten. Dabei hatten sie immer mit dem Time Lag zu kämpfen, denn erst im Nachhinein stellte sich heraus, ob die Kunden zufrieden waren. In der digitalen Ära kann man sich solche Zeitverzögerungen nicht mehr leisten, denn bis sich die Erkenntnis durchsetzt, was vielleicht falsch gelaufen ist, ist der Kunde schon weg.

Heute ermöglichen Künstliche Intelligenz, Maschinenlernen und digitale Assistenten, ihre Bedürfnisse und Wünsche im Vorhinein zu antizipieren. Wenn das gelingt, dann stärkt das die Kundenbindung und kann dazu führen, dass zum Beispiel Konsumenten in Zukunft bereit sind, mehr aus ihrem Leben zu offenbaren, was das Datennetz verdichtet und komplettiert. Hier stehen die Convenience und die Sicherheitsbedenken der Kunden gegeneinander. In den USA gaben bei einer Umfrage im Jahr 2017 von rund 2000 Konsumenten fast 50 Prozent (48 Prozent) an, sie wären bereit, smarte Produkte im Haushalt zu verwenden, die sich selbsttätig beim Konsumenten oder im Supermarkt melden, wenn sie zu Ende gehen (»*smart re-ordering*«). Fast ein Drittel (31 Prozent) erklärte, Dienstleistungen hilfreich zu finden, die intuitiv lernen, was die Kunden benötigen oder wollen. Trotzdem ist diese Art von digitalem Service für viele noch gewöhnungsbedürftig: 40 Prozent erklärten, es sei etwas unheimlich (»*creepy*«), wie die Technologie ihr Innenleben antizipieren könne.[46]

Der Accenture Strategy 2017 Global Consumer Pulse zeigt, dass die Kunden als Individuen gesehen werden wollen. Von rund 25000 Konsumenten aus aller Welt wünschte sich jeder Zweite, dass seine Treue honoriert würde. Nur jeder fünfte (22 Prozent) fühlte sich in seinen Bedürfnissen und Wünschen verstanden. Jeder Zweite erwartete individuell angepasste Dienstleistungen. Die Unternehmen erkennen das und sind dabei zu reagieren: Drei Viertel der befragten CEOs bestätigen, dass es wichtig ist, Produkte und Dienstleistungen so zu gestalten, dass sie solche speziellen Bedürfnisse auch erfüllen. Denn jeder dritte Kunde geht verloren, weil er findet, dass seinen Ansprüchen nicht Genüge getan wird.[47]

Dass Hyperpersonalisierung auch in vielen anderen Bereichen des Lebens fruchtbare Ergebnisse bringen kann, zeigt zum Beispiel das Gesundheitswesen. Viele persönliche Datenspuren sind sogenannte »*dark data*«, Informationen, die vielleicht nur kurzfristig eine Rolle gespielt haben, dann aber vergessen wurden oder nicht mehr relevant schienen. Ihre Verknüpfung mit klinischen Daten erlaubt neue Dienstleistungen – zum Beispiel, wenn eine Reisebuchung mit einer Pollenwarnung verbunden wird oder Links zur nächsten Apotheke gesetzt werden. Der Provider könnte auch ein ärztliches Gespräch per Video organisieren oder in einem Restaurant den glykämischen Index eines bestellten Mittagessens ausrechnen.

Der chinesische Consumer Electronics Hersteller Haier gehört zu den innovativsten Unternehmen weltweit.[48] Das Unternehmen hat nicht nur seinen Fabriken digital verbunden und so die Zeit zwischen Bestellung und Lieferung um 67 Prozent reduzieren können[49]. Haier hat ein aufeinander abgestimmtes System von *open innovation* entwickelt, in dem Kunden, Hersteller und Entwickler Standardprodukte wie Waschmaschinen oder

Klimageräte verbessern. Die Idee: Kunden konfigurieren *online* das gewünschte Produkt. Wenn beispielsweise 1000 Kunden es wollen, baut Haier es und ergänzt das Portfolio durch das neue Modell.[50] Dies ist eine interessante Abkehr von der »Losgröße 1«, die in Managementseminaren immer als Erfolgsformel postuliert wird.

Digitale Nagelproben

Voraussetzung für solche Zukunftsszenarien ist es zunächst, das Vertrauen in die Datensicherheit zu stärken. Noch ist der deutsche Konsument häufig nicht bereit, mehr als nötig von sich preiszugeben. Erfasst werden in einer Geschäftsbeziehung neben Adresse und einigen persönlichen Daten wie Familienstand und Beruf allenfalls noch der Grund des Kontakts, also eine Beschwerde oder Nachfrage. Die Ergebnisse sind statisch und verblassen rasch.

Im Internet der Dinge aber werden relevante Daten zur Nutzung automatisch erfasst. Das erlaubt Aussagen in annähernd real-time und lässt Rückschlüsse auf viele Faktoren zu, die das Kundenverhalten oder die Performance von Produkt und Dienstleistung beeinflussen. Kunde und individueller Outcome bleiben dank Predictive analytics, Künstlicher Intelligenz und Maschinenlernen immer im Blick. Das ist auch notwendig, denn auch der Kunde ist ständig dabei, seine Entscheidungen für ein Produkt oder einen Service zu evaluieren.

Natürlich ist es auch eine Möglichkeit, dass Unternehmen Daten entweder aufkaufen oder aus sozialen Netzwerken oder öffentlich zugänglichen Statistiken sammeln und aufbereiten. Dieses Vorgehen erlaubt jedoch personalisierte Lösungen nur sehr eingeschränkt. So lassen die Gesundheitsdaten aus einer ausgewählten und standardisierten Kohorte letztlich weniger unterschiedliche Aussagen zu, als wenn Fitnesstracker-Träger individualisiert biometrische Daten über sich und ihr Gesundheitsverhalten freigeben.

Produkttreue auf dem Prüfstand

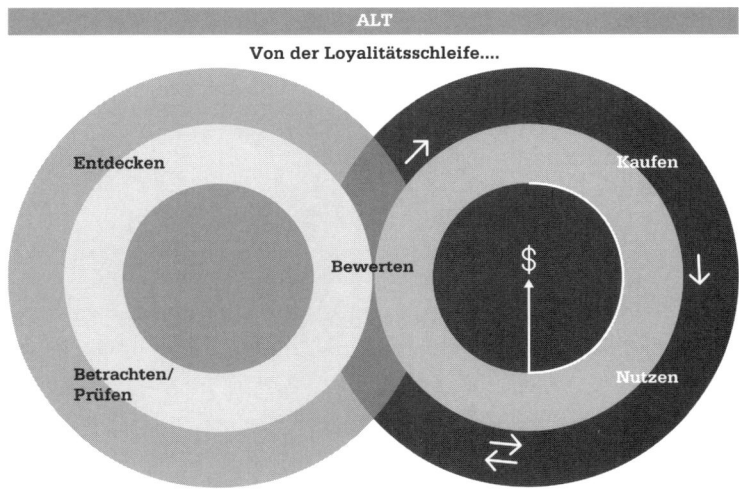

Früher haben Kunden ihre Optionen auf Basis von **Loyalitätsprogrammen** evaluiert. Heute müssen sich Unternehmen an dem **Zeitpunkt der Re-Evaluierung** beweisen.

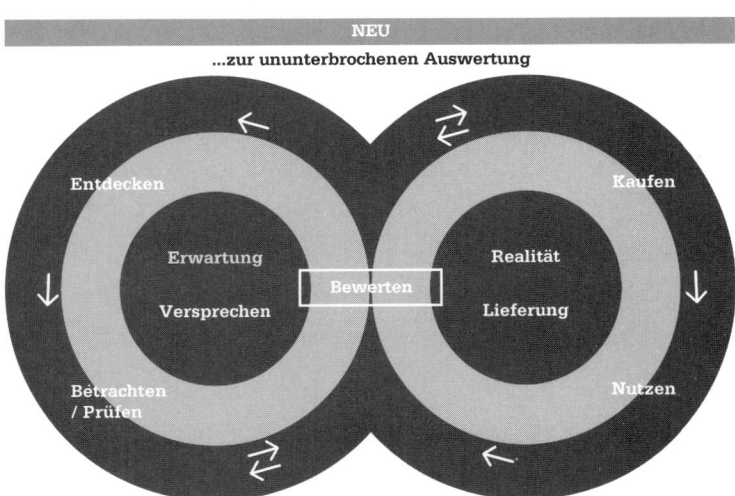

Die heutigen technologiebasierten Kunden können ihre Optionen ständig neu bewerten und einen Anbieter auswählen, **der für sie im Moment am relevantesten ist**.

Grafik 28: Evaluation statt Treue: Die Konkurrenz ist nur einen Klick entfernt.

Im Fitness- und Gesundheitsbereich sind immer mehr Bürger bereit, zu bestimmten Zwecken Auskunft für sich zu erteilen, wenn Unternehmen sie dazu befragen.[51] Meistens wollen sie aber im Gegengeschäft etwas haben für ihre Daten.

Vertrauen aufbauen

Datensicherheit ist eine notwendige Voraussetzung für alle Arten von Geschäftsbeziehungen. Da Vertrauen mühsam aufzubauen ist, aber sehr schnell zerstört werden kann, müssen Unternehmen viel Umsicht und Energie in dieses Feld investieren. Datenpannen oder zerstörtes Vertrauen können, wie die Erfahrungen von Facebook zeigen, massive Folgen haben: Das Social-Media-Unternehmen verdankte mehreren Hackerangriffen dreistellige Milliarden Dollar an Börsenwertverlusten.

Drei von vier Kunden geben an, einem Unternehmen nicht mehr trauen zu können, wenn ihre persönlichen Daten kompromittiert wurden. Unternehmen, denen es erfolgreich gelingt, Vertrauen aufzubauen, können eine hyperpersonalisierte Beziehung herstellen, die ihnen einen klaren Vorteil gegenüber anderen Anbietern gibt.[52]

Dabei geht es nicht nur um Good Will zwischen Partnern. Vertrauen lässt sich auch mithilfe von Plattformen strukturell implementieren, wie das folgende Beispiel zeigt:

Case Study: TÜV Süd/IBM und das Data Trust Center

Das Geschäftsmodell eines neutralen Datentreuhänders realisiert sich in einer Zusammenarbeit von TÜV Süd und IBM: Im Sommer 2018 haben beide mit einem Data Trust Service gestartet. Der TÜV bringt seine 150 Jahre Erfahrung bei der Inspektion, Zertifizierung und Prüfung von Produkten und Anlagen ein. IBM liefert Praxis in Grundlagenforschung, Technologie- und IT-Betriebskompetenz.

> Das Data Trust Center soll einen sicheren, neutralen und diskriminierungsfreien Zugang zu den Daten moderner und vor allem hochautomatisierter Fahrzeuge schaffen.
>
> Zu diesem Zwecke sollen Daten der Hersteller gesammelt und auch solche von Dienstleistern, Versicherern oder auch Behörden integriert werden. Sicherheit und Vertraulichkeit werden durch die Sealed-Cloud-Technologie von dem TÜV Süd-Unternehmen Uniscon sichergestellt. Selbst der Plattformbetreiber hat keinen Zugriff auf unverschlüsselte Daten. Die Daten dienen der Auswertung zu verschiedenen Zwecken, dürfen aber nur mit Einverständnis der Datenlieferanten dafür genutzt werden. Das Projekt soll darüber hinaus Impulse für die digitale Transformation des TÜV Süd bieten.[53]

Die Unternehmen sind sich bewusst, wie wichtig Investitionen in die Datensicherheit sind und auch bereit, Investitionen zu tätigen. Auch setzen viele Entscheider Hoffnung in neue Technologien wie Künstliche Intelligenz, um in Zukunft noch besser gegen Cyberangriffe gewappnet zu sein. Eine internationale Untersuchung von Accenture zeigt große Fortschritte im Bereich der Datensicherheit, schnelleres Aufspüren von Bedrohungen und besseres Abblocken, aber auch noch Lücken in den Sicherheitskonzepten, vor allem, wenn es um Sicherheitsverstöße aus dem eigenen Unternehmen geht.[54]

Früher ging es darum, den Massengeschmack zu treffen, ihn mithilfe der Marktforschung zu messen oder mithilfe von Werbung oder anderen Strategien zu formen und zu festigen. Die Kunden sollten davon abgehalten werden, das Produkt zu wechseln. Dieses Streben war rückwärtsgewandt und zeitverzögert. Heute ist die Relevanz an die Stelle der Loyalität getreten: Was relevant ist, wird in real-time gemessen oder anhand von Analysen sogar vorausgesagt.

Transparenz schaffen

Vertrauen und Nachhaltigkeit werden gestärkt, wenn ihre Grundlagen klar definiert und jederzeit offen für eine Überprüfung sind. Transparenz unterstützt dies. Der Finanzsektor ist ein gutes Beispiel dafür: Banken verwalten seit jeher große Mengen vertraulicher Daten. Im Zuge der Digitalisierung ist deren Rolle jedoch immer wichtiger geworden.

Relevanz für den Kunden basiert auf emotionaler Bindung

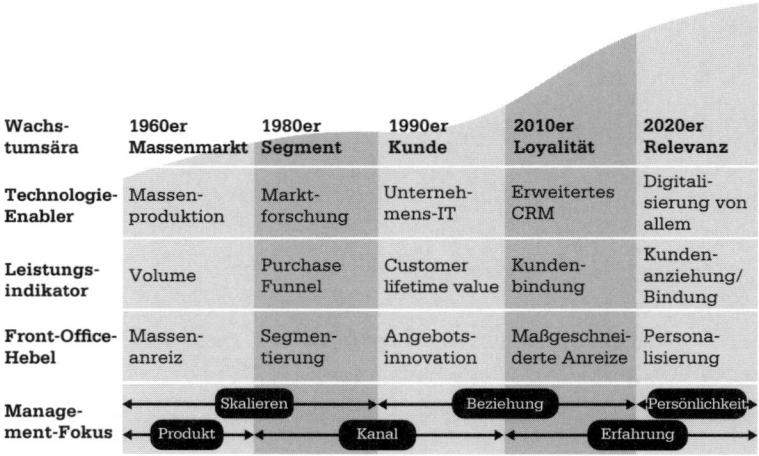

Wachs-tumsära	1960er Massenmarkt	1980er Segment	1990er Kunde	2010er Loyalität	2020er Relevanz
Technologie-Enabler	Massen-produktion	Markt-forschung	Unternehmens-IT	Erweitertes CRM	Digitali-sierung von allem
Leistungs-indikator	Volume	Purchase Funnel	Customer lifetime value	Kunden-bindung	Kunden-anziehung/ Bindung
Front-Office-Hebel	Massen-anreiz	Segmen-tierung	Angebots-innovation	Maßgeschnei-derte Anreize	Persona-lisierung
Manage-ment-Fokus	Skalieren / Produkt	Kanal	Beziehung	Erfahrung	Persönlichkeit

Grafik 29: Services sind dann relevant für den Kunden, wenn sie hochpersonalisiert seine individuellen Wünsche erfüllen.

Vier von fünf Bankmitarbeitern, so eine Umfrage unter 800 Finanzexperten in 25 Ländern aus dem Jahr 2018[55], nutzen Daten, um kritische und strategische Entscheidungen zu treffen. Dabei werden häufig zusätzliche, unstrukturierte Daten aus externen Quellen wie Social Media oder Datenbanken herangezogen.

Obwohl die Mehrheit der befragten Bankmitarbeiter angab, von der Integrität ihrer Datenquellen überzeugt zu sein (94 Prozent), ergab diese Studie, dass die Hälfte der Banker nicht genug tat, um die Qualität ihrer Daten zu validieren und so den erforderlichen Standard sicherzustellen. Denn mögliche Risiken durch Fake-Daten oder externe Manipulationen sind eine Gefahr. Diese Sorge äußerten in Deutschland sogar 93 Prozent der Befragten.[56] Banken müssen also die Herkunft ihrer Daten von Anfang an überprüfen. Künstliche Intelligenz wird ein zentrales Instrument dabei sein.

Weitere Technologien, die Sicherheitsbedenken und Transparenzwünschen Rechnung tragen sollen, sind Blockchain, eine dezentrale Datenbank mit verschlüsselten Transaktionsdatensätzen, und Microservices, eine andere dezentrale Software-Architektur. Noch aber arbeiten viele Banken mit komplexen, oft unflexiblen Betriebs- und Technologieplattformen.

Rund 90 Prozent der deutschen Bankangestellten halten es für wichtig, dass Mitarbeiter und Kunden gleichermaßen die Grundlagen von KI-basierten Entscheidungsfindungen verstehen – ähnlich die Meinungen in anderen Ländern. Der globale Bankensektor will darauf reagieren: Ein Viertel (24 Prozent) der Befragten gab an, dass sie innerhalb von zwei Jahren Transparenz für alle Bereiche schaffen wollen, in denen KI in der Bank eingesetzt wird. Weitere 29 Prozent erklärten, dass ihre Bank plant, für alle KI-Entscheidungen, die den Kunden betreffen, vollständig transparent zu sein. Im deutschen Markt war die Bereitschaft, für Transparenz zu sorgen, mit 33 Prozent in beiden Dimensionen etwas stärker ausgeprägt.

Transparenz kann aber auch ein erfolgreiches Werteversprechen in anderen Industrien sein, wie das Beispiel thyssenkrupp zeigt:

Case Study: thyssenkrupp und das Transportlogistiksystem (TLOG)

Das traditionsreiche Unternehmen thyssenkrupp ist gerade dabei, sich in Werkstoffhandel und Stahlproduktion sowie die Technologiesparte zu spalten. Wie modern dort bereits Prozesse organisiert werden, zeigt das Beispiel eines eigenen Logistiksystems: Auf dem Werksgelände in Duisburg Nord müssen im Bereich der Stahlproduktion und -verarbeitung jährlich 2,5 Millionen Transporte auf einer Fläche von neun Quadratkilometern koordiniert werden.[57] Die Transporter erhalten – basierend auf Geodaten und weiteren Berechnungen – automatisierte Informationen darüber, wenn sie be- und abladen können. Die Fahrer können eigenständig mithilfe einer App einchecken und ihre Fracht wiegen. Die digitale Transparenz gilt auch für die Lieferungen zu den Kunden. Standort und Status des Transports sind jederzeit für alle Beteiligten transparent. Der Endkunde kann genau verfolgen, wo sich seine Ware im Moment befindet. Die Serviceplattform, über die all diese Informationen laufen, betreibt der Konzern, gemeinsam mit IT-Partnern, selbst. Der Service wird Partnern zurzeit unentgeltlich zur Verfügung gestellt und kann jederzeit abgerufen werden. Der eigentliche Gewinn für thyssenkrupp liegt in der Optimierung der eigenen Prozesse und der Kostensenkung, die dadurch bedingt wird.

Digitale Logistik auf dem thyssenkrupp-Werksgelände

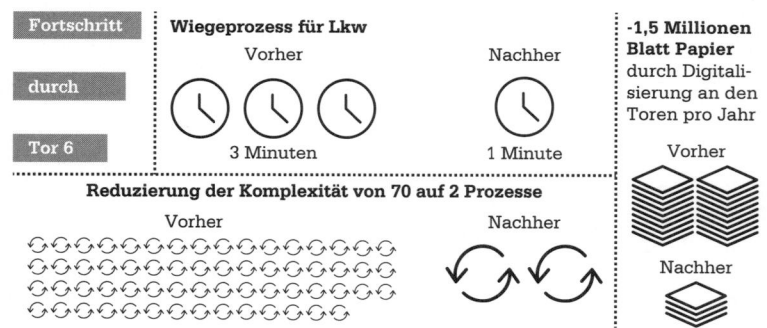

Grafik 30: Digitale Planung spart Zeit- und Materialaufwand.[58]

Die Wertschöpfungsketten zu Ökosystemen umbauen

Fassen wir noch einmal zusammen: Die Notwendigkeit, eigene physische IT-Infrastrukturen zu besitzen, reduziert sich im 21. Jahrhundert drastisch. An ihre Stelle treten digitale Plattformen in der Cloud. Sie ermöglichen es, großen Mengen an Daten zu sammeln, zu analysieren und auszutauschen, was zu exponentiellen Netzwerkeffekten führt. Sie bringen eine Wertsteigerung für alle Nutzer der digitalen Plattformen. Während bei den klassischen Wertschöpfungsketten Rohmaterial vordefinierte Schritte durchläuft und als Resultat ein höherwertiges Endprodukt an den Kunden verkauft wird, brechen die digitalen Ökosysteme diese lineare Wertschöpfung auf und transformieren sie. Sie bieten durch KI- und Analytics-gestützte Auswertung digitaler Daten hyperpersonalisierbare Dienstleistungen und Werteversprechen, die über Serviceplattformen effektiv gestaltet und effizient konfiguriert werden können. Partner werden ortsunabhängig eingebunden und bringen individuelle Erfahrungen und Expertise ein. Insbesondere für kleine und mittlere Unternehmen bietet dies die Möglichkeit, sich als spezialisierte Anbieter von Teilleistungen der Wertschöpfung am Markt zu positionieren. Wesentlicher Erfolgsfaktor für solche vernetzten Lösungen ist deren Skalierbarkeit.

Innovative technologische Lösungen und personalisierte Services sind die Ursache von Disruption, die zu veränderten Strukturen und Prozessen mit weitreichenden Folgen führen. Die hierarchische Struktur von Produzenten, Händlern, Partnern und Anwendern wird in den dynamischen Ökosystemen aufgebrochen. Im Mittelpunkt steht immer der Kunde.

Den Wandel gestalten: »*The wise pivot*«

Deutschland hat Industrie 4.0 als Marke für die vernetzte Produktion etabliert und setzt nach wie vor weltweit Maßstäbe. Insbesondere die großen Unternehmen haben smarte Anlagen und Geräte mit einer Plattform und dem Internet verknüpft. Doch häufig ist die Perspektive dabei noch produktzentriert auf Optimierung und Kostenersparnis gerichtet und das verstellt den Blick auf die mögliche Wertschöpfung im gemeinsamen Ökosystem. Denn das Kerngeschäft soll nicht vernachlässigt werden. Doch nur, wenn Smart-Service-Geschäftsmodelle sich rasch entwickeln, können sie dem Prozess der Disruption folgen und innovative Wertschöpfungsnetzwerke schaffen. Wie also vorgehen und wo anfangen?

Dass der Wandel notwendig ist, ist klar: In einer Umfrage von 2017 unter 1440 Topmanagern aus elf Industrien und zwölf Ländern war knapp die Hälfte davon überzeugt, dass Umsätze und Gewinne bereits drei Jahre später zur Hälfte aus neuen Geschäftsmodellen ihres Hauses stammen würden. Die optimistische Einschätzung wurde jedoch von der Realität kontrastiert: 2017 bezogen noch 70 Prozent dieser befragten Unternehmen weniger als die Hälfte ihrer Einnahmen aus neuen Geschäften.[59] Die Unterschiede zwischen Vision und Realität sind vielfach begründet: Mal sind es teure Investitionen in Infrastrukturen, die von Neuerungen abhalten, mal ein veralteter Technologiepark oder vertragliche Bindungen, häufig hängen Unternehmen auch einfach an ihren klassischen Produktlinien und haben Angst, im eigenen Haus Konkurrenz zum Kerngeschäft aufzubauen.

Flic-flac auf zwei Händen

Bei der digitalen Transformation soll es aber gar nicht darum gehen, die Erfolgsmodelle links liegen zu lassen, um plötzlich ganz neuen Pfaden zu folgen. Der Schritt in eine andere Art des Wirtschaftens ist dann am erfolgreichsten, wenn Unternehmen dem Prinzip der Beidhändigkeit folgen. Im Prozess des Umbaus der Wertschöpfungsketten müssen sie sämtliche Teilbereiche analysieren, überdenken und in Bewegung setzen, das klassische Kerngeschäft und das neue miteinander in eine Art Rotation bringen. Denn die Plattformökonomie hilft auch, durch Wissens- und Kompetenzzuwachs das Kerngeschäft zu optimieren und voranzutreiben. Transformation bedeutet also:

– das Kerngeschäft zu optimieren und effizienter zu gestalten, um Investitionsmittel freizusetzen
– das Kerngeschäft zu verbreitern
– neue Geschäftsmodelle zu skalieren, um neue Wachstumsbereiche zu identifizieren und auszubauen

Das Rad der Transformation

Bestandsgeschäft transformieren … und so Ressourcen für mehr Wachstum freisetzen.

Bestandsgeschäft weiterentwickeln … und auf dieser Basis mehr Geld investieren können.

Neugeschäft skalieren … und neue Wachstumsbereiche schnell ausweiten

Kritisch für eine Innovationswende ist die richtige **INVESTITIONSSTRATEGIE**. Zeitpunkt, Umfang und Stoßrichtung der Investitionen müssen aufeinander abgestimmt sein.

Grafik 31: Die Optimierung und Effizienzsteigerung des Kerngeschäfts, zum Beispiel durch zusätzliche Services, bringt Wachstum im Kern, aber auch skalierbare neue Geschäftsmodelle.

Die Top-Transformatoren

Sechs Prozent der von Accenture untersuchten 343 internationalen Unternehmen tauchten so tief in den Transformationsprozess ein, dass sie nach drei Jahren bereits 75 Prozent ihrer Erlöse aus neuen Geschäftsmodellen generieren konnten – zwei Drittel davon mit zweistelligen Wachstumsraten. Von ihnen lässt sich lernen. Ihre Erfolge waren in drei Faktoren begründet: in ausreichenden Investitionsmitteln, in innovativem Design und in der Fähigkeit, Synergien zwischen dem bewährten Kerngeschäft und den neuartigen Angeboten herzustellen. Diese Unternehmen haben sich von einer mehr oder weniger soliden Organisation in ein fluides Ökosystem verwandelt, in ein »living business«.

Um die notwendigen finanziellen Mittel für die Neuorientierung zu gewinnen, wurden die bestehenden Geschäftsprozesse auf Kosteneinsparungen und Prozessoptimierungen hin untersucht, Business, das nicht zum Kerngeschäft gehört, wurde verkauft. Das Beispiel der erfolgreichsten Unternehmen zeigt auch, dass die Schwerpunkte des Umbaus auf den Aufbau strategischer Netzwerke und gleichzeitige Produktivitätserhöhung gelegt wurden.[60]

Transformation bringt Vorsprung

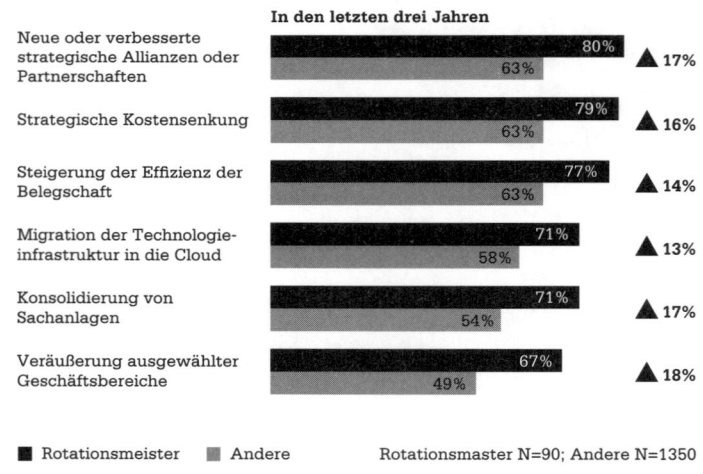

Grafik 32: Diejenigen Unternehmen, die am weitesten in der Transformation sind, erzielen deutliche Gewinne.

Der zweite Faktor, die Innovation, wird zwar von allen befragten Unternehmen für wichtig befunden, doch die besonders erfolgreichen sechs Prozent waren in weit höherem Ausmaß (zu 69 statt 57 Prozent) der Überzeugung, dass die Innovation vor allem im eigenen Unternehmen gepflegt werden muss und zwar durch alle Abteilungen hindurch. Das Bewusstsein, dass Ideen nicht nur interessant sein können, sondern auch adäquat in der Realität umgesetzt werden müssen, war ebenfalls stärker messbar. Die Top-Transformatoren hatten eine klare Unternehmensstrategie, was Innovation anging. Dabei spielten Crowd Sourcing und Inhouse-Entwicklungsabteilungen eine deutlich wichtigere Rolle als beim Durchschnitt der anderen Unternehmen.

Schließlich kristallisiert sich als dritter wichtiger Erfolgsfaktor heraus, dass es den Top-Transformern besonders gut gelingt, ihr klassisches Geschäft mit den neuen Modellen zu verschränken und dadurch für beide Seiten fruchtbar zu machen. Auch hier zeigte sich wieder, dass dieser Prozess nicht nur von Investitionen getrieben wird, sondern auch von strategischen Entscheidungen zu Partnerschaften:

Expansionsstrategien der Top-Transformer

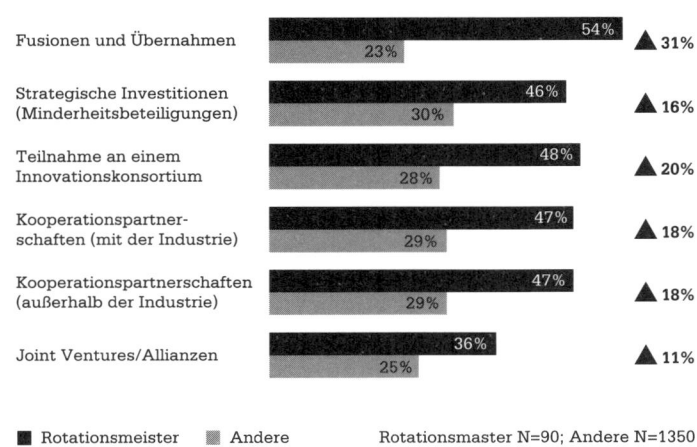

Grafik 33: Strategische Partnerschaften und Kollaboration treiben die Innovation.

Skalierung und Bezahlmodelle

Was sind Daten wert? Per se erst mal gar nichts, es kommt darauf an, was man daraus macht. Das Spezielle des Wirtschaftsguts Daten ist dabei, dass sie flexibel und in viele Richtungen verwendet werden können, außerdem kopiert und leicht weiterverbreitet. Eine wichtige Rolle spielen deshalb auch die verknüpften Metadaten, wie die Debatten um die Verwendung genetischer Information zeigt: Gehören die Daten dem Urheber, dem Sammler, dem Verwerter, der Wissenschaft? Daten folgen in vieler Hinsicht nicht den Bewertungsschemata physischer Güter.

Notwendig für die Transformation ist in jedem Fall ein klares Verständnis, wie man mit Daten und neuen Geschäftsmodellen Geld verdienen kann, so Thorsten Posselt, Leiter des Fraunhofer-Zentrums für Internationales Management und Wissensökonomie und Mitglied der AG Digitale Geschäftsmodelle in der Plattform Industrie 4.0. Die Arbeitsgruppe erarbeitet unter anderem Lösungen für die Frage, wie man Organisationswandel und Neugestaltung der Prozesse orchestrieren kann. Obwohl sich die digitalen Smart-Service-Geschäftsmodelle durch eine hohe Skalierbarkeit auszeichnen, ist die Rentabilität bzw. Profitabilität oftmals noch sehr gering. Eine Accenture-Umfrage unter den 500 größten Unternehmen in Deutschland (Top 500) zeigte 2017 nur wenige Beispiele für umsatzstarke digitale Services auf: Nur 3 Prozent der Serviceangebote sind bereits in der Monetarisierung weit fortgeschritten.[61]

Die Nutzung von Plattformen im B2B-Bereich wird häufig über eine monatliche Gebühr abgerechnet. Häufig wird zusätzlich das Nutzungsvolumen bepreist, mit einem prozentualen Aufschlag pro Marktwert (Preis) der Transaktion, die über die Plattform realisiert wird, oder einer Gebühr pro Datennutzung oder -auswertung. Manchmal verlangen Plattformen nur von bestimmten Nutzergruppen Geld, häufig haben sie Preismodelle, die eine Staffelung der Preise vorsehen, wie einen kostenlosen Zugang zum Basispaket, ergänzt um kostenpflichtige Zusatzangebote (Freemium-Modelle).

Wie monetarisieren sich Plattform-Geschäfte?

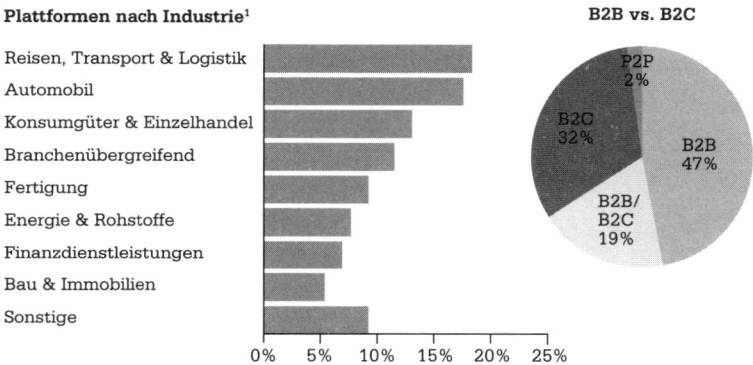

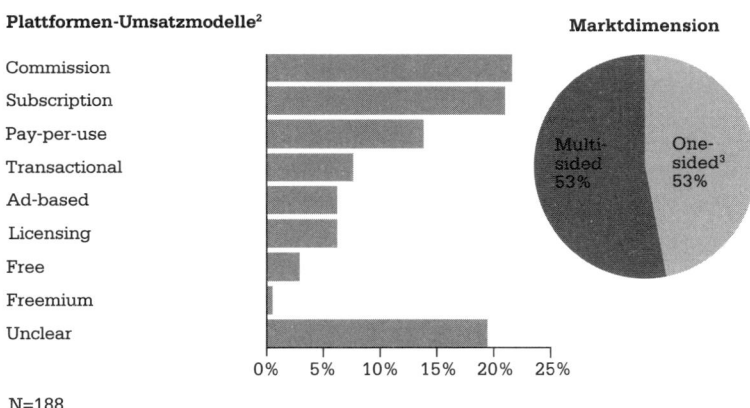

N=188

Grafik 34: Monetarisierung in der Plattformökonomie ist variantenreich.

Dies ist insbesondere dann möglich, wenn die Plattform über die reine Transaktion hinaus zusätzliche Produkte und/oder Dienstleistungen anbietet (ein Software-Produkt oder Formen der Datenauswertung). Kostenlose Basisdienste oder kurze Kündigungsfristen, so ein häufiges Kalkül, schaffen einen niedrigschwelligen Zugang. Sobald die Unternehmen den Mehrwert, der mit der Nutzung der Plattform verbunden ist, kennengelernt haben, wird dann erwartet, dass sie auch für Premiumangebote zahlen.[62]

Auch bei Smart Services lassen sich die Preise sehr flexibel gestalten – beispielsweise auf Basis des generierten Outputs (Stückzahl), der Nutzungsdauer (Zeit) oder erfolgsbasiert (in Form einer Gewinnbeteiligung). Auch Freemium- oder Flatrate-Strategien sind denkbar. Indirekte Bezahlmodelle tauschen Leistungserbringung gegen Daten. Aktuelle Marktsituationen können ebenso wie die Verfügbarkeit, das Angebot und die Nachfrage in Echtzeit berücksichtigt werden. Darüber hinaus, so der Smart Service Welt Report 2018[63], kann es weitere, auf fungiblen Werten basierende Austauschmodelle geben, die den Handel von Produktionskapazitäten, den Zugang zu Mobilität oder die Teilhabe am Wissensaufbau beinhalten. Auch virtuelle Währungen sind möglich.

Alles zusammenbringen

Die Komplexität, die Wertschöpfungs-Ökosysteme mit sich bringen, will gemanagt werden: fein aufeinander abgestimmt wie ein Symphonieorchester. Das Kundenbedürfnis steht dabei im Mittelpunkt. Dieses Ziel zu erreichen, unterscheidet sich klar vom konventionellen Management von Vertriebswegen oder Kundenkontakt. Erfolgreiche »Dirigenten« der Orchestrierung konzentrieren ihre Aktivitäten auf zwei Bereiche: Sie teilen ihre Einsichten in das Kundenverhalten im Ökosystem und sie treiben die Verkaufsperformance ihrer Partner. Unternehmen, die erfolgreich mit ihren Partnern zusammenarbeiten, haben Aussicht, ihre Erlöse deutlich zu erhöhen.[64]

B2B-Kunden wollen in derselben Weise individuell angesprochen werden wie die Kunden von Handelsplattformen. Drei Viertel der CEOs von 2000 internationalen Unternehmen haben deshalb das Ziel, über die Plattform-Ökosysteme die Zufriedenheit der Kunden deutlich zu verbessern.[65] Dabei stehen sie vor verschiedenen Herausforderungen: Zum einen müssen sie lernen, mit neuen Partnern aus Industrie, Start-ups oder Venture-Capital-Firmen umzugehen. Außerdem wollen sie ihre Vertriebswege ausbauen und setzen darauf, dass dies die Customer Experience voranbringen wird.

Doch nur jedes fünfte Unternehmen gibt an, den eigenen Verkauf voll zu überblicken. Noch weniger wissen sie über die Zufriedenheit ihrer Kunden. Die werden immer unabhängiger und selbstbewusster: Die meisten von ihnen sind schon mitten im Entscheidungsprozess, bevor sie mit einem Vertreter des Unternehmens Kontakt aufnehmen. 61 Prozent der B2B-Kunden beginnen im Internet mit der Suche. 58 Prozent folgen Empfehlungen in Social Media. Mehr als 90 Prozent der Kunden reagieren nicht mehr, wenn sie ohne Vorgeschichte einfach nur so kontaktiert werden.[66]

B2B-Geschäftsmodelle gehen in eine andere Richtung als das B2C-Geschäft. Ihre Anbieter nutzen seltener Tools, um das Feedback ihrer Kunden zu erkunden. Und sie stecken zwar Milliarden in die Verkaufsförderung, aber bisher noch, ohne sich genauer zu fragen, was ihre Kunden wirklich wollen. Einer von drei Dollar, die in Vertriebswege gehen, bleibt ohne jedes Ergebnis und ist also hinausgeworfenes Geld. Bedeutende Investitionen werden nicht nur in den Wind geschrieben, sondern sie kosten das Unternehmen auch Vertrauen. Nur die Hälfte aller Unternehmen leistet sich ein Partner Relationship Management.[67]

Das Org-Chart der Zukunft

Der britische Ökonom Ronald Coase gewann 1991 den Wirtschaftnobelpreis für die Antwort auf eine simple Frage: Warum gibt es überhaupt Unternehmen? Sein bereits in den 30er-Jahren geschriebenes Papier »*The Nature of the Firm*« erklärt die Existenz von Unternehmen über das Modell von Transaktionskosten, die durch Information, Kommunikation und Koordination anfallen. Wer etwa eine Maschine bauen will, muss Materialien einkaufen, Verträge machen, Produktionsstätten betreiben und Ingenieure einstellen. Die organisatorische Einheit Unternehmen reduziert die Kosten der Marktnutzung bei wiederkehrenden Transaktionen. An die Stelle des Marktes tritt das Unternehmen.

Nutzung von Feedback-Mechanismen im Vergleich von B2B und B2C

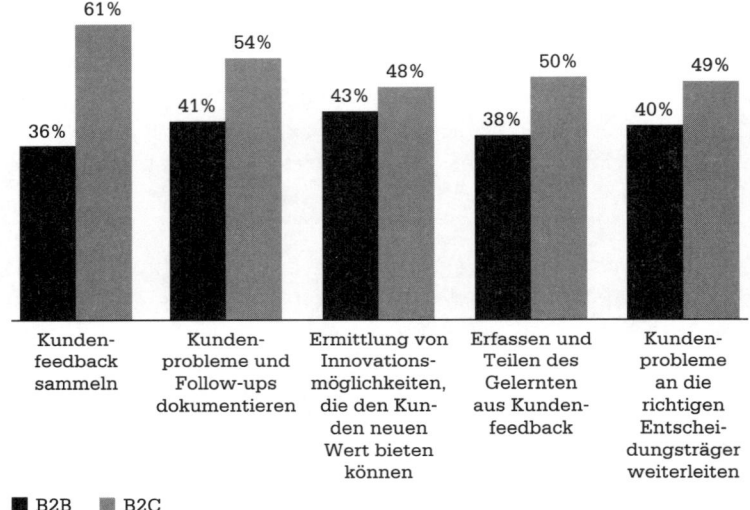

36% / 61%	41% / 54%	43% / 48%	38% / 50%	40% / 49%
Kunden-feedback sammeln	Kunden-probleme und Follow-ups dokumentieren	Ermittlung von Innovations-möglichkeiten, die den Kun-den neuen Wert bieten können	Erfassen und Teilen des Gelernten aus Kunden-feedback	Kunden-probleme an die richtigen Entschei-dungsträger weiterleiten

■ B2B   ■ B2C

Grafik 35: B2B-Geschäftsmodelle können sehr von der Möglichkeit profitieren, ähnlich wie die B2C-Plattformen Feedback-Mechanismen einzusetzen.[68]

Unternehmen haben typischerweise diese Formen der Marktnutzung in ihren Organigrammen abgebildet: Entwicklungs- oder Rechtsabteilung, Produktionsbereich oder Personalmanagement. Was aber passiert mit der Organisation in einer datengetriebenen *Outcome*-Ökonomie, in der Wertschöpfungsnetzwerke für den Markterfolg zunehmend wichtiger werden als die Unternehmen selbst? Verschiedene Ansätze wurden bereits versucht: Anfangs eher Corporate Venturing (Beteiligung durch Kauf von Start-ups) oder Aufbau von Start-ups – ähnlichen Einheiten in den Unternehmen. Mittlerweile werden auch eigene Digitaleinheiten außerhalb des Unternehmens aufgebaut.

Schon heute managen Unternehmen funktionale Ökosysteme entlang ihrer Wertschöpfungsketten, deren Grenzen fließender werden. An die Stelle klassischer Unternehmen treten also zunehmend hoch dynamische Wertschöpfungsnetzwerke, deren Teilhaber unterschiedliche Rollen innehaben können. Strategische Bereiche wie Produktdesign, Innovationsmanagement oder Entwicklung finden bereits außerhalb der Grenzen des Unternehmens statt.

Automatisierung verändert die Unternehmensorganisation

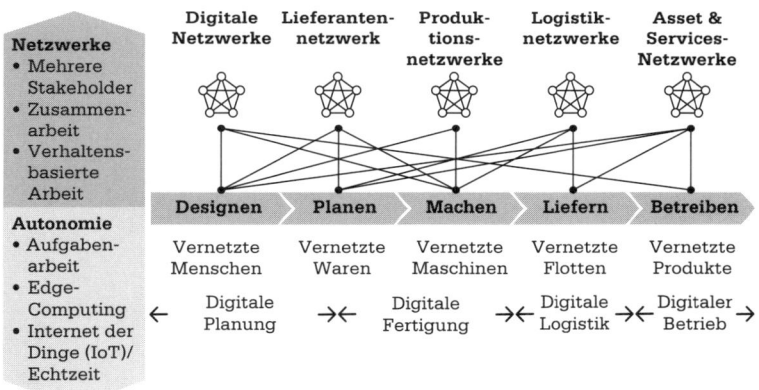

Grafik 36: Während ein Teil der Prozesse automatisiert wird, verwandeln sich die anderen in solche mit starkem sozialem Anteil – in Netzwerken und Kooperationen entlang der gesamten Wertschöpfungskette.[69]

Technologisch wäre eine fundamentale Veränderung der Organisation möglich. Blockchain ist die Grundlage von dezentralen autonomen Organisationen (DAOs), in denen jede einzelne Transaktion über »smart contracts« ermöglicht würde. Im Prinzip geht es darum: DAOs sind digitale Unternehmen ohne Manager und mit einer feststehenden Geschäftsordnung, die nicht verändert werden kann. Sie ist ein für alle Mal zwischen den Teilhabern der Organisation festgelegt worden – um den Herstellungsprozess oder eine Geschäftsbeziehung planmäßig zu ordnen. Ausgangspunkt ist eine Strategie, nach der sich dann die Architektur der Organisation richtet und Handlungsregeln abgeleitet werden können.

DAOs sind nicht an feste Nationen gebunden und auch nicht an feste Entscheider. Die Teilhaber sind gleichberechtigt. Wer gegen die Regeln verstößt, wird ausgeschlossen.

Über die Blockchain – ein System der Finanztechnologie, das Anlegen, Verwalten und Ausführen von dezentralen Programmen bzw. Kontrakten in einer eigenen Blockchain anbietet – können die Teilhaber Kapital investieren. Wer ausgeschlossen wird, verliert sein Kapital. Das soll riskante oder potenziell schädigende Entscheidungen erschweren. Die »Schwarmintelligenz« tritt an die Stelle von hierarchischen Entscheidungen. An einer DAO kann sich jeder beteiligen, der über einen Internetzugang und genügend Kapital verfügt. Über Staatsgrenzen hinweg können die Teilhaber auf verschiedenste Weise miteinander kooperieren, in dem sie sich in die jeweiligen Smart Contracts einschreiben.

In der Logistikbranche hat sich im August 2017 zum Beispiel die »*Blockchain in Transport Alliance*« gegründet, mit inzwischen fast 500 Mitgliedern aus 25 Ländern, darunter auch Google, UBER, FedEx und UPS.[70] Gemeinsam wollen sie Blockchain-Anwendungen in der Transport- und Logistikbranche entwickeln sowie Industriestandards für die Akzeptanz der Technologie etablieren. Bislang sind internationale Lieferketten und Handelswege oft intransparent und durch eine Vielzahl von Intermediären und Gebühren geprägt. Mit einer Blockchain bzw. Smart Contracts, so das Kalkül, könnte ein transparenteres und effizienteres Logistiksystem entstehen, auch indem die Zahl der Intermediäre sowie der Betrugsfälle reduziert wird.[71]

KAPITEL 5

Die Zukunft der Arbeit in der Datenwirtschaft

Von Menschen und Maschinen

Sind deutsche Unternehmen zu zögerlich, dann geraten sie über kurz oder lang ins Hintertreffen. Viele Arbeitsplätze werden dann verschwinden und zwar weit mehr, als durch die modernen Technologien eingespart werden könnten. 83 Prozent der deutschen Industrieunternehmen sind laut einer aktuellen Bitkom-Umfrage davon überzeugt, dass notwendige Voraussetzung für den Erhalt der Wettbewerbsfähigkeit und damit auch die Sicherung von Arbeitsplätzen die Industrie 4.0 ist.[1]

Aber wie ist das wirklich mit der Arbeit in einem voll automatisierten und durchrationalisierten Betrieb? Werden Menschen in Plattformökonomien nicht mehr gebraucht? Oder in ganz anderen Sektoren eingesetzt? Welche Kompetenzen werden morgen gebraucht? Und: Werden die Maschinen zu Helfern der Menschen oder umgekehrt diese zu Assistenten und Kontrolleuren der digitalen »Arbeiter«?

Untergangsszenarien sind in diesem Punkt genauso wenig angebracht wie vorschneller Jubel, dass die Menschen nun endlich »befreit« würden von unangenehmen Aufgaben und sich fortan ganz der Kreativität widmen könnten. Wenn sich alles verändert, in dieser vierten Revolution, wird sich natürlich auch die Rolle der Menschen wandeln. Wir können und müssen uns darauf vorbereiten, politisch, strategisch und gesellschaftlich. Denn eines wird schon jetzt deutlich: Es werden Arbeitsplätze wegfallen und neue entstehen. Der umfassenste Wandel aber wird die Transformation aktueller Tätigkeiten an der Schnittstelle Mensch-Maschine sein.

Zwei britische Wissenschaftler, Carl Benedikt Frey und Michael A. Osborne, lösten im September 2013 mit ihrer als Whitepaper veröffentlichten Analyse zur Automatisierbarkeit von Beschäftigung ein Erdbeben aus. Rund 47 Prozent der US-amerikanischen Jobs, so die Wissenschaftler, könnten potenziell durch Maschinen ersetzt werden.[2] Viele Studien folgten: Zuletzt veröffentlichte das Institut für Arbeits- und Berufsforschung eine Analyse für Deutschland, die von einer Substituierbarkeit von 25 Prozent ausgeht.[3]

Das ist eine von vielen modellbasierten Prognosen. »Es gibt so viele Meinungen wie Experten«, schreibt die MIT Technology Review und listet in einem Chart auf, wie viele und zum Teil krass unterschiedliche Vorhersagen renommierte Institutionen wie das Weltwirtschaftsforum, die OECD, Think Tanks oder auch etablierte Beratungsunternehmen schon gemacht haben – »von optimistisch bis vernichtend«. Ihr Fazit: »Wir können daraus nur einen Schluss ziehen: Wir haben keine Ahnung, wie viele Jobs dem technologischen Fortschritt wirklich zum Opfer fallen werden.«[4]

Das zeigt nur, dass wir alle mit Zahlen vorsichtig operieren müssen, wenn es um die Zukunft der Arbeit geht – vor allem, wenn Schätzungen den millionenfachen Verlust von Arbeitsplätzen prophezeien. Es scheint aber wahrscheinlich, dass über kurz oder lang Jobs verschwinden werden, die mit schwerer körperlicher Arbeit verbunden sind, aber auch Verwaltungsberufe, die mit dem Erfassen und der Verarbeitung von Daten und Assistenzaufgaben zu tun haben. Beide Bereiche lassen sich erfolgreich digitalisieren. Grundsätzlich gilt auch: Je höher der Anteil automatisierbarer Tätigkeiten in einem Jobprofil, desto wahrscheinlicher wird es wegfallen. Und: Im IT-Bereich kommt es zu neuen Beschäftigungsmöglichkeiten. 1,134 Millionen Menschen arbeiten bereits in dieser Branche, so der Digitalverband Bitkom. Allein 2017 kamen rund 45 000 neue Arbeitsplätze hinzu. Und 55 000 Stellen für IT-Spezialisten sind derzeit unbesetzt.[5]

Der Wandel ist unaufhaltsam

Es ist sicher unrealistisch zu erwarten, dass alle Menschen sich in den IT-Bereich versetzen lassen können. In der Vergangenheit war das noch gelungen, zum Beispiel als das Ruhrgebiet sich nach dem Schließen vieler Schächte zur Gesundheitsregion erklärte und viele Kumpel neue Arbeit in Krankenhäusern fanden – als Techniker oder umgeschult zu Masseuren, Physiotherapeuten und Pflegern.

Neue Arbeitsplätze im IT-Bereich

ITK-Beschäftigte[1] nach Segment (in Tausend)

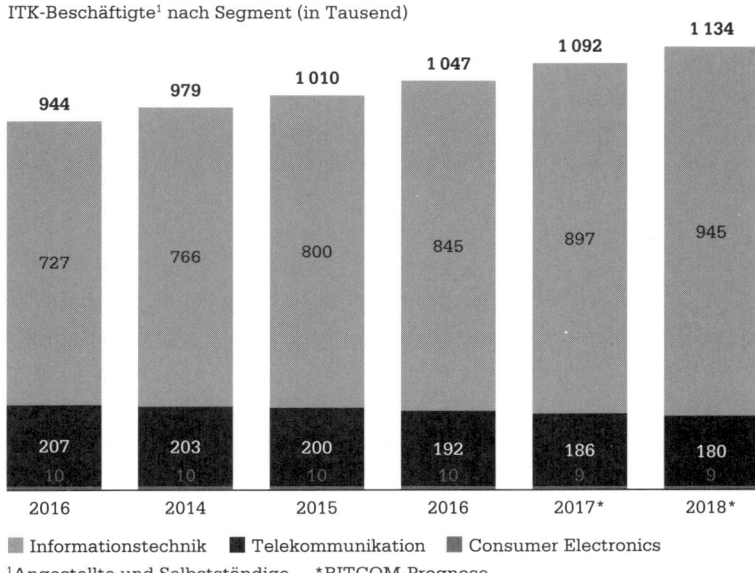

944	979	1 010	1 047	1 092	1 134
727	766	800	845	897	945
207	203	200	192	186	180
10	10	10	10	9	9
2016	2014	2015	2016	2017*	2018*

▨ Informationstechnik ▪ Telekommunikation ▪ Consumer Electronics
[1]Angestellte und Selbstständige   *BITCOM-Prognose

Grafik 37: Die Informationstechnik ist es, die neue Berufsfelder eröffnet. In Softwarehäusern und bei den Anbietern von IT-Dienstleistungen entstehen neue Stellen.[6]

Schlecht qualifizierte Arbeitnehmer können es nicht ausschließen, durch eine Maschine ersetzt zu werden, und Staat und Gesellschaft müssen neue Wege finden, mit diesen Fragen umzugehen und den Betroffenen zu helfen.[7]

Für alle anderen aber, also den Großteil der Arbeitnehmer, ist die Situation komplexer und weit weniger schwarz-weiß. Die Disruption betrifft alle von uns, sie verändert Arbeitslandschaften in raschem Tempo und sie erwartet Anpassung und Umstellung. Damit müssen wir umgehen – keiner kann erwarten, dass sein Arbeitsplatz in fünf Jahren noch sicher ist oder so aussieht wie momentan. Das heißt aber nicht automatisch, dass damit auch unsere Arbeitskraft überflüssig geworden ist, wenn sie offen ist für die Transformation. Wenn Unternehmen zu Wertschöpfungs-netzwerken werden, wird das die Rolle und Funktion der Arbeit-nehmer völlig neu definieren.

Ein Whitepaper des Weltwirtschaftsforums zeigt unter anderem, welcher Grad an Qualifikation derzeit in den Wertschöpfungsket-ten der westeuropäischen Industriestaaten steckt. Es wird erwar-tet, dass die Beschäftigtenzahlen in den Bereichen Forschung und Entwicklung sowie Dienstleistungen wachsen, bei Logistik und Fertigung hingegen sinken werden.[8]

Die Arbeitswelt der Zukunft ist digitalisiert und wissensbasiert. Politik und Wirtschaft sind gefordert, dafür die richtigen Rahmen-bedingungen zu schaffen, damit der soziale und kulturelle Wan-del auf dem Weg dorthin genauso sorgsam begleitet wird wie der technologische und ökonomische Umbau. Unternehmen und So-zialpartner überdenken Berufsbilder, um die künftige Generation auf veränderte Arbeitswelten vorzubereiten[9]. Dabei müssen wir heute schon über ein Problem nachdenken, auch wenn es aktuell noch nicht relevant ist. In Deutschland ist die Beschäftigungs-quote so hoch wie nie.

Die Neuerfindung der Arbeit

Welche sind die Vektoren, an denen entlang sich die Arbeit transformieren wird? Das fängt an mit den Möglichkeiten der Virtualisierung, die sozusagen zur Innenausstattung der Digitalisierung gehört.

Arbeitsstätten »*as-a-service*«

Die physische Anwesenheit ist, ähnlich wie bei den Produkten, viel weniger wichtig geworden. Telepräsenz wird zu einer Standardtechnologie – in modernen Büros, im Homeoffice oder auch von unterwegs. Das Office hat viele Zweigstellen in der Cloud, und das verändert den Kontakt zwischen den Menschen. Das heißt nicht, dass die Menschen sich nicht mehr persönlich begegnen, aber Kooperationen und Kollaborationen über Kontinente hinweg werden noch viel häufiger, als sie es heute schon sind.

Büros organisieren sich »*as-a-service*«. Als Stützpunkte von Menschen, die viel unterwegs sind, bieten sie vor allem Infrastruktur für Kommunikation und Meetings, virtuell oder nicht. Sichere Cloud-Verbindungen unterstützen die Dezentralität. Die ganze Organisation wird »fluide« und nimmt das Netzwerkprinzip der Plattform-Ökosysteme auf: Die Unternehmen können so möglichst schnell auf Veränderungen der Märkte reagieren. Außen herum gruppieren sich flexibel Teams und Experten, die ihr hoch spezialisiertes Know-how on-demand anbieten oder auch Partnerschaften eingehen, mal kürzer, mal länger.

Wissensarbeiter mit digitaler Souveränität

Das zeigt schon, dass sich das Anforderungsprofil an die Mitarbeiter verändert. Neben hoch spezialisiertem Wissen sind auch soft skills gefragt, vor allem, wenn es um die Fähigkeit zur Kooperation und zum selbstständigen Arbeiten geht. Immer wieder lösen sich situationsbedingt die Abgrenzungen zwischen externen und temporären Mitarbeitern auf. Das erfordert eine Neuorganisation des Datenschutzes, die geschäftsrelevante Daten und sensible Persönlichkeitsrechte sichert. Dynamische Teams und wechselnde Netzwerke lassen sich nicht im klassischen Sinne kontrollieren. An die Stelle strikter Vorgaben treten deshalb verstärkt Codes of Conduct und flexibel anpassbare Guidelines. Führungskonzepte ändern sich. Auch die Leistungsbewertung muss neu überdacht werden. [10]

Die Dynamik dieses kooperativen und globalen Arbeitens führt zu einer stärkeren Verschränkung von Privat- und Berufsleben, allein schon, was die Notwendigkeit betrifft, mit unterschiedlichen Zeitzonen der Welt umzugehen. Die Geräte für die Kommunikation sind klein, leistungsfähig, sie können transportiert und an vielen Orten der Welt eingeloggt werden oder über Satellit oder WiFi online gehen. Anstelle der früher kritisierten »Always-on«-Mentalität ist eine Kultur der souveränen Unabhängigkeit des Arbeitens notwendig, die technische Hilfsmittel wie selbstverständlich miteinschließt.

Eine neue Generation von Wissensarbeitern, so die Bitkom in ihrem Positionspapier »Zukunft der Arbeit«, ist »gekennzeichnet durch Erfahrungen im Umgang mit dezentralen und virtuellen Teams, durch das Bewusstsein, Technik zur Arbeitsprozessgestaltung nutzen zu können, anstatt von Technik selber gesteuert zu werden und durch die Überzeugung, dass das Teilen von Wissen eine Grundlage für die Realisierung von Wertschöpfungsprozessen ist. Reaktionszeiträume und Verfügbarkeit werden mit einem höheren Maß an individueller Souveränität festgelegt.«[11]

Die dritte Welle

Was für die Zusammenarbeit von Menschen gilt, hat auch für die Kollaboration zwischen smarter Technologie und smarten Mitarbeitern Gültigkeit. Denken wir noch einmal zurück: Die erste Welle der Transformation von Arbeit war die Industrialisierung: durch standardisierte Prozesse. Legendäres Beispiel: die »Tin-Lizzy« von Henry Ford. Er organisierte die Fertigung dieses Autos so, dass es am Fließband montiert werden konnte. Jeder der

Produktionsschritte konnte gemessen und optimiert werden. Die Arbeiter passten Arbeitsschritte und Geschwindigkeit an das Fließband an.

Die zweite Welle der Transformation von Arbeit war die Automatisierung, die durch die Entwicklung von Hard- und Software möglich wurde. Sie griff in besonderer Weise auch in die Organisation von Geschäftsprozessen über die Fabrik hinaus ein. Ihren Höhepunkt erreichte sie in den 90er-Jahren, mit fundamentalen Umstrukturierungen auf der Basis von Business Process Reengineering. Viele Prozessschritte passierten nun mit Unterstützung von Personal Computern und wurden durch Informationen aus großen Datenbanken getrieben. Back-Office-Aufgaben konnten zum Teil automatisiert werden. Unternehmen, die intensiv auf diese neuen Möglichkeiten setzten, stiegen auf und wurden Marktführer, wie etwa in den USA Walmart. Andere nutzten die neuen Möglichkeiten, um sich selbst neu zu erfinden: So wandelte sich UPS von einem Paketausträger zu einem globalen Logistikunternehmen.[12]

Die dritte Welle bringt nicht nur Optimierung und Beschleunigung. Sie fordert Veränderung. Indem sie auf die beiden ersten Wellen aufsetzt und ihre Wirkungen verdichtet, reagiert sie – datenbasiert – in Echtzeit auf ihre Umwelt und ist in gewisser Weise das Gegenteil der Standardisierung, die Henry Ford im Kopf hatte. Aber weil sie Maschinenlernen und Künstliche Intelligenz einbindet, verbessert sich auch hier das Ergebnis, je öfter Prozesse mithilfe von Daten konfiguriert und gesteuert werden. Dabei entstehen, so Paul Daugherty, Cheftechnologe bei Accenture, Räume, in denen Mensch und Maschine nicht gegeneinander, sondern miteinander tätig werden. Und das bringt, schreibt er in seinem Buch »*Human + Machine*«, zusätzliche Produktivitätsgewinne, die vorher undenkbar gewesen wären.[13]

»*The missing middle*«

Daugherty tauft diesen Bereich der Kollaboration »*the missing middle*«, die fehlende Mitte, weil bisher nur ein kleiner Teil der internationalen Unternehmen dieses Potenzial nützten. Nicht nur der Mensch profitiert – zum Beispiel davon, dass ein Roboter schwere Gewichte hebt oder gefährliche Arbeiten verrichtet oder dass ein Algorithmus ein Problem erkennt. Auch die Maschinen sind inzwischen auf eine Art und Weise flexibel und anpassungsfähig geworden, dass sie von ihrem menschlichen Gegenüber lernen können. Jeder macht das, was er am besten kann, der wahre Gewinn aber liegt in der Symbiose.

Die Herausforderung ist also komplexer, als nur zu entscheiden, welche Maschine man mit welchen Aufgaben betraut, und sich zu fragen, wie viel Manpower man dadurch einsparen kann. Dafür ist auch das Potenzial an Gewinn viel größer – denn ein richtig orchestriertes Team von Mensch und Maschine hat zusätzlich zur verrichteten Arbeit unzählige Symbiose-Effekte. Es geht also darum, so Daugherty, sich im Mind-Set von dem Dualismus Mensch-Maschine zu lösen und stattdessen in Teamlösungen zu denken. Die entscheidende Aufgabe dabei ist herauszufinden, wer je nach Aufgabenstellung der Gewinner oder der Verlierer ist. Die Antwort kann nie pauschal »der Roboter« oder »der Arbeitnehmer« sein.

Maschinen sollten immer so eingesetzt werden, dass sie die Fähigkeiten des Menschen erweitern.

Talente mit Zukunft – neue Jobprofile

Menschen trainieren Maschinen

Tesla, der innovative Hersteller von Elektroautos, lässt in jedem einzelnen seiner Wagen Mensch gegen Maschine antreten. 2016 verkündete das Unternehmen, dass es von nun an jedem seiner Fahrzeuge eine Ausstattung mitgeben würde, die es ihm auch erlauben würde, fahrerlos unterwegs zu sein, darunter Sensor-Technologie und ein Computer mit einem neuralen Netzwerk. Der Hintergrund: Tesla testet eine im Hintergrund laufende Software-Simulation des autonomen Fahrens unter realen Bedingungen gegen das Verkehrsverhalten des Fahrers. Erst, wenn das (selbstlernende) autonome Programm konstant besser ist als der Mensch, geht die Software in eine weitere Entwicklungsstufe. Die Fahrer der Tesla-Flotte sind also nicht nur Kunden, sondern gleichzeitig Entwicklungsingenieure und Testpiloten.

Das autonome Fahren ist eine der ersten Technologien, wo die Künstliche Intelligenz unmittelbar auf den – dafür nicht speziell vorbereiteten – Menschen trifft. Deshalb ist es ein besonders spannendes Forschungsfeld. Es erfordert ganz neue Qualifikationen von Mitarbeitern und schafft dadurch neue Arbeitsplätze. In dem amerikanischen Forschungszentrum des japanischen Autoherstellers Nissan in Silicon Valley arbeitet zum Beispiel eine Anthropologin, deren Aufgabe es ist, sich über das Verhältnis von Mensch und Maschine Gedanken zu machen, wenn beide konkret zusammenarbeiten. Eines ihrer Forschungsfelder ist die Unberechenbarkeit des menschlichen Verhaltens, ein Bereich, in dem sich klassische Ingenieure oder Informatiker nicht auskennen. Was etwa, wenn der Fahrer eines Wagens eine doppelte Trennlinie auf der Fahrbahn ignoriert und sie überfahren will – was passiert dann? Interpretiert das intelligente Auto das als Normverstoß und blockiert die Richtungsänderung, oder kann es sein, dass der Fahrer Grund hat auszuweichen, den das System nicht erkannt hat – zum Beispiel, wenn sich die Fracht eines vorausfahrenden Transporters löst? Die Arbeit der Anthropologin soll dazu beitragen, dass Künstliche Intelligenz auch irrationale menschliche Verhaltensweisen verstehen lernt.

Der Einsatz Künstlicher Intelligenz führt zu einer Vielzahl neuartiger Berufe, die sich gerade erst durchsetzen. »Künstliche Intelligenz wird immer unter dem Aspekt diskutiert, wie viele Jobs dadurch wegfallen, Lagerarbeiter zum Beispiel«, sagt Paul Daugherty. »Aber was häufig übersehen wird, ist, wie viele neue Jobs dadurch geschaffen werden. Viele der neuen Professionen sind damit befasst, Maschinen dahin gehend zu trainieren, dass sie komplexe Interaktionen mit Menschen eingehen können. Im Prinzip ist das so ähnlich wie die Erziehung eines Kindes.«[14]

In der Vergangenheit mussten wir lernen, mit Computern umzugehen. Jetzt dreht sich dieser Prozess um: Maschinen und Geräte mit Künstlicher Intelligenz müssen trainiert werden, mit uns umzugehen. Fanuc, ein japanisches Robotik-Unternehmen, hat bereits 47 000 Menschen beigebracht, auf diese Weise mit seinen Robotern zu arbeiten. Das ermöglicht es, dass beide zum Beispiel in der Fahrzeugmontage im Team zusammenarbeiten. Zwei Millionen solcher qualifizierten Mitarbeiter, schätzen Experten, werden in den nächsten Jahren in der Produktion fehlen.

Andere bisher unbekannte Aufgaben sind zum Beispiel Empathie-Trainer: Frühere Drehbuchautoren arbeiten an Dialogen, um der virtuellen Gesundheitsassistentin »Sophie«[15] genügend Überzeugungskraft zu verleihen, damit ihre Benutzer auch wirklich wie verschrieben ihre Medikamente einnehmen. Sophie soll auch erkennen, ob ihre Patientinnen und Patienten ausweichend antworten oder Angst ausdrücken.

Eine weitere Kategorie neuer Berufe entsteht im Rahmen der Implementierung Künstlicher Intelligenz in die Geschäftsprozesse. Die Algorithmen nämlich, die Entscheidungsprozesse stützen sollen, werden immer komplexer und undurchschaubarer. Manche ihrer Aussagen lassen sich nicht nachvollziehen und scheinen intuitiv falsch, zum Beispiel, wenn ein Finanzanalyse-Programm herausfindet, dass Personen, die ihre Kreditanträge nur in Großbuchstaben ausfüllen, ihre Darlehen seltener zurückzahlen. Das System aber kann das anhand seiner Daten belegen.

Unternehmen, die wichtige Entscheidungen auf der Basis von Algorithmen tätigen, benötigen immer häufiger fähige Mathematiker, Informatiker oder Physiker, die den Überblick behalten, was das System da eigentlich tut. Da gibt es die Rolle des »Forensischen Algorithmus-Analytikers«. Wenn ein System fehlerhaft reagiert, oder eine Entscheidung unerwartete Folgen nach sich zieht, muss er eine Art Autopsie des Programms vornehmen. Denn vor allem die Vorgänge im deep learning sind selbst für Experten nicht leicht nachzuvollziehen. Andere Experten müssen sich um die Transparenz kümmern (»*transparency analyst*«): Wo lässt sie sich verbessern? Erklärungs-Strategen (»*explainability strategists*«) sind dafür da zu vermitteln, welche Art von Algorithmus in welchem Kontext Sinn macht.

Sogenannte »*sustainer*« überprüfen, ob die Künstliche Intelligenz unter den gegebenen Umständen funktioniert. So muss ständig kontrolliert werden, ob die Grenzen, die dem System gesetzt wurden, über- oder unterschritten wurden. Die Qualität der Daten wird evaluiert, Fehler werden identifiziert und gekennzeichnet, um sie später beheben zu können. Sustainer entwerfen auch Interfaces für die Zusammenarbeit zwischen Mensch und Maschine.

Solche Professionen werden das Vertrauen in die Zukunftstechnologie der Künstlichen Intelligenz stärken, denn noch ist es nicht allzu stark ausgeprägt. In einer Accenture-Studie aus dem Jahr 2016[16] äußerte nur ein Drittel der befragten Führungskräfte, dass sie den hauseigenen KI-Systemen voll und ganz vertrauen würden, was Fairness und Nachvollziehbarkeit angeht, und weniger als die Hälfte hielten sie für sicher.

Eine der wohl wichtigsten Funktionen der Zukunft ist die des »*Ethics Compliance Managers*«. In einer Kombination von Watchdog und Ombudsman ist es seine Aufgabe, auf die Einhaltung gesellschaftlicher und kultureller Werte sowie ethischer Standards zu achen. Ein Negativbeispiel wäre, wenn das zitierte Finanzanalyse-System Kreditanträge in Großbuchstaben ablehnen würde, anstatt, wie es in der Realität passiert, mögliche Rückzahlungsprobleme in den Kreditvertrag finanziell einzukalkulieren. Ethnische oder sexuelle Diskriminierungen wären ähnliche Gründe für den Compliance Manager einzuschreiten.

Maschinen befähigen Menschen

In der »missing middle«, dem Bereich, in dem Mensch und Maschine als Team zusammenarbeiten, gibt es einen Bereich, in der Maschinen die Fähigkeiten des Menschen erweitern. Ein berühmtes Beispiel ist der Elbo-Stuhl, ein organisch geformtes Möbelstück aus dunklem Walnussholz, das so aussieht, als wäre es von dem legendären katalanischen modernistischen Architekten Antonió Gaudí entworfen worden. Faktisch war der Künstler in diesem Fall aber das Design-Programm Dreamcatcher des US-amerikanischen Software-Herstellers Autodesk.

Einige der Rahmendaten waren vorgegeben. Das System erhielt als Ausgangspunkt die 3-D-Modelle zweier Designer-Stühle einprogrammiert sowie Daten über die Sitzhöhe und das Gewicht, das der Stuhl aushalten sollte. Alles andere machte das Programm aber selbstständig. Es entwarf Hunderte von Skizzen, und immer, wenn sein Programmierer eine davon für gut befand und auswählte, optimierte Dreamcatcher diese weiter. Zum Schluss benötigte der Stuhl 18 Prozent weniger Material als das Ausgangsmodell. Und obwohl die Software die Entwürfe erarbeitete, so blieb es doch der Mensch, der die Linie vorgab.[17] Ein wenig funktioniert diese Zusammenarbeit wie die Werkstätten der legendären Renaissancekünstler, deren Meisterwerke oft auf der Vorarbeit vieler handwerklich begabter Schüler beruhen.

Case Study: Airbus und das Dreamcatcher-Design

Entwickler von Airbus haben das oben geschilderte Dreamcatcher-Programm verwendet, um eine spezielle Aufgabe zu lösen: Sie suchten für den A320 nach einer Lösung, die die Bordküche des Fliegers von der Passagierkabine zu trennen. Die Konstruktion sollte leicht sein, um Gewicht und Treibstoff zu sparen und den CO_2-Fußabdruck des Verkehrsmittels zu senken. Aber sie sollte doch stabil genug sein, um zwei Klappsitze für die Purser daran zu verankern.

Auf dem Computerschirm lösten mehr als zehntausend teils eigenartig anmutender Konstruktionen einander ab. Ein besonders bizarrer Entwurf weckte das Interesse der Ingenieure: Er sah aus, wie von Kinderhand gezeichnet, und erfüllte trotzdem alle gesetzten Rahmenbedingungen an Funktion und Stabilität. Der Grund für diese Anmutung war, dass der Algorithmus von organischen Formen ausging – zum Beispiel von Säugetierknochen, die an Kontaktpunkten verstärkt, ansonsten aber leicht und dennoch stabil sind. Trotz der chaotischen Struktur erwies sich die bionische Konstruktion als äußerst tragfähig und 45 Prozent leichter als herkömmliche Flugzeug-Trennwände.

Airbus produzierte also mehr als hundert Einzelteile aus einer strapazierfähigen Metalllegierung und setzte sie zusammen. Nach vielen Stresstests und einer notwendigen Zertifizierung können die Trennwände nun im Airbus eingesetzt werden – ein weiterer Schritt auf dem Weg zu einem bionischen Flugzeug.[18]

»Smart Talents«

Die hier genannten Beispiele geben nur ein grobes Bild von der Vielfalt neuer Anforderungen wieder, die der Einsatz Künstlicher Intelligenz in der Praxis mit sich bringt. Das bleibt natürlich nicht ohne Konsequenzen für Ausbildungssystem und betriebliche Weiterbildung. Zwar stimmt es, dass die Digitalisierung qualifizierte Fähigkeiten erfordert. Doch nicht alle dieser neuen Berufsfelder müssen von Hochschulabsolventen ausgefüllt werden. Konventionelle Bildung ist nicht in allen Bereichen erforderlich, zeigt das chinesische Beispiel. Eine neue Generation geht intuitiv mit den digitalen Technologien um und lernt rasch alles, was sie zusätzlich braucht. Andere Tätigkeiten wiederum erfordern spezielle Querschnittsfähigkeiten, die eine tiefergehende und komplexe Ausbildung verlangen.

Vorratslernen wird in der Bildung der Zukunft ohnehin keine dominierende Rolle mehr spielen, eher das »Gewusst wo«, der geschickte Umgang mit Suchsystemen, Webcrawlern, Avataren und anderen Tools. Während e-learning früher eher nur eine Ersatzlösung für fehlende Präsenz war, ermöglicht sie heute Bildung in konkreten Arbeitssituationen und »on demand« – genau dann, wenn das Wissen gebraucht wird.

Die Fraunhofer Academy in München erprobt unterschiedliche Schulungsmethoden zu digitalen Wissensbereichen, zum Beispiel eine Mischung aus Präsenzunterricht und begleitenden Online-Kursen. Einige Übungen können direkt im industriellen Arbeitsumfeld absolviert werden. Soziale Lernformen stärken den Hafteffekt, zum Beispiel Diskussionen via App oder andere Social-Media-Interaktionen. Massive Open Online Courses (MOOCs) wie zum Beispiel der zur »Smart Service Welt« und ihren neuen Geschäftsmodellen[19] nutzen die unterschiedlichsten Darstellungsformen und Feedback-Mechanismen. Lernen individualisiert sich und wird »as-a-service« angeboten. Es ist ein Prozess, der nie abgeschlossen ist.

Aus all diesen Angeboten schält sich eine besonders befähigte Gruppe heraus, die in der Plattformökonomie heiß begehrt ist: Smart Talents. Sie kennen sich in der physischen Welt ihres Unternehmens genau so gut aus wie in der digitalen. Diese Fähigkeit zum Querschnittsdenken macht die Smart Talents zu den Architekten der neuen Geschäftsmodelle.

Change Management statt Rationalisierung

Daten erlauben es, frühzeitig festzustellen, ob Prozesse beginnen, sich zu wiederholen, einander zu widersprechen, überflüssig oder fehlerhaft zu werden. Dann ist es Zeit, sie zu verändern. Dabei geht es weniger um Rationalisierung als um die Chance für grundsätzlichen Wandel, um die Neugestaltung des Arbeitsprozesses. Diese erfordert ein gezieltes Change Management, vor allem, wenn es um den neuen Einsatz oder Ausbau Künstlicher Intelligenz geht. Denn diese ist der eigentliche Treiber der digitalen Revolution.

Einen Prozess neu denken

Am Anfang des Change Managements steht ein verändertes Mind-Set – Prozesse müssen ganz neu gedacht werden. Es ist nicht immer einfach, eingespielte Abläufe gezielt auseinanderzunehmen, um sie aus neuer Perspektive zu analysieren. Paul Daugherty[20] empfiehlt für diesen Prozess einen Dreischritt:

Als Erstes sollte ein zu verändernder Prozess neu entdeckt und beschrieben werden, mit kreativen und nutzerorientierten Methoden wie dem »Design Thinking« oder dem »Empathic Design«. Das Ziel muss dabei sein, ein Produkt oder eine Dienstleistung so zu verändern, dass dem Kunden ein neues Werteversprechen gemacht werden kann. Unerfüllte Ziele müssen zur Sprache kommen und vielleicht ergeben sich durch den Einsatz neuer Technologien Ansatzpunkte für Lösungen, die vorher nicht realisierbar waren. Der Prozess ist meistens eine schrittweise Annäherung an die eigentlichen Fragen und kann einige Zeit in Anspruch nehmen.

Da ist zum Beispiel ein Unternehmen, das auf der Basis eines riesigen Datenschatzes eine App für Landwirte kreieren möchte, die den Ernteerfolg für die kommenden Pflanzperioden vorhersagen kann. Dann aber stellt sich heraus, dass die Farmer viel mehr daran interessiert sind, in aktuellen Situationen konkrete

Hilfe zu bekommen, hier und jetzt. Das perfekteste Vorhersage-Tool, stellt das Unternehmen fest, verfehlt es, den eigentlichen Kundenwunsch zu erfüllen. Es dauert einige Zeit, aber dann sind die Algorithmen so programmiert, dass sie die gewünschten Dienstleistungen in real-time liefern können.[21] Natürlich kann die Künstliche Intelligenz selbst dazu benützt werden, in solchen Datenströmen nach versteckten Mustern zu suchen, um Ansätze für neue Geschäftsmodelle zu entwickeln.

Die Zusammenarbeit von Mensch und Maschine sollte immer als Lösungsmöglichkeit mit bedacht werden. Das ist der zweite Schritt. Die Help Line von Audi in den USA erhält zum Beispiel 8000 Anrufe im Monat von Werkstätten, die ein Problem nicht alleine lösen können. Das Meiste lässt sich telefonisch klären, doch in sechs Prozent der Fälle musste früher ein Techniker abgestellt werden und sich persönlich auf die Reise machen. Inzwischen hat Audi Teleroboter (»*Audi Robotic Telepresence*«, *ART*) erdacht, die Automechaniker trainieren, was Analyse und Problembehebung angeht. Der Roboter blickt mit dem Mechaniker gemeinsam unter die Motorhaube oder dorthin, wo ein Problem vermutet wird[22]. Er sendet seine Daten an die Audi-Zentrale, wo ein Experte weitere Schritte empfiehlt. Schließlich, Schritt drei, müssen Lösungen skaliert und nachhaltig implementiert werden.

Mut zum Scheitern

Dabei helfen experimentelle Pilotprojekte, wie sie auch bei ART durchgeführt wurden. Experimente können natürlich auch scheitern, und Jeff Bezos, der Amazon-Gründer, hält das sogar für eine notwendige Voraussetzung für Fortschritt. »Um etwas zu erfinden, musst Du experimentieren. Wenn Du nicht experimentieren musst, ist es keine Erfindung«, so Bezos. »Scheitern und Innovation sind untrennbare Zwillinge.«[23]

Nicht in allen Unternehmen existiert eine Wagnis-Kultur und die Frage ist natürlich auch, wie viel Scheitern man sich leisten kann. Die Schnelligkeit, mit der Daten Aussagen erlauben, ermöglicht es aber, relativ rasch festzustellen, ob eine Prozessänderung Erfolg verspricht. Auch dieser Vorgang kann digital unterstützt werden, zum Beispiel mit einem Testprogramm, das überprüft, ob Künstliche Intelligenz richtig implementiert ist, sicher und transparent. Da digitales Lernen dynamisch reagiert und sich selbst ständig korrigiert, erfordert seine Evaluation ein komplexeres Setting als herkömmliche Prüfsysteme.

Accenture hat 2018 ein solches »*Teach-and-Test*«-System gelauncht. In der ersten Lehrphase analysiert dieses Programm die Wahl der Daten, die Modellannahmen und die verwendeten Algorithmen. Es veranlasst das KI-System, auf Trainingsdaten mit Outputs zu reagieren. Daraus entwickeln sich verschiedene Modelle für die gewünschten Prozesse, die gleichzeitig dahin gehend ausgerichtet sind, dass sie Bias, ethische Probleme und Compliance-Risiken vermeiden. In der Testphase wird dann anhand von Key-Performance-Indikatoren überprüft, ob die Entscheidungen der eingesetzten Künstlichen-Intelligenz-Varianten nachvollziehbar sind und welche die Erwartungen am besten erfüllen. [24]

Nicht zurückbleiben!

Accenture hat im Jahr 2017 1100 Führungskräfte internationaler Unternehmen zum Einsatz Künstlicher Intelligenz befragt. Die meisten bestätigten, dass KI das zentrale Instrument im Wettbewerb sei. Doch nur 45 Prozent gaben an, sie nachhaltig und mit Erfolg implementiert zu haben. Mehr als die Hälfte befand sich noch in der Experimentier- oder Pilotphase. Zwei Prozent hatten sich noch gar nicht damit befasst.[25]

Bei der Frage nach der Investitionsbereitschaft wurde deutlich, dass ein Drittel der Unternehmen immer noch zögert, Investititionen in die Künstliche Intelligenz zu tätigen. Die Einschätzung, dass man auf »Nummer sicher« gehen könne und sich erst anschließen, wenn die Vorreiter ihre ersten Erfahrungen gemacht hätten, ist jedoch trügerisch. Denn die hoch individualisierbare und dynamisch lernfähige KI braucht für jedes Unternehmen eine eigene Lernphase. Man kann sie nicht einfach im Hauruckverfahren anpassen. Die Unternehmen, die abwarten, laufen deshalb Risiko, ins Hintertreffen zu gelangen.

Zögerlichkeit führt zu verpassten Chancen. Aber wie kommt es dazu? Acht von zehn Unternehmen (78 Prozent) sind davon überzeugt, dass die Künstliche Intelligenz innerhalb der nächsten zehn Jahre zur Disruption ihrer Branche führen wird. Drei Viertel erkennen an, dass sie einen deutlichen Wettbewerbsvorteil bringt und äußern Sorge, deshalb von anderen überholt zu werden. 85 Prozent erwarten, dass der Einsatz Künstlicher Intelligenz zu neuen Geschäftsfeldern führen wird. Was also hält die Unternehmen zurück?

Künstliche Intelligenz aus Sicht der CEOs

Grafik 38: Anerkennung, aber auch Sorge: Die transformative Kraft der KI wird erkannt.

Bei genauerem Hinsehen zeigt sich, dass eines der größten Hindernisse ein Mind-Set ist, das vor Experimenten zurückschreckt und nicht agil genug ist, um aus Fehlern zu lernen. Denn auffallend ist, dass viele der Nachzügler ein Problem mit ihren Daten haben: Bei 48 Prozent gibt es Probleme mit der Qualität, 36

Prozent stehen nicht genügend verwertbare Trainingsdaten zur Verfügung und bei 35 Prozent liegen die Daten in schwer zugänglichen Silos.[26]

Positive Mitarbeiter

Bei den Mitarbeitern selbst kommt die Künstliche Intelligenz viel besser an. Über die Hälfte von 1022 Arbeitnehmern und Selbstständigen in Deutschland erwarten innerhalb der nächsten drei Jahre positive Auswirkungen auf ihren Arbeitsalltag. Nur sechs Prozent befürchten eine Verschlechterung. Ganz besonders heben die Befragten hervor, dass ihre Arbeit durch neue Technologien einfacher (70 Prozent) und abwechslungsreicher (57 Prozent) würde. Etwas mehr als die Hälfte (55 Prozent) erhofft sich dadurch sogar neue Karriereperspektiven.[27]

Bewertung der Künstlichen Intelligenz

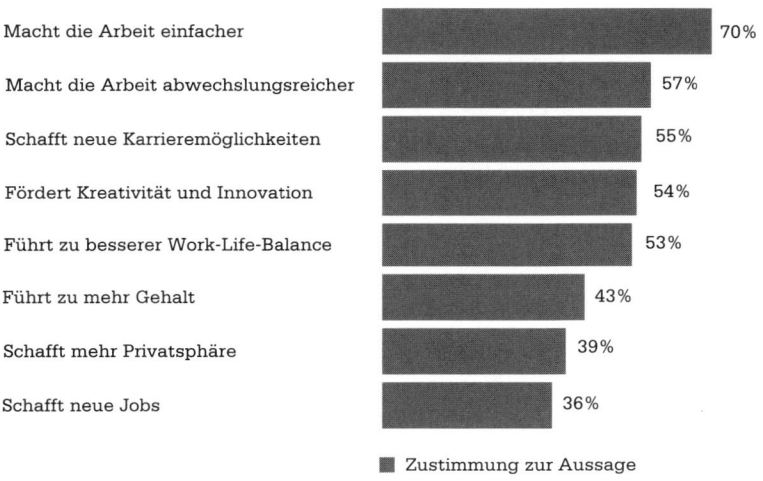

Grafik 39: Arbeitnehmer sind positiv eingestellt, was den Nutzen Künstlicher Intelligenz für ihre Arbeit angeht.

Entscheidend für den wirtschaftlichen Erfolg von Unternehmen wird sein, ob es ihnen gelingt, ihre Mitarbeiter zu qualifizieren und bisherige Jobprofile an die neuen Gegebenheiten anzupassen. Bereits jedes dritte Unternehmen in Deutschland (33 Prozent) hat die Aufgabenbereiche und Rollenbeschreibungen in erheblichem Maße neu definiert, um den technologischen Veränderungen im Arbeitsalltag gerecht zu werden.

Hierzulande sind sogar 42 Prozent der Führungskräfte überzeugt, dass der Wandel der Arbeitswelt noch deutlich weiter gehen wird. Fest definierte Rollenbeschreibungen gehören ihrer Ansicht nach bald der Vergangenheit an, da die Arbeit zukünftig viel stärker projektbasiert sein und neue Technologien ein ständiges Aneignen von neuen Fähigkeiten erfordern werden. Unter diesen Voraussetzungen sind fest definierte Aufgabenfelder und starre Arbeitsroutinen ein Auslaufmodell. Gleichzeitig sind intelligente Technologien der Schlüssel für produktivere Mitarbeiter, die sich Routineaufgaben entledigen und solchen mit höherer Wertschöpfung widmen können.

Umso überraschender ist es, dass deutsche Unternehmen bisher große Investitionen in die Vorbereitung ihrer Mitarbeiter auf diese neue Arbeitswelt scheuen. Nur vier Prozent planen in den nächsten drei Jahren erhebliche Mehrausgaben für die Qualifikation der Belegschaft, 41 Prozent wollen zukünftig sogar weniger in die Weiterbildung der Mitarbeiter investieren. Im Gegensatz dazu sind 63 Prozent der befragten Arbeitnehmer und Selbstständigen der Meinung, dass sie sich zusätzliche Fähigkeiten aneignen müssen, um das volle Potenzial von intelligenten Technologien im Arbeitsalltag nutzen zu können.[28]

Die Arbeitswelt der Zukunft

Fassen wir zusammen: Die Digitalisierung schafft eine wissensbasierte Arbeitslandschaft – das ist ihr entscheidender Charakter, nicht die Tatsache, dass sie (auch) zur Rationalisierung beiträgt. Welche positiven und negativen Folgen das auf die Gesellschaft haben wird, hängt davon ab, wie der Wandel orchestriert wird. Ein großer Teil der Arbeitsplätze jedenfalls fällt nicht weg, sondern verändert sich – radikal, und Deutschland ist bereits mitten in diesem Umbauprozess.

Notwendig sind neben dem Mut, sich der Disruption auf allen Ebenen zu stellen, die Bereitschaft zu lernen, zu experimentieren und Fehlentwicklungen rasch und flexibel zu korrigieren. Die Basis sind immer die Daten, im Fokus sind immer die Kunden. Die Mitarbeiter der Unternehmen müssen qualifiziert werden, um ein klares Verständnis dafür zu entwickeln, wie man mit Daten umgeht und mit neuen Geschäftsmodellen Geld verdient. Die digitale Souveränität, die sie dabei entwickeln, verbindet private und berufliche Sphären und schließt die ständige Weiterentwicklung durch Lernen ein.

Die Digitalisierung gestaltet die Beziehung zwischen Mensch und Maschine nicht in einer einseitigen Abhängigkeit, sondern in einer Weise, von der beide Seiten profitieren können, mit dem Ziel des dynamischen Wandels. Die Künstliche Intelligenz, die dies ermöglicht, erfordert neue strategische Überlegungen sowie spezielle Kompetenzen, um die Sicherheitsaspekte, die Transparenz, das Outcome und den ethisch vertretbaren Einsatz sicherzustellen. Hierfür wird eine Fülle neuer Berufsbilder entstehen.

Wenn es um die Künstliche Intelligenz geht, den entscheidenden Treiber der digitalen Revolution, dann ist gesellschaftliche Akzeptanz von besonderer Bedeutung. Die sozialen und kulturellen Folgen dieser Umwälzung sind für die Nachhaltigkeit der Lösungen genauso wichtig wie die wirtschaftliche Seite. Die Politik in Zusammenarbeit mit den Sozialpartnern muss in ver-

schiedenen relevanten Feldern den gesetzlichen Rahmen überdenken, um den Wandel zu fördern und zu begleiten. Das Ziel der
Arbeitsmarktpolitik sollte zum Beispiel in Zukunft weniger sein,
bestehende Beschäftigungsverhältnisse zu schützen, sondern
vielmehr darum, die Beschäftigungsfähigkeit zu fördern. Lebens-
langes Lernen ist ein wichtiger Bestandteil. Der Mensch muss
immer im Mittelpunkt der Arbeitswelt bleiben.

KAPITEL 6

Den Rahmen setzen: der Staat als Leitanwender

Konnektivität. Eines der Zauberwörter des Internet-Zeitalters. Die digitale Vernetzung hat diesen Begriff, ursprünglich auf Technik beschränkt, zum gesellschaftlichen Wert gemacht. Jeder von uns will und soll angebunden sein. Technologien machen es möglich.

Spannungsfelder Datenschutz und Kartellrecht

Der Staat kann dabei einen wichtigen regulatorischen Rahmen setzen, der nicht nur Grenzen setzt, sondern auch Zugänge schafft und Chancen eröffnet. Denn das Internet und der Zugriff auf seine vielfältigen Inhalte sind von zentraler Bedeutung für die Lebenshaltung und deshalb ein Grundrecht, entschied der Bundesgerichtshof 2013.[1] Zu seinem Schutz ist eine europäische Charta in der politischen Diskussion. Sie soll nicht nur die Menschenwürde gegenüber staatlichen Eingriffen im Netz verteidigen. Ihr Ziel ist auch, einen klaren Rahmen für den Einsatz digitaler Technologien zu ziehen, indem sie zum Beispiel Anonymisierung und Transparenz im Umgang mit Daten fordert und Regeln für den Einsatz Künstlicher Intelligenz formuliert.[2]

Ein solcher Rahmen ist notwendig, denn die Persönlichkeitsrechte des Bürgers und seine digitalen Grundrechte auf Zugang zum Internet stehen in einem Spannungsfeld mit dem in vielen Fällen noch nicht klar umrissenen Recht der Unternehmen, das Wirtschaftsgut Daten auf bisher nicht gekannte Weise in Geschäftsmodelle zu gießen und in Wertschöpfung zu verwandeln. Speziell für die Rechte an Maschinendaten, die einen enormen wirtschaftlichen Wert darstellen können, weil sie neue Produktionserkenntnisse und Vorsprung im Wettbewerb liefern, gibt es momentan noch keine spezifischen gesetzlichen Vorschriften. Eine besondere Frage dabei ist, wie man damit umgeht, wenn sich ein Mehrwert erst durch die Korrelation verschiedener Datensätze unterschiedlicher Urheber erweist (Big Data Analytics).

Veraltetes Recht – schneller Markt

Die Arbeitsgruppe Rechtliche Rahmenbedingungen der Plattform Industrie 4.0 hat sich unter anderem mit der Frage befasst, ob Maschinendaten einem juristischen Eigentümer zugeordnet werden sollten. Da Daten bereits durch ein Netz verschiedener nationaler und internationaler Gesetze geschützt sind – Urheber-, Patent-, Datenbank- und Datenschutzrecht, Strafrecht sowie Entscheidungen zu Betriebs- und Geschäftsgeheimnissen – war die Empfehlung, die Auswertung der Daten in Geschäftsmodellen nicht durch eine weitere Regulierung zu behindern und stattdessen Innovation Raum zu geben. Nur Fehlentwicklungen wie Verletzungen von Schutzinteressen oder einer Verzerrung des Wettbewerbs soll entgegengetreten werden.[3]

Das ist schwieriger, als es sich anhört, denn auch das Wirtschaftsrecht ist im Denken noch »analog«. Was eine »marktbeherrschende Stellung« eines einzelnen oder mehrerer Unternehmen ist, wird vom Gesetz gegen Wettbewerbsbeschränkungen mit Marktanteilen zwischen 40 und 66,6 Prozent beschrieben. Die hohe Dynamik der digitalen Wirtschaft und die vielen Synergieeffekte, die sie produziert und nutzt, sprechen aber dafür, dass eine solche statische Beschreibung nicht ausreicht. Microsoft zum Beispiel hat zwar einen Marktanteil von 90 Prozent unter den Betriebssystemen, was vom Kartellamt als marktbeherrschende Stellung interpretiert wurde. Das Unternehmen durfte dennoch 2011 den Instant-Messaging-Dienst Skype kaufen, weil dieser kostenlos war und es für die Nutzer leicht war, zu einem anderen Anbieter zu wechseln.[4]

Abgesehen davon, dass das Gesetz noch keine klare Definition von »Plattform« enthält, wirft auch die grenzüberschneidende Verknüpfung Fragen der Marktabgrenzung auf. Die wechselnden Rollen der Plattformteilnehmer, die mal Anbieter, mal Kunden, mal Intermediäre oder Zulieferer sein können, machen die Antworten nicht einfacher. Auch die Bewertung von Preisen und Konditionen verändert sich. Die Entscheidungen der Kartellbehörden sind außerdem so langsam, dass sich in der Vergangenheit bereits Probleme durch die Marktdynamik erledigt hatten, bevor sie geregelt werden konnten.[5]

Datenhoheit kann rechtlich dadurch abgesichert sein, dass das Recht zur Nutzung explizit erworben wurde, sie kann aber auch einfach durch Netzwerkeffekte entstehen. Als Machtfaktor ist sie nur einer von mehreren, entschied das Kartellamt. Sie ist deshalb auch nur dann verboten, wenn der entsprechende Datenpool als »*essential facility*« eingestuft wird, also als eine Einrichtung, bei der eine Zugangsverweigerung einen Machtmissbrauch begründen kann. Und um es noch komplizierter zu machen: Kartelle können auch Algorithmen oder Roboter bilden. Sofern sie von Menschen gesteuert werden, greift das Kartellrecht. Machtbestimmende Mechanismen durch Künstliche Intelligenz müssen erst noch bewertet werden.

Juristen und Politiker haben also noch einiges zu tun, um für Unternehmen wie für einfache Bürger einen sicheren Rahmen für die Datenökonomie zu ziehen. Während diese Debatten geführt werden, kann jedoch der Staat selbst einen wichtigen Beitrag leisten, die Digitalisierung voranzutreiben: als Leitanwender.

So hat auf dem Weltwirtschaftsgipfel 2018 Kanzlerin Angela Merkel die Bedeutung der öffentlichen Verwaltung für Wirtschaftswachstum, Standortattraktivität und Lebensqualität hervorgehoben und betont, dass Deutschland hier noch einiges tun müsse. Bürger und Unternehmen erwarten schnelle, kostengünstige und personalisierte Verwaltungsdienstleistungen – und dies am besten rund um die Uhr. Die Digitalisierung der Verwaltung ist daher eines der Kernanliegen auch der Bundesregierung.

Der Staat als Leitanwender kann einen Leitmarkt kreieren, der wichtige Impulse setzt. Das muss nicht der politische Dirigismus Chinas sein. Auch einige europäische Länder sind beeindruckende Vorreiter, wenn es um die Digitalisierung geht, sie haben schon früh damit angefangen, und sie zeigen, welch wichtige Rolle Politik und öffentliche Verwaltung dabei einnehmen können.

Best-Practice-Beispiele für digitale Strukturförderung

Bürgerfreundlich durch digitale Verwaltung: Beispiel Dänemark

»Dänemark – klein, aber IT!« titelte zum Beispiel die Süddeutsche Zeitung.[6] Das skandinavische Land, das nach dem Digital Economy und Society Index (DESI)[7] der Europäischen Kommission die am weitesten digital entwickelte Nation der Union ist, macht vor, wie das geht. Dänen zwischen 16 und 74 Jahren gehören weltweit zu den am weitesten digitalisierten Bürgern. Unter anderem besitzen 92 Prozent von ihnen einen Internetzugang zu Hause. Dies hat die umfassende Digitalisierung der öffentlichen Leistungen ermöglicht und führte dazu, dass 88 Prozent der Bürger innerhalb der letzten 12 Monate Online-Kontakt zu den öffentlichen Dienststellen hatten. Bei Unternehmen liegt dieser Wert sogar bei 95 Prozent.[8] Einige fundamentale Werkzeuge haben diesen Weg ermöglicht:

- ein gemeinsames Login für öffentliche wie auch private Selbstbedienungslösungen, als Signatur bei der digitalen Kommunikation mit öffentlichen Ämtern wie auch als Zugang zum Online-Banking (»*NemID*«)
- ein digitaler Postkasten, von dem Finanzamt, Gemeinden, Gesundheitswesen, Versicherungen und Banken ihre Mitteilungen verschicken. Ihn können aber auch Unternehmen nutzen (»*Digital Post*«)
- zwei Portale, die Bürgern und Unternehmen als gesammelter Digital-Zugang zum öffentlichen Sektor dienen. Darüber kann die amtliche Adresse geändert oder die Mehrwertsteuer abgerechnet werden, die Kinder werden hier in Hort oder Schule angemeldet (Borger.dk und virk.dk)

Schon 1983 hatte der damalige dänische Ministerpräsident Poul Schlüter erklärt, der Papierverbrauch sei für einen Sozialstaat zu teuer, was die Digitalisierung begünstigte. Mehr als 100 Dienstleistungsgebiete innerhalb des öffentlichen Sektors sind inzwischen digitalisiert. Die Mehrheit funktioniert so gut, dass sie verpflichtend gemacht wurde – etwa die Online-Steuererklärung. Die Preise für den Online-Verkehr sind günstig: Für 30 Euro können Dänen unbegrenzt surfen, während dieselbe Menge Geld in Deutschland gerade mal 15 GByte finanziert, so der Stand von April 2018.[9]

Geholfen hat bei dieser Entwicklung, dass Dänemark bereits seit 1968 ein digitalisiertes zentrales Personenregister führt, und auch, dass die Kommunen seit den 70er-Jahren über ein gemeinsames Unternehmen gezielt die Digitalisierung der öffentlichen Verwaltung vorantreiben und harmonisieren. 2008 wurde daraus eine private Firma, heute einer der größten dänischen IT-Dienstleister. Bargeld fließt im Kontakt mit den Behörden gar nicht mehr, was das Land zu einem der Spitzenreiter macht, was die Korruptionssicherheit angeht.[10]

Der Sozialstaat, der das dänische Modell geprägt hat, pflegt das Ideal der Nutzerfreundlichkeit. Alle Bürger haben einen Einblick in Verwaltungsverfahren, Einsicht in Beschlussgrundlagen und nicht zuletzt in ihre eigenen Daten. Das sorgt für Transparenz als auch für gute Datenverarbeitung. Beides ist notwendig, um das Vertrauen der Bürger zu sichern.

Bildung für die digitale Zukunft: Beispiel Estland

Estland zeigt, wie eine relativ junge Republik mithilfe der Digitalisierung ursprüngliche Nachteile in Vorteile verkehrt hat. Nach dem Ende der Sowjetunion nutzte Estland die neu gewonnene Unabhängigkeit, um sich als E-Estonia neu zu definieren. Das veraltete Telekommunikationsnetz aus der Sowjetzeit machte modernster Technologie Platz. Das kleine Land ist heute einer der Spitzenreiter bei der Verfügbarkeit von Glasfaseranschlüssen. Wesentlich war dabei ein interkommunaler landesweiter Backbone einer Public-Private-Partnership, durch das auch ländliche Gebiete mit Glasfaser versorgt werden können.

Ein Hauptziel der estnischen Regierung ist es, die Bürger fit zu machen für die digitale Zukunft. Kleine Kinder lernen schon in der 2. Klasse »robotics«, später dann Programmieren und die komplexeren, mathematisch-theoretischen Grundlagen der Informatik. Englisch wird nebenbei mitgeübt. Als Geschäftsidee wirbt die Regierung für e-Residency: Jeder EU-Bürger kann auch von außerhalb Estlands mit ein paar Mausklicks eine Firma eröffnen. Jede digitale Transaktion wird unmittelbar besteuert, der Staat verdient daran. Für eine e-residency kann man sich online bewerben. Nach einer Bearbeitungszeit von wenigen Wochen, einer Prüfung durch das estnische Grenzschutzamt und der Zahlung einer Bearbeitungsgebühr von rund 100 Dollar kann dann eine Karte mit Chip und Lesegerät in Estland oder den Botschaften des Landes abgeholt werden. Die Karte ermöglicht das Erstellen digitaler Signaturen, das Verschlüsseln von Dokumenten, die Benutzung des offiziellen Portals eesti.ee, die Gründung von Unternehmen in Estland und die entsprechende Steuererklärung. Zu den bekanntesten e-residents zählen Angela Merkel und Shinzō Abe, amtierender Ministerpräsident Japans. Bis 2025 soll es in der 1,3 Millionen Bürger zählenden Republik 10 Millionen solcher Investoren mit einer estischen »e-Identität« geben.

Auch in Estland können die meisten Verwaltungsaufgaben digital erledigt werden. Nur zum Heiraten und zum Wohnungskauf muss man noch ein Amt aufsuchen. Mit der digitalen Bürgerkarte, die Zugang zu sämtlichen öffentlichen Diensten erteilt, kann man auch öffentliche Verkehrsmittel nutzen. Die Digitalisierung erspart dem Staat 2 Prozent des Sozialprodukts.[11]

Technologie-Infrastruktur und e-Health: Beispiel Finnland

Ein weiterer europäischer Spitzenreiter der Digitalisierung ist Finnland. Hier setzt man auf Innovations- und Technologieförderung: Datenzentren haben dank günstiger Strompreise und des nordischen Klimas gute Standortbedingungen. Seit 2016 existiert über das Unterseekabel C-Lion 1 eine direkte Hochgeschwindigkeitsverbindung zwischen Helsinki und Rostock. Die Datenübertragungsgeschwindigkeit zwischen Frankfurt und Helsinki hat nur eine Latenz von 19,7 ms. Die finnische Regierung plant außerdem ein Datenkabel über die Nordwestpassage durch den arktischen Ozean bis nach China und Japan: »*Arctic Connect*«. Damit soll die Datenübertragung zwischen den beiden Kontinenten um rund 31 Prozent schneller werden.

Das Land hat große IT-Firmen wie Tieto, Microsoft Mobile und Nokia, aber auch viele Start-ups. Dass Nokia seine Handy-Sparte 2013 an Microsoft verkauft hatte (inzwischen produziert das Unternehmen wieder Smartphones und hat eine Kooperation mit FIH Mobile), löste eine Gründerwelle in Finnland aus. Giganten der Gaming-Branche und sogenannte Unicorns mit einem Marktwert von über 1 Milliarde US-Dollar sind Rovio (»*Angry Birds*«) und Supercell (»*Clash of Clans*«). Was die IT-Investitionen angeht, liegt Finnland im europäischen Vergleich auf dem dritten Platz hinter dem Vereinigten Königreich und Spanien und vor Deutschland.

Ministerpräsident Juha Sipilä, selbst ehemaliger Technologie-Unternehmer, sieht in der Digitalisierung ein großes Potenzial, um die Produktivität in der öffentlichen Verwaltung zu verbessern. 100 Millionen Euro investiert Finnland in den Ausbau digitaler Dienstleistungen für die Bürger. 2019 soll ein Informationsmanagementgesetz verabschiedet werden. Nach dem Prinzip des »*One-Stop-Shop-Service-Models*« soll außerdem eine landesweit weitgehend einheitliche IT-Architektur aufgebaut werden. Mit den ethnisch und sprachlich verwandten Esten will Finnland grenzüberschreitende Lösungen gemeinsam weiterentwickeln.

Bei E-Health-Lösungen zählt Finnland zu den fortschrittlichsten Ländern der Welt. Seit 2010 werden Rezepte für verschreibungspflichtige Medikamente digital über die Kanta-Plattform der Sozialversicherungsanstalt Kela ausgestellt. Auf der dazugehörigen Internetseite können die Patienten die ausgestellten Rezepte sowie ihre Patientendaten und ärztlichen Diagnosen einsehen. In einem virtuellen Hospital »*Terveyskylä*« (Gesundheitsdorf), liefern fünf Universitätskrankenhäuser Informationen zur Selbstbehandlung und Diagnose. Finnlands IT- und Medizintechnikunternehmen entwickeln ebenfalls E-Health-Produkte und -Dienstleistungen, wie zum Beispiel die Niederlassung des Technologiekonzerns GE. Im »*Health Innovation Village*« bietet GE seit 2014 rund 40 E-Health-Unternehmen, überwiegend Start-ups, eine Werkstatt, Büroflächen und eine Umgebung für den Austausch der Firmen untereinander.

Hausaufgaben für Deutschland

Die Technik-Lücke

Wie die Beispiele zeigen, braucht digitale Kommunikation zunächst einmal eine technische Struktur, aber auch die mag sich in Deutschland nicht so richtig entwickeln. Denn so langsam wie im internationalen Vergleich das Breitbandnetz hier noch ist, so viele Zeitverzögerungen gibt es anscheinend auch in der Koordination zwischen den beteiligten Ministerien. »Bessere Zusammenarbeit« forderte der Präsident des Bundesverbands der Deutschen Industrie (BDI), Dieter Kempf, im Oktober 2018 in einem »dringenden Appell« an die Bundesregierung, für ein schnelles Internet zu sorgen, zum Beispiel mit einem Voucher-System, das Anschlüsse mit Rabatten belohnt.[12]

Die Klagen darüber sind nichts Neues, aber man muss sie immer wieder vorbringen. Beim Ausbau des schnellen Glasfasernetzes liegt unser Technologiestandort auf den hinteren Plätzen. Während in Japan oder Südkorea drei von vier Haushalten bereits mit Glasfaser verkabelt sind, waren es in Deutschland im Dezember 2017 gerade einmal 2,3 Prozent (zum Vergleich: Dänemark 27,9 Prozent, Estland 38,2 Prozent und Finnland 45,8 Prozent).[13] In ihrer Digitalen Agenda hat die schwarz-rote Koalition bis zum Jahr 2025 zwar superschnelle Gigabit-Netze versprochen, aber ob dieses Ziel erreicht werden kann, ist fraglich.

Ein wichtiger Grund dafür sind zersplitterte Zuständigkeiten, mangelnde Transparenz und eine komplizierte Förderpolitik. Jedes Bundesland hat eigene Prioritäten, der Stadt-Land-Unterschied ist, vor allem in den Flächenstaaten, immer noch enorm, und die Kommunen haben nicht die starke Eigenständigkeit wie zum Beispiel in Finnland. Interkommunale Netze aber, so eine Studie des Fraunhofer-Instituts für System- und Innovationsforschung (ISI) im Auftrag der Bertelsmann-Stiftung[14] aus dem Jahr 2017, wären ein wichtiger Backbone, und Open-Access-Netzwerke (also Stadtnetze) müssten viel häufiger werden. Andere Staaten seien, so das Resümee, viel weiter als Deutschland, weil dort kommunale Betriebe das Netz errichteten und im Open Access verschiedenen Anbietern gegen Entgelt die Nutzung erlaubten. Weil so keine kurzfristigen Profite erwirtschaftet werden müssten, entstünde Wettbewerb vor allem auf der Dienste-Ebene, während die langfristige Strukturplanung ohne Störungen weiterlaufen könne. Im Mobilfunk, bei 4G und in der Breitbandnutzung liegt Deutschland im europäischen Vergleich immer noch auf den hinteren Plätzen.[15]

Wo steht die IT-Infrastruktur Deutschlands im europäischen Vergleich?

	Deutschland				EU
	DESI 2018		**DESI 2017**		**DESI 2018**
	Anteil	Rang	Anteil	Rang	Anteil
Festnetzbreitbandversorgung % aller Haushalte	98% 2017 →	17	98% 2016	16	97% 2017
Festnetzbreitbandnutzung % aller Haushalte	88% 2017 ↑	3	86% 2016	4	75% 2017
4G-Netzabdeckung % aller Haushalte (Durchschnitt der Anbieter)	88% 2017 ↑	23	86% 2016	20	91% 2017
Mobilfunkbreitbandnutzung Verträge je 100 Einwohner	79 2017 ↑	22	73 2016	21	90 2017
NGA-Abdeckung % aller Haushalte abgedeckt durch VDSL, FTTP oder Docsis 3.0	84% 2017 ↑	15	82% 2016	11	80% 2017
Schnelle Breitbandnutzung % Verträge >= 30 Mbit/s	36% 2017 ↑	16	26% 2016	16	33% 2017
Ultraschnelle Breitbandabdeckung % aller Haushalte abgedeckt durch FTTP oder Docsis 3.0	64,9% 2017	19	NA		58% 2017
Ultraschnelle Breitbandnutzung % Verträge >= 100 Mbit/s	11,1% 2017 ↑	19	7,8% 2016	20	15,4% 2017
Breitbandpreisindex Wert (0 bis 100)	91 2017 ↓	4	94 2016	3	87 2017

Grafik 40: Deutschland macht im Digitalindex DESI Fortschritte. Aber in der 4G-Netzabdeckung, in der Mobil- und in der ultraschnellen Breitbandnutzung gibt es Nachholbedarf.[16]

Der 5G-Standard für Mobilfunknetze wird weltweit gerade erst eingeführt. Erste Netze gibt es in Teilen der USA, in Qatar und Südkorea sowie Pilotprojekte in Finnland, Estland und Spanien. Australien und die Philippinen, Bangladesch und Indonesien sowie Lesotho zählen auch zu den Early Birds. In Deutschland hat die Bundesnetzagentur angekündigt, dass bis 2022 Autobahnen und Bundesstraßen mit 5G versorgt sein sollen. Das ist wichtig, weil dieser Standard die beste Technologie für das automatisierte Fahren ist.[17]

Digitales Leitbild für Deutschland

Weit hinten rangiert Deutschland im europäischen Vergleich bei der Online-Interaktion zwischen Behörden und Bürgern bzw. den öffentlichen digitalen Diensten, wichtigen Incentives für die Internetnutzung. In diesem Bereich kommt Deutschland auf Platz 20 von 28 in der Europäischen Union. e-Government steckt immer noch in den Kinderschuhen. Dabei geht es nicht um e-Government-Ansätze zur Abbildung analoger Prozesse, sondern um eine vollständig vom Nutzer gedachte Wertschöpfungskette auf einer einheitlichen Verwaltungsplattform. Die Vision für die Bürger: schlicht gar nichts mehr beantragen/melden zu müssen, sondern die Leistungen einfach zu bekommen. Beim Landesbetreuungsgeld in Bayern funktioniert dies übrigens schon.

Ein e-Government-Gesetz regelt zwar seit 2013 die elektronischen Datenbestände in den Behörden und verpflichtet sie, einen sicheren Zugang und Mailverkehr zu gewährleisten. Doch viele Verwaltungsdienstleistungen sind noch nicht digitalisiert worden. Zwar würden es viele Deutsche nach einer Bitkom-Studie von 2018 begrüßen, Verwaltungsvorgänge online zu erledigen. Doch im Vergleich zu Frankreich, Großbritannien und Norwegen empfinden viele die deutschen e-Government-Angebote als umständlich.[18]

Öffentliche digitale Dienste in Europa (Verwaltung/Regierung und Gesundheit)

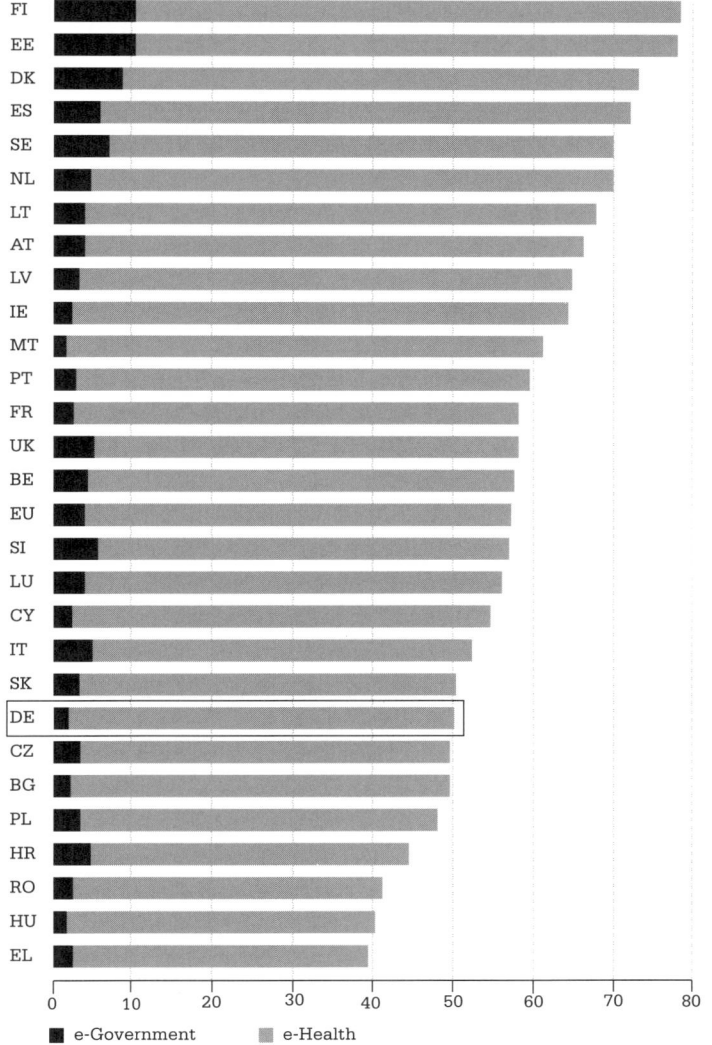

e-Government
e-Health

Grafik 41: Im europäischen Vergleich (nach Digitalindex) nimmt Deutschland in der Digitalisierung der öffentlichen Dienste wie Verwaltung und Gesundheit nur Rang 21 ein.[19]

Eine Studie der Bertelsmann Stiftung[20] hat zur Diskussion gestellt, was eigentlich die Aufgabe staatlicher Regulation digitaler Prozesse sein sollte. Die interessante Antwort: Politik und Verwaltung sollten eine gesamtstaatliche »Dachmarke« etablieren, ein Leitbild dessen erarbeiten, was genau das Besondere am digitalen Deutschland ist und wie Werte und Normen der deutschen Gesellschaft ins digitale Zeitalter transportiert werden können. Von dort aus könnte das Leitbild in Einzelstrategien von Ländern, Kommunen und Behörden übergehen. Die dynamische technologische Entwicklung der IT erfordere es außerdem, diese Strategie immer wieder neu an die aktuellen Entwicklungen anzupassen.

Wichtig ist dabei auch, dass die Verwaltung nicht nur auf externe Ideengeber wie zum Beispiel Start-ups reagiert, sondern proaktiv eine eigene Innovationskultur etabliert, die die Ideenfindung auch intern vorantreibt. Workshops, Kollaborationen von Soft- und Hardware-Produzenten (Hackathons) und andere Formate könnten Mitarbeiter mit interessierten Bürgern oder auch Partnern in der Gründerszene zusammenbringen, um Gedankenexperimente zu wagen und KI-Prototypen zu bauen. Deren Implementierung und Skalierung wiederum hängt elementar von der Qualität und den Zugriffsmöglichkeiten auf die öffentlichen Daten ab. Ein weiterer Grund, die Datensilos, die oftmals innerhalb der Behörden bestehen, aufzubrechen.

ANSTATT EINES SCHLUSSWORTS

Unsere Chance: Deutschland als digitale Produkt- und Serviceökonomie

Deutschland hat große Chancen, seinen bisherigen Spitzenplatz in der Weltwirtschaft zu verteidigen, aber es muss sich dazu der allgegenwärtigen digitalen Disruption stellen! Das muss jetzt geschehen, und nicht erst, wenn die kommenden Wettbewerbschancen an uns vorbeigezogen sind und damit die große Krise der deutschen Industrie da ist. Auf dem B2C-Markt der großen Handelsplattformen wie Amazon oder Alibaba sind die Würfel bereits zugunsten der USA und Chinas gefallen. Doch das Industrielle Internet der Dinge ist gerade erst im Aufbau: Hier haben deutsche Hersteller noch jede Chance, die Daten ihrer Anlagen, Maschinen und Produkte zu aggregieren, zu analysieren und daraus neue, gewinnbringende Geschäftsmodelle zu entwickeln. Wenn sie dies mit Bedacht und Plan tun, müssen sie auch ihr altes Kerngeschäft nicht aufgeben, das sie seit Jahren mit Kompetenz und Kreativität in vielen Bereichen zur Marktführerschaft entwickelt haben. Stattdessen können sie mit neuen digitalen Services die eigene Wettbewerbsfähigkeit entscheidend verbessern.

Unser Ziel muss es sein, in Deutschland smarte Services aus Maschinen- und Betriebsdaten zu ermöglichen. Theoretisch ist das nicht schwer: Es gibt schätzungsweise mehr als eine Milliarde intelligenter Produkte und Anlagen, die von deutschen Unternehmen verwendet, gefertigt und weltweit verkauft wurden. Diese »Hardware« ist Grundlage eines kommenden Daten-Ökosystems, das weltweit einzigartig ist und in Deutschland monetarisiert werden kann. Die Daten aus dem Internet der Dinge, aus den Autos, den Maschinen, den Fabriken oder den Logistikketten sind viel wertvoller als die Daten aus den Sozialen Medien oder den Handelsplattformen, die den Internetpionieren zu so riesigem Wachstum und Gewinnen verholfen haben. Schon jetzt nutzen führende Unternehmen Technologien wie Cloud, Plattformen und Analytics, um die exponentiell wachsenden Datenströme zu verarbeiten und so operative Effizienz und Kostenreduzierungen zu erreichen. Asset Monitoring, Energieoptimierung oder »Predictive Maintenance« optimieren schon heute Abläufe in der Produktion und verbessern die Qualität der Produkte.

Unsere Wettbewerbsfähigkeit wird zukünftig aber entscheidend davon abhängen, ob wir in der anstehenden digitalen Revolution der Industrie neue und bessere Leistungsversprechen geben können – rund um den Einsatz von intelligenten Produkten. Es geht nicht mehr um den Zug, der fährt, sondern um den Zug, der pünktlich ist. Möglich werden solche Leistungsversprechen durch die Kombination intelligenter Produkte mit betriebsbegleitenden Services, die in Echtzeit aus den Daten des Produkts während des Betriebs entstehen. Der weltweite Durchbruch der Künstlichen Intelligenz bei der Verarbeitung dieser Betriebsdaten steht kurz bevor. Das Resultat ist eine völlig neue Phase der Wertschöpfung – und damit steigende Gewinne und Marktanteile auf Basis neuer, datengetriebener Geschäftsmodelle.

Daten sind essenziell, um diese neue Wertschöpfung durch Leistungs- und Werteversprechen voranzutreiben. Plattformen stellen die Basis dafür dar. Je mehr Aktivität auf ihnen stattfindet, desto interessanter werden sie für weitere Nutzer. Ihr Grundprinzip ist also Vielfalt, nicht die Monokultur des »Winners«. Die wertvollsten Daten werden von solchen Plattformen generiert, die nach vielen Seiten hin offen sind und die Fähigkeit semantischer Interoperabilität besitzen. Sie verbinden Geschäftspartner miteinander, ohne die gehandelten Güter oder Dienstleistungen zu kontrollieren oder zu besitzen. Erst dann kommen Netzwerkeffekte voll zum Tragen, und die Geschäftsmodelle werden skalierbar. In Deutschland sind jedoch bisher nach einer Untersuchung von Accenture aus dem Jahr 2018 nur 16 Prozent aller Plattformen auf diese Weise organisiert. Mehr als ein Drittel ist einseitig orientiert und erlaubt keine Partizipation Dritter. Ein weiteres Drittel ist zwar nach vielen Seiten offen, aber bleibt dennoch interessierten dritten Parteien gegenüber verschlossen. Sehr oft verhindern dadurch die deutschen Plattformlösungen die Bildung von digitalen Ökosystemen und Netzwerkeffekten. Digitale Führung mit neuen Geschäftsmodellen im B2B-Segment kann so nicht entstehen.

Die deutsche Plattformlandschaft

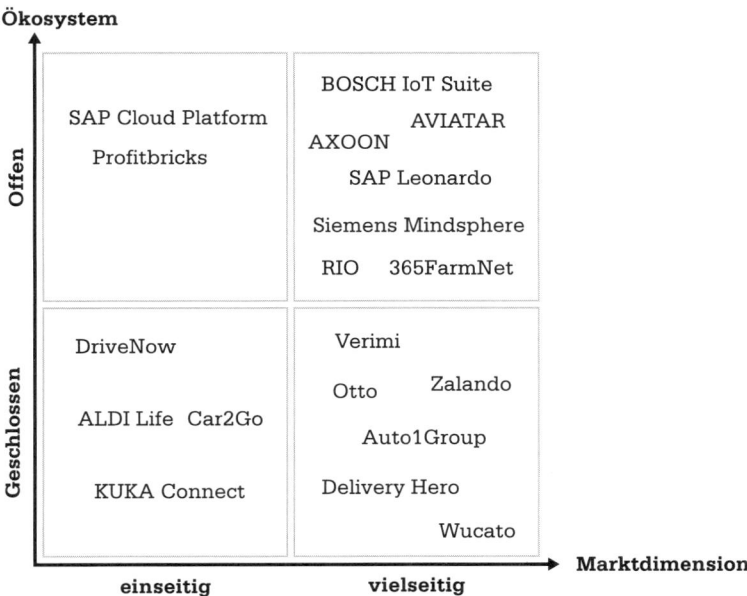

Grafik 42: Nur 16 Prozent der deutschen Plattformen sind offen für externe Akteure.

Viele Unternehmen zögern, sich aus der Deckung zu wagen. Die Entwicklung der notwendigen Plattform-Architekturen und Bausteine ist zu aufwändig und zu langwierig – auch wenn die deutsche und internationale Softwareindustrie inzwischen gute Basislösungen als Grundlage anbietet. Das finanzielle Risiko ist den Herstellern zu unberechenbar, gerade wenn sie dem für Deutschland so wichtigen Mittelstand angehören. Aber auch die Angst vor dem Verlust oder Diebstahl von Daten, um Domänenwissen und dem mangelnden Schutz vor intellektuellen Urheberrechten hat Anteil an dem Unbehagen, Unternehmensdaten zu teilen. Die Offenheit verlangt eine andere Kultur – in den Kundenbeziehungen und innerhalb des Unternehmens. Auch die Mechanismen zur Bewertung und Monetarisierung von Daten über Unternehmensgrenzen sind im B2B-Bereich noch nicht wirklich vorhanden. Es gibt noch kaum Ansätze, um Maschinendaten und deren Rechte zu handeln. Die Buch- oder die Musikindustrie jedoch hat solche Lösungen für die eigene Industrie schon vor Dekaden entwickelt und professionalisiert. Eine erste Initiative, der »International Data Space« ist für den sicheren Datenaustausch auf den Weg gebracht. Bis zur flächendeckenden Nutzung wird es bei dem jetzigen Investitionsniveau aber noch viele Jahre dauern. Die Bundesregierung hat Datenverfügbarkeit und -zugang deshalb in der im November 2018 veröffentlichten KI-Strategie zur Chefsache erklärt.

»Operated by Germany 2025«

Die Frage ist also: Was können wir in Deutschland und Europa tun, um zum »Digital Leader« in unseren Leitindustrien zu werden? Wie sieht ein schneller Weg in die Datenökonomie und die Welt der B2B-Plattformen aus? Was ist unverzichtbar für die Industrie, um die Transformation von einer Produkt- in eine Produkt-plus-Service Ökonomie zu bewältigen? Dazu braucht es einen „Operate" Ansatz, der die Produkte und Anlagen im laufenden Betrieb andauernd beobachtet, optimiert und nachkonfiguriert.

Die deutsche Initiative »Industrie 4.0« hat China inspiriert, mit dem Plan »Made in China 2025« eine »Initiative zur umfassenden Aufwertung der chinesischen Industrie« anzustreben.

MADE IN CHINA 2025

10 Schlüssel-industrien	9 Strategische Aufgaben	5 Landesweite Initiativen
1. Maschinen für die Landwirtschaft.	1. Steigerung der Innovationsfähigkeit in der Fertigungsindustrie.	1. Aufbau von 40 neuen Forschungs- und Entwicklungszentren bis 2025 für technologischen Durchbrüche in Zusammenarbeit von Hochschulen, Forschungsakademien und Unternehmen.
2. Schiffbau und Meerestechnik.	2. Intensivere Integration von Informationstechnologien in die Industrie.	
3. Energieeinsparung und Elektromobilität.	3. Verstärkung der industriellen Basisfähigkeiten.	2. Entwicklung innovativer industrieller High-End Projekte um den chinesischen Marktanteil hochwertige Geräten mit eigenem IP bis 2025 zu steigern.
4. Informations- und Kommunikationstechnologien der neuen Generation.	4. Verbesserung des Marken- und Qualitätsbewusstseins chinesischer Marken.	
5. High-End gesteuerte Werkzeugmaschinensysteme und Robotertechnologie.	5. Förderung umweltfreundlicher Produktion.	3. Entwicklung von Projekten mit Fokus auf Green Manufacturing. Steigerung der Energieeffizienz und Reduzierung des Ressourceneinsatz. Ziel ist es, 1000 grüne Firmen und 100 grüne Parks bis 2020 zu bauen und den Emissionsausstoß um 20 % zu senken.
6. Elektrizitätsanlagen.	6. Förderung von technologischen Durchbrüchen in den zehn Schlüsselindustrien.	
7. Anlagen für Luft- und Raumfahrttechnik.	7. Förderung der Umstrukturierung von produzierenden Branchen, indem nicht mehr Masse das Ziel ist, sondern die Qualität.	4. Aufbau von Smart Manufacturing Techniken, Anpassung der Lieferketten und Digitalisierung von Fabriken durch führende chinesische Unternehmen. Ziel ist es, bis 2025 die Betriebskosten, Produktionszeit und Ausfallquoten um 50 % zu senken.
8. Neue Werkstoffe und Materialien.	8. Aktive Entwicklung von serviceorientierter Produzenten und Dienstleistern.	
9. Moderne Anlagen für den Schienenverkehr.	9. Entwicklung der Fertigungsindustrie auf internationale Ebene.	5. Einrichtung von vier Forschungszentren um die Entwicklung von Materialien und industriellen Kernkomponenten zu beschleunigen. Ziel der Initiative ist es bis 2025 die Selbstversorgung für die Kernmaterialien- und Komponenten in den Schlüsselindustrien auf 70 % zu steigern.
10. Biomedizin und High-Performance Medizingeräte.		

Grafik 43: China hat mit »Made in China 2025« eine umfassende und ambitionierte Strategie für die Produktion entworfen.[1]

Bis 2025 soll in China die Fertigung durch Technologie und Digitalisierung wesentlich verbessert und die Qualität der Produkte deutlich erhöht werden. »Made in China 2025« ist eine »Top down«-Wirtschaftspolitik mit klar formulierten Zielen.

Die Ziele von »Made in China 2025« sind aber noch deutlich ambitionierter: Bis 2049, zum hundertjährigen Bestehen der Volksrepublik, soll China als führende Industrienation an der Weltspitze stehen. Der staatlich getriebene Plan mit einem Horizont von über 30 Jahren ist allumfassend: Mit massiver finanzieller Unterstützung, u. a. durch Staatsfonds, werden National Champions etabliert. Die Zielsetzung von Staatsunternehmen wird per Unternehmenssatzung neu ausgerichtet, um einen ganz schnellen Transfer von neuen Technologien in die Wirtschaft zu ermöglichen. Schlüsselunternehmen aus der privaten Wirtschaft werden mit Talent, Investitionen, Technologie und Zugang zu Daten gefördert, Unternehmen im Ausland werden gezielt aufgekauft, und bei neuen Technologien wird die Führerschaft auch durch das Setzen von Standards untermauert, wie z. B. in der Elektromobilität. All das mit einer Geschwindigkeit und einer Skalierung, die China eher früher als später zur ernsten Konkurrenz für entwickelte Industrienationen macht. In Kombination mit der Initiative der neuen Seidenstraße »One Belt – One Road« werden schon jetzt neue Absatzmärkte für künftige chinesische Smart Products & Smart Service-Lösungen auf Weltklasse-Niveau erschlossen. Die neuen globalen Industrie-Champions aus China sind schon heute erkennbar.[2] Joschka Fischer beschreibt die Gründe für diesen Erfolg in seinem Buch »Abstieg des Westens« sehr klar: »*Ich kenne kein anderes Land der Gegenwart, das mit solcher Langfristigkeit seine angestrebten Ziele verfolgt und auch bereit ist, dafür über einen längeren Zeitraum hinweg Verluste hinzunehmen, deren Kosten zu tragen, und dennoch an der Umsetzung seiner Ziele unbeirrt festhält.*«.[3] Vermutlich, so Fischer, sei eine solche Langfristigkeit nur »unter der autoritären Herrschaft einer bürokratischen Elite« möglich.

Obwohl es in der Umsetzung hier und dort hakt und das politische Fundament nicht das unsere ist, kann und muss die Flughöhe des China 2025-Plans Inspiration für unser eigenes Ambitionsniveau sein. Die Acatech-Initiativen Industrie 4.0, Smart Service Welt und Autonome Systeme waren richtungsweisend und äußerst erfolgreich für die digitale Reise der deutschen Industrie. Deutschland hat mit der Marke »Industrie 4.0« weltweit Pionierarbeit geleistet. Die Initiativen reichen aber nicht aus, um uns gegen neue, mächtige Industrie-Konkurrenten zur Wehr zu setzen. Deutschland und Europa müssen mit Blick auf China und die USA einen »dritten Weg« gehen, neue Ideen und Modelle schaffen, die wieder weltweite Beachtung finden. Wir brauchen eine »Große Ambition« für die digitale Zukunft unserer Industrie und des Wohlstands unseres Landes und der Zukunft Europas. Dafür brauchen wir Mut und einen ambitionierten und umfassenderen Plan für die digitale Zukunft unserer eigenen Industrien mit klar definierten Zielen und Erfolgskriterien. »Operated by Germany 2025« kann ein solcher Plan sein.

Deutschlands Digitale Agenda

SEIT 2011

(I) **Industrie 4.0** IoT zieht in die Fabriken ein
Smart, verbunden, dezentral & autonom

Produktionsprozesse & Arbeitsplätze überdenken

(II) **Smart** Geschäftsmodell der Digitalen Ökonomie
Service Welt Datengetrieben, plattformbasiert, XaaS

Geschäftsmodelle & Ökosysteme überdenken

Plattform Industrie 4.0

SEIT 2015

(III) **Autonome** Enabler für eine inklusive Gesellschaft
Systeme Ubiquität: zu Hause, am Arbeitsplatz, unterwegs

Soziale, politische & ethische Implikationen überdenken

Plattform Lernende Systeme

Empfehlung ab 2019

(IV) **Operated** Architekturrahmen für B2B-Unternehmen
by Germany Digitale Bausteine und Infrastrukturen
Industriekonvergente Lösungen

Europäische digitale Wettbewerbsfähigkeit überdenken

Industriepolitik Deutschland 2025

Grafik 44: Deutschland braucht eine neue Industriepolitik basierend auf den Stärken des Landes.[4]

Dieser Plan muss Architektur und Bausteine für den Aufbau einer digitalen Infrastruktur für die deutschen und europäischen Leitindustrien mit globaler Reichweite benennen. Ähnlich wie die Roadmap der Chinesen, aber mit Inhalten, die unserer Kultur, unseren Wertesystemen und unserer wirtschaftlichen Basis entsprechen. Wie in China, braucht es dazu auf jeden Fall das Engagement des Staates: Als Förderer, strategischer Planer und insbesondere auch als Leitanbieter und Leitanwender digitaler Technologien und Serviceangebote. Die Agentur für Sprunginnovation ist ein wichtiger Anfang.

Der digitale Umbau unserer Leitindustrien wird Dekaden dauern. Unserem Standort mangelt es mit wenigen Ausnahmen dabei weder an den notwendigen Bausteinen noch an dem Know-how.

Die Ingenieurskultur in den Industrieunternehmen für Innovation, Forschung und Entwicklung ist allerdings oft eine langsame und vorsichtige. Zu Recht, denn es geht es doch meist auch um Sicherheit für Leib und Leben bei dem Einsatz von Maschinen. Gleichzeitig sind aber mangelnde Transfer-Geschwindigkeit und nicht ausreichende Skalierung bei digitalen Plattformen Achillesfersen unserer Industrie, die der neue Wettbewerb zu seinem Vorteil nutzen will: Der Wettlauf um die digitale Revolution der Industrie findet nicht wie bisher vornehmlich in der Forschung und Entwicklung statt, sondern setzt vor allem auf die Geschwindigkeit des Transfers von neuen, digitalen Technologien in Produkte und Services und systemische Plattformeffekte rund um Software und Daten, um eine weltweite Skalierung zu befördern. Genau hier müssen wir uns rüsten.

In absehbarer Zeit wird die chinesische Industrie gleichwertige Exzellenz bei Produkten und Anlagen fertigen und ob des großen Heimatmarktes und der damit verbundenen Stückzahlen deutliche Vorteile bei den Herstellungskosten vorweisen. Die strategische Antwort der deutschen und europäischen Industrie liegt in der Verbindung von drei großen Themenfeldern, die immer aus der Perspektive des Kundennutzens gedacht werden müssen:

1. Neue Architekturen für Smart Products. Gemeint sind damit Maschinen und Anlagen, die speziell für die Plattform-Ökonomie entwickelt werden. Intelligente Maschinen, die dyna-

misch auf Basis von Software und Daten andauernd mit neuen Fähigkeiten ausgestattet werden können.

2. Neue, digitale Engineering und Manufacturing-Methoden, die massive Kostenverteile bei der Herstellung vorweisen und damit eine große Wettbewerbsfähigkeit und weltweite Skalierung ermöglichen.

3. Ein »Operate« Ansatz, der die Analyse der Betriebsdaten in Echtzeit und die Fähigkeit, über Software sofort zu reagieren, verbindet. Mit dem Verständnis der zugrunde liegenden strategischen Wertschöpfungsketten und durch Nutzung von plattform-basierten Netzwerkeffekten kann die Wertschöpfung für die Anwender deutlich gesteigert werden. Neue Leistungsversprechen und Nutzen bilden die Grundlage für neue, digitale Geschäftsmodelle und damit höhere Profitabilität.

Mit der konsequenten Umsetzung dieses Ansatzes wird sich auch notwendigerweise der ursprüngliche Ansatz der Industrie 4.0 weiterentwickeln. Das »Smart Product« und dessen Betriebsdaten, welche die Basis für die Weiterentwicklung von Engineering und Manufacturing bilden, stehen konsequent im Mittelpunkt. Die bisher eher geschlossene F&E Abteilung wandelt sich zum weltweiten Betriebslabor in offenen Ökosystemen. Die Entwicklungszyklen für neue Produktgenerationen werden so dramatisch verkürzt.

Für den »Operate« Ansatz muss es Ziel sein, bereits installierte Produkte und Anlagen mit »Intelligenz« nachzurüsten und mit neuen Leistungsversprechen zu versehen. Die Einbeziehung der installierten Basis hilft bei der Gewinnung von Betriebsdaten und somit bei Skalierung und Nutzen.

Um diesen ambitionierten Plan umzusetzen brauchen auch Deutschland und Europa Schlüsselunternehmen, die die erforderlichen digitalen Infrastrukturen aufbauen. Deutsche und europäische Champions, die mit Talent, Investitionen, Technologie und Zugang zu Daten gefördert werden. Unternehmen, die unter einem Dach einen guten Teil der Forschung, Entwicklung und Transfer in den Betrieb vereinen und die Fähigkeit zum kulturellen Wandel haben.

»Operated by Germany 2025«: Übersicht der Entwicklungsphasen

Digitale Innovation » Technologieführer	Massive Skalierung » Weltmarktführer	Neue Leistungsversprechen » Nutzen und Gewinn
Neue Architekturen für »Smart Products«. Intelligent, Vernetzt, Over-the-Air. Verarbeitung von Betriebsdaten mit KI.	Massive Kostenvorteile durch hohe Stückzahlen auf Basis von hoher Effizienz durch »Digital Engineering & Manufacturing«.	Signifikate Erhöhung der Profitabilität. Individualisierung, und Optimierung der »Smart Products« im laufenden Betrieb durch Software, Daten und Services. Neue Leistungsversprechen gegen den Nutzen für den Anwender, ermöglicht durch Plattformen, Netzwerkeffekte und Optimierung von Wertschöpfungsketten. Schnelle Weiterentwicklung der »Smart Products« auf Basis von Daten aus dem Betrieb und erzielter Nutzen für die Anwender.

Grafik 45: Blueprint der »Operated by Germany 2025« Strategie.

Dieser ist unabdingbar für eine dramatische Beschleunigung der Transferzeiten und kurze Entwicklungszyklen, wie sie aus der Softwareindustrie bekannt sind. Schlüsselunternehmen, die die digitalen Infrastrukturen für ganze Industriezweige bauen, weltweite de-facto Standards setzen und damit diesen Industrien zu einer großen, weltweiten Skalierung von Produkt- und Servicekombinationen verhelfen. Dreh- und Angelpunkt ist hier Akzeptanz und Vertrauen der Anwender. Damit werden die Grundlagen für standardisierte Lösungen geschaffen, die gerade so dringend für den Mittelstand notwendig sind.

Heute kann ein solch ambitionierter Plan aufgrund der bestehenden Arbeitsweisen der Politik und Institutionen kaum erbracht werden. Mit Förder-, Vergabe- und Regulierungsverfahren der dritten industriellen Revolution ist die vierte nicht zu gewinnen. In der Wirtschafts-, Technologie- und digitalen Infrastrukturpolitik braucht es ein systemisches Umdenken: Großes wird nur durch ambitionierte und harte, messbare Ziele erreicht, die einzuhalten sind. Viel zu häufig noch sind die Projekte für den Bau von digitalen Infrastrukturen teurer, dauern länger und erfüllen die in sie gesetzten Erwartungen nur eingeschränkt – Stichworte dazu sind Breitbandausbau, Gesundheitskarte, Neuer Personalausweis, Bürgerportal und nicht zu vergessen der Berliner Flughafen. Bei den Investitionen für die digitalen Infrastrukturen muss das »Klein-Klein« zugunsten von ambitionierten und fokussierten Investitionen weichen. Die derzeit laufenden Verfahren für die 5G-Ausschreibung zeigt das ganze Dilemma. Der chinesische Ansatz demonstriert hingegen, wie eine hochklassige digitale Infrastruktur in kürzester Zeit aufgebaut wird. Dort wurde schlicht die erforderliche Anzahl von 5G-Masten und -Antennen eingefordert – und die Industrie liefert. Die Ziele müssen so benannt werden, dass der gewünschte Nutzen sicher erreicht wird. Unser politisches System braucht dazu vor allem auch eine neue und belastbare Grundlage für die Zusammenarbeit von vielen Beteiligten. Es braucht eine Fehlerkultur anstatt einer Kultur der Fehlervermeidung zu Lasten von Geschwindigkeit. Ansonsten kann die notwendige Beschleunigung des Transfers von den digitalen Laboren in die industrielle und groß skaliere Anwendung nie erreicht werden.

Die Skizze in Grafik 46 soll Inspiration und Anstoß geben, einen solchen Plan »Operated by Germany 2025« zu entwickeln.

Anstatt die digitalen Anstrengungen in Europa in jedem Land zu duplizieren, wäre es durchaus denkbar eine solche Initiative pan-europäisch zu denken und zu vereinbaren. Ein erster Schritt wurde auf der »Friends of Industry-Konferenz« der europäischen Wirtschaftsminister im Dezember 2018 getan.[5] Aber werden die europäischen Mitgliedsstaaten schnell genug sein? Deutschland und die deutsche Industrie sollte hier eine Führungsrolle übernehmen und Schrittgeber der Transformation sein.

Auch die durch berechtigte Konsumentensorgen geprägte General Data Protection Regulation (GDPR)-Verordnung der Europäischen Union, ursprünglich mit der Zielsetzung entworfen, die dominierenden Consumer-Plattformen aus dem Silicon Valley besser zu regulieren, muss dazu nochmals auf den Prüfstand. Es kann nicht sein, dass eine für die Industrie nicht zu Ende gedachte Regulierung aus Sicht der europäischen Leitindustrien ihre Zukunft behindert.

Unsere Vision: »Operated by Germany 2025«

Europäische Schlüssel-industrien	Architektur und Bausteine »Operated by Germany 2025«	Initiative Neue Leistungs-versprechen »Operated by Germany 2025«
1. Automobil 2. Schienenverkehr 3. Maschinenbau 4. Elektrotechnik 5. Energieerzeugung 6. Chemie und Kunststoff 7. Luft- und Raumfahrtechnik 8. Medizintechnik 9. Pharmazeutische Industrie 10. Kreislaufwirtschaft 11. IT und Telekom-munikation 12. Verteidigung	1. Neue Architekturen für »Smart Products« – Bereitstellung als Softwarebausteine insbesondere für Mittelstand und KMU's • Digital Twin als Basis für Engineering, Produktion und Betrieb • Betriebssysteme & Datenarchitekturen mit Over-the-Air Updatefähig-keit • Konnektivität • Cybersicherheit 2. Betriebsplattformen für »Smart Products« • Weltweite Maschinen-Standards - für die zweifelsfreie Identität - für Zugriff über Schnitt-stellen/API's • Industriegerechte Regulierung von Maschinendaten • Schaffung von Marktplätzen und Daten-Ökosystemen für den Austausch, Handel und Bezahlung von Maschinendaten • Künstliche Intelligenz für die Verarbeitung von Maschinendaten • Industriekonvergente As-a-Service Geschäfts-modelle (z. B. Betrieb mit Finanzierung und Versicherung) 3. Digitale Souveränität bei kritischen IKT Bausteinen mit Fokus Elektronik & Sensorik, schnelle Netze, Cloud Infrastrukturen, Daten, KI Algorithmen und Cybersicherheit	1. Schaffung von deutschen (und europäischen) Champions für digitale Infrastrukturen für »Operated-by-Germany 2025«) durch Aufbau von integrierten Forschungs-, Entwicklungs-und Betriebszentren in Schlüsselunternehmen. Erprobung von »Smart Products & Smart Services & Neue Leistungsversprechen« in Zusammenarbeit mit staatlichen und halbstaatlichen Institutio-nen und privaten Unternehmen. 2. Schneller Transfer in kritische Industrien der deutschen Wirtschaft, z. B. Automobil, Maschinenbau, Gesundheit/Pharma/Medizintechnik, Kreislaufwirtschaft, öffentliche Verwaltung. Fokus auf Bereitstellung und Verarbeitung großer Datenmengen, sehr kurzen Technologie-Transfer-zeiten und weltweiter Skalierung im Betrieb. 3. Einrichtung von insgesamt 100 Lehrstühlen zu: • Neue Architekturen für Smart Products • Betriebsplattformen für Smart Products (u. a. auch DAO's und Blockchain) • Daten-Marktplätze, -Ökosysteme und -Monetisie-rung von Industriedaten • Digitale Geschäftsmodelle und neue Leistungsversprechen in der Industrie • Gestaltung und Erprobung von Veränderungsprozessen in Unternehmen zur Beschleuni-gung der Digitalisierung • Mensch-Maschine Interaktion. Zukunft der Arbeit und Weiterbildung von Mitarbeitern

Grafik 46: Die »Operated by Germany 2025« Strategie verbindet Ziele und Investitionen.

Der Normenkontrollrat hat jüngst eine Empfehlung ausgesprochen, nach der Datenbanken der öffentlichen Verwaltung über Ressort- und Bundesland-Grenzen hinweg miteinander verknüpft werden sollten. Dies zeigt die Richtung.

Neue Technologien wie Blockchain, die heute noch in der industriellen Erprobung für den Masseneinsatz sind, bieten in Zukunft auch neue Chancen die Allmächtigkeit zentraler Plattformen aufzubrechen.

Eine der Zukunftsideen sind dezentralisierte autonome Organisationen (DAOs). Sichere Transaktions-Architekturen auf Basis von Blockchain oder Microsystems zwischen dezentralen autonomen Organisationen entsprechen dem Wunsch der europäischen Industrie nach Schutz des geistigen Eigentums und Kontrolle der eigenen Daten deutlich besser. Die Stakeholder aus Wirtschaft, Wissenschaft und auch der Staat sollten ihre Forschungsaktivitäten auch in diesem Bereich intensivieren, um zu neuen, innovativen Lösungen zu kommen. Darauf warten können wir allerdings nicht, wir müssen bereits heute handeln.

Die Zukunft gehört dem, der seine Daten zu nutzen weiß, der ihren wahren Wert erkennt, der hinter der sachlichen Zahlenökonomie verborgen liegt. Neuartige Dienstleistungen, im höchsten Maße individualisierbare Kundenerlebnisse und neue Leistungsversprechen rund um den Betrieb von Smart Products – darin liegt das zukünftige Potenzial der deutschen Industrie. Werden sie realisiert – dann kann das prominente Qualitätskriterium »Made in Germany« zu dem digitalen Gütesiegel »Operated by Germany« werden.

Dank

Deutschland braucht einen Plan! Die Transformation in die Digitalwirtschaft muss sachkundig begleitet werden, das ist die zentrale Forderung dieses Buches. Seit sie sich abzeichnet, haben wir diesen spannenden Weg verfolgt und uns bemüht, im Kontakt mit in- und ausländischen Unternehmen, Wirtschaftsverbänden, Wissenschaftlern und Politikern unseren Teil zum Diskurs beizutragen. Zum Beispiel seit vielen Jahren in der Initiative der Smart Services Welt sowie im Rahmen der Plattformen Industrie 4.0 und Lernende Systeme. Dabei sind wir vielen inspirierenden Menschen begegnet, die unsere Vision von einer neuen Serviceökonomie in Deutschland teilen und aktiv daran mitarbeiten. Zwei Experten haben dabei besonders wichtige Impulse gesetzt, weil sie als Pioniere seit mehr als 20 Jahren die deutsche IT-Landschaft prägen: Prof. Dr. Dr. h.c. mult. Henning Kagermann (Magdeburg und Leipzig), früherer SAP-Vorstand und jetzt Kuratoriums-Vorsitzender der Deutschen Akademie der Technikwissenschaft (acatech). Er ist in vielen weiteren Funktionen beratend tätig, unter anderem im Beirat „Zukunft der Arbeit" der IG Metall. Außerdem Prof. Dr. Dr. h.c. mult. Wolfgang Wahlster, Chef des Deutschen Forschungszentrums für Künstliche Intelligenz (DFKI). Er ist einer der weltweit profiliertesten Kenner der Materie, unter anderem Mitglied der Nobelpreis-Akademie in Stockholm sowie der Nationalakademie Leopoldina. Mit beiden verbinden uns viele inspirierende Gespräche und zahlreiche gemeinsame Veranstaltungen und Konferenzen, die Deutschland dem Ziel einer Informationsgesellschaft und Digitalwirtschaft ein Stück näher gebracht haben. Für diesen unschätzbaren Input und die stets kreative Zusammenarbeit herzlichen Dank!

Viel profitiert haben wir von der fruchtbaren Kooperation mit den Vorsitzenden der Plattform Industrie 4.0, Bernd Leukert, und Lernende Systeme, Karl Heinz Streibich. Ihr Weitblick in der Ausrichtung der Arbeit war beeindruckend und hilfreich, vielen Dank dafür. Dirk Hoke, CEO von Airbus Defense, brachte an vielen Punkten seine Überzeugung ein, dass sich digitale Transformation nur zusammen mit Menschen gewinnbringend gestalten lässt. Für seine wertvollen Kommentare und Impulse herzlichen Dank. Unseren besonderen Dank möchten wir auch vielen weiteren Vertretern von Unternehmen, Verbänden und Sozialpartnern aussprechen, die sich ehrenamtlich in die Arbeit der Plattformen einbringen.

Viele Anregungen zu diesem Manuskript verdanken wir außerdem Dr. Johannes Winter, Leiter des Themenschwerpunkts Technologien und Leiter der Geschäftsstelle Plattform Lernende Systeme der acatech. Mit ihm haben wird so lange über neuartige Geschäftsmodelle debattiert, bis die Smart Service Welt Gestalt annahm. Er war und bleibt für uns ein wichtiger Sparring-Partner und Ideengeber. Viel gelernt haben wir auch von Dr. Eberhard Veit, dem ehemaligen Vorstandsvorsitzenden des Esslinger Automatisierungsspezialisten Festo und einem der Spitzenvertreter der Plattform Industrie 4.0. Er trieb die Diskussion um konkrete Anwendungsgebiete und digitale Geschäftsmodelle mit visionären Vorstellungen und großen Ambitionen voran und energetisierte dabei seine Mitstreiter, auch uns. Vielen Dank dafür.

Dr. Kristin Shi-Kupfer, Leiterin des Forschungsbereichs Politik, Gesellschaft und Medien des Berliner Mercator Institutes for China Studies, war eine kenntnisreiche Gesprächspartnerin und Kommentatorin des Manuskriptes, immer dann, wenn es um Asien und insbesondere China ging. Ihr verdanken wir konstruktive Kritik und wichtige Informationen. Dr. Lotte Frach, Accenture-Expertin für den öffentlichen Sektor, unterzog das gesamte Buch einer sachkundigen Prüfung und ließ nicht locker, bis die letzten Unklarheiten aufgeklärt waren. Wertvolles Feedback gab auch Dr. Christopher Sampson, Consultant bei Accenture. Diesen drei gründlichen und sachkundigen Lesern verdanken wir die Nagelprobe auf unsere Thesen und Argumentationslinien. Das war uns besonders wichtig und wir möchten uns herzlich dafür bedanken.

Frank Riemenspergers Projektmanagerin Emela Alihodzic hat alle Stadien dieses Buchprojekts verlässlich begleitet, Hindernisse aus dem Weg geräumt und die Diskussion am Laufen gehalten. Ihr gilt unser herzlicher Dank, wie auch Dr. Petra Thorbrietz, die uns als Science Writer ihr dramaturgisches Geschick lieh. Sie schaffte es, die großen Linien der Digital-Ökonomie in handliche Kapitel zu verpacken, sodass wir hoffen, auf diese Weise auch Leser zu gewinnen, die sich noch nicht im Detail mit diesen Fragen beschäftigt hatten. Denn die digitale Transformation geht uns alle an.

Viele weiteren Kolleginnen und Kollegen, Freunde und Partner haben mit Anregungen und Inhalten zu diesem Buch beigetragen. Dazu gehören Vedrana Savic, Laura Converso, Agneta Björnsö, Laurie Henneborn, Hoa Nguyen, Mamta Kapur, Laura Hulme, Karin Walczyk, Alyssa di Cara, Lasse Kari, Francis Hintermann, Taylor Li Guo, Jim Wilson, André Schlieker, Stefan Bongardt, Shiva Adari, Matthias Wahrendorff, Andreas Egetenmeyer von Accenture Research, Corinna Krezer und Bernd Karl von Accenture Health & Public Service, Thomas Rinn von Accenture Strategy sowie Prof. Dr. Volker Wulf von der Universität Siegen und Prof. Dr. Andrea Römmele von der Hertie School of Governance Berlin.

Jens Schadendorf herzlichen Dank für seine Impulse und Hilfestellung, was die verlegerische Seite dieses Projektes angeht. Anja Haubelt und Tatjana Berg von Accenture Marketing sowie Thomas Wittek und Lea Treese aus der Accenture Presseabteilung Dank für ihre professionelle Unterstützung bei der Fertigstellung.

Karin Fritz und Sabine Fernandes haben immer alle Fäden zusammengehalten. Auch dafür unseren herzlichen Dank.

Schließlich, last but not least, ein ganz großer Dank an unsere Familien, an Renate, Kim, Francis, Phil und Finn, Insa, Gorden und Arnika, die uns die kostbare Zeit geschenkt haben, dieses Buch zu schreiben.

Die Autoren

Frank Riemensperger ist Vorsitzender der Accenture-Ländergruppe Deutschland, Schweiz, Österreich. Der Experte für Digitalisierung ist verantwortlich für die Weiterentwicklung nachhaltiger Marktstrategien und den Ausbau der Geschäftstätigkeiten in den deutschsprachigen Ländern, wo Accenture gegenwärtig über 8000 Mitarbeiter beschäftigt.

Frank Riemensperger sitzt im Senat der Deutschen Akademie der Technikwissenschaften acatech sowie im Präsidium des IT-Branchenverbandes BITKOM und des Bundesverbandes der IT-Anwender VOICE. Außerdem ist er Vizepräsident der *American Chamber of Commerce in Germany* (AmCham) sowie Mitglied der Baden-Badener Unternehmer-Gespräche (BBUG).

Darüber hinaus kürt er als Mitglied verschiedener Jurys alljährlich die Preisträger des »Top-500 Award«, verleiht den »Deutschen Innovationspreis« und wählt den »CIO des Jahres«.

Svenja Falk ist Managing Director im Geschäftsbereich Health & Public Service von Accenture. Sie verantwortet Markt- und Trendstudien sowie Strategieentwicklung im öffentlichen Sektor und Gesundheitswesen weltweit.

Außerdem verantwortet sie das Thema »Zukunft der Arbeit« bei Accenture global. Ein zentraler Schwerpunkt ist dabei die politische Gestaltung der Digitalisierung. Sie leitet die Arbeitsgruppe »Digitale Geschäftsmodelle« und ist Mitglied der Arbeitsgruppe zu Geschäftsmodellinnovation in der »Plattform Lernende Systeme«. Sie hat umfangreich zu den Themen »Zukunft der Arbeit« und Digitalisierung gesprochen und publiziert, unter anderem in Partnerschaft mit dem World Economic Forum.

Svenja Falk ist zudem Mitglied des Vorstands der Accenture-Stiftung und verantwortet dort Themen wie »*responsible AI*« und die »Digitale Lernwerkstatt«.

Svenja Falk hat in Politikwissenschaften promoviert und ist Honorarprofessorin an der Justus-Liebig-Universität Gießen sowie Fellow an der Hertie School of Governance Berlin.

Glossar

Agilität
Die Fähigkeit, in einer Wettbewerbsumgebung gewinnbringend zu operieren, die durch sich ständig und unvorhersehbar verändernde Kundenwünsche gekennzeichnet ist. Eine agile Organisation reagiert nicht nur flexibel, sondern auch proaktiv, antizipativ und initiativ.

Algorithmus
Mathematisch definierte Vorgehensweisen in der Computersprache, Grundlage von Rechenoperationen, Software und Künstlicher Intelligenz.

Analytics
Das automatisierte Aufspüren und Interpretieren von sinnstiftenden Datenmustern zur Verbesserung der Performance. Teilgebiete sind Vorhersagen (predictive analytics), Wahrscheinlichkeitsprognosen (prescription analytics), Sprachanalyse, Webanalyse, Risikoanalyse sowie verschiedenste prozessbezogene Analysen (Verkauf, Lagerhaltung, Marketing, Portfolio, Preisgestaltung usw.).

API (Application Programming Interface)
Schnittstelle zur Anwendungsprogrammierung, die Kooperation mit und Kommunikation zwischen verschiedenen Partnern ermöglicht, indem sie ein Softwaresystem mit anderen Programmen verbindet.

Artificial Intelligence (AI)
s. Künstliche Intelligenz

As-a-service
Eine Dienstleistung, die über das Internet zur Verfügung gestellt wird – digitale Assets wie Programme, Speicherplatz oder Application, sowie die dahinter liegenden Funktionen, zum Beispiel ein Wartungskonzept.

Asset Monitoring
Die automatisierte Nachverfolgung physischer Güter mithilfe von Tags wie Barcodes oder auch Funksignalen wie RFID (siehe unten) und GPS für unterschiedlichste Zwecke.

Augmented Reality
Die computergestützte Erweiterung realer Dinge oder Umgebungen durch datengenerierte Sinneseindrücke wie Sehen, Hören, Fühlen, Riechen oder auch veränderte Selbstwahrnehmung. Sie kann als virtuelle Realität (siehe S. 242) auftreten, als immersive oder als gemischte Realität.

Automatisierung/Automation

Das Einrichten von Systemen mit dem Ziel, dass sie durch selbsttätiges bzw. selbstständiges (autonomes) Handeln Ziele erreichen. In Unternehmen bezieht sich die Automatisierung auf den Umrüstungsprozess auf technische Fertigungsanlagen zur selbständigen Produktion unter weitgehendem Ausschluss von menschlicher Arbeitskraft. Die Automatisierung ermöglicht auch die Realisierung adaptiver oder sich selb stoptimierender Systeme.

Autonomes Fahren

Das selbstständige, zielgerichtete Fahren eines Fahrzeugs im realen Verkehr, ohne Eingriff des Fahrers. In Vorstufen des autonomen Fahrens unterstützt Sensor- und Satellitentechnik die menschliche Wahrnehmung durch die Bereitstellung von Informationen, die eine sichere Entscheidungsfindung und schnelle Reaktion des Fahrers ermöglichen. Später entscheidet das Fahrzeug selbst über Algorithmen. Der Fahrer muss die automatischen Funktionen ständig überwachen und darf keiner fahrfremden Tätigkeit nachgehen.

Big Data (Massendaten)

Große Datenmengen, die zu umfangreich, zu komplex, zu flüchtig oder zu schwach strukturiert sind, um sie manuell oder mit konventionellen Methoden der Datenverarbeitung auszuwerten, und deshalb spezielle Technologien erfordern. Beispiele sind Gesichtserkennungs-Daten aus Überwachungssystemen, geografische Bewegungsmuster oder auch Informationen aus Social Media oder von Wearables. Gleichzeitig ist Big Data Sammelbegriff für digitale Technologien, die für eine neue Ära der Datenverarbeitung und für gesellschaftlichen Umbruch stehen.

Bitkom

Der Digitalverband Deutschlands mit mehr als 2600 Unternehmen der digitalen Wirtschaft. Ziele sind eine innovative Wirtschaftspolitik, die Modernisierung des Bildungssystems und eine zukunftsorientierte Netzpolitik.

Blockchain

Eine kontinuierlich erweiterbare Liste von Datensätzen (»*blocks*«), die über kryptographische Verfahren miteinander verkettet (»*chains*«) sind und die zum Beispiel für Kryptowährungen wie Bitcoin verwendet wird. Eine Blockchain ist eine Art Kassenbuch: Sobald zwischen einem Absender und einem Empfänger eine Datentransaktion stattfindet, wird eine neue Position eingetragen. Gleichzeitig erscheint sie in Hunderten von Kassenbüchern und wird von den Computern, auf denen diese liegen, authentifiziert. Erst dann ist sie gültig. Da jede Zeile für immer und unveränderlich im Kassenbuch stehen bleibt und von Hunderten Computern authentifiziert werden muss, gelten Transaktionen über eine Blockchain als so gut wie fälschungssicher.

Bot
Ein Computerprogramm, das sich wiederholende Aufgaben abarbeitet, ohne dabei auf eine Interaktion mit einem menschlichen Benutzer angewiesen zu sein. Beispiele für Bots sind die Webcrawler von Internet-Suchmaschinen, die selbsttätig Webseiten besuchen und sie auswerten, wobei sie Links folgen. Soziale Bots können selbstständig Antworten auf bestimmte Stichworte hin geben, wie zum Beispiel der Amazon-Bot »Alexa«.

B2B
Business-to-Business-Kommunikation bezeichnet Geschäftsbeziehungen zwischen mindestens zwei Unternehmen.

B2C
Business-to-Customer-Kommunikation zwischen einem Unternehmen und mindestens einem Konsumenten.

Change Management
Das planvolle Management von Veränderungsprozessen mit dem Ziel, aktiv, strategisch klug und wirkungsvoll in Anpassungsprozesse einzugreifen; die Umsetzung einer strategischen Ausrichtung unter Anwendung verschiedener Methoden, Konzepte und Instrumente.

Cloud / Cloud Computing
Rechnernetzwerk, das über das Internet IT-Infrastrukturen wie Speicherplatz, Rechenleistung oder Anwendungssoftware als Dienstleistung zur Verfügung stellt. Die Cloud sichert Flexibilität und räumliche Unabhängigkeit. Sie ist die Basis für Plattformen.

Co-Creation
Die Einbeziehung des Kunden in die Produktgestaltung soll die Asymmetrie zwischen Kundenbedürfnissen und den Zielen des Produzenten mildern und ist ein Managementansatz der Personalisierung und Angebotsdifferenzierung.

Crowdsourcing / Crowdfunding
Die Auslagerung von Unternehmensaufgaben auf eine Gruppe von Internetusern; im Fall von Crowdfunding eine Initiative, um Investitionskapital über eine Plattform im Internet aufzustellen, das nach unterschiedlichen Beteiligungsmodellen verrechnet wird.

Customer Experience (Konsumentenerlebnis)
Die Einbeziehung emotionaler Aspekte in die Kundenbeziehung mit dem Ziel, diese zu festigen und zu vertiefen. Um den Kunden zum »Botschafter« einer Marke oder Dienstleistung zu machen, sollte er an jedem Kundenkontaktpunkt (»*touchpoint*«) zufriedengestellt werden.

Customization
Das Anpassen eines Produkts oder einer Dienstleistung an die individuellen Kundenwünsche; in der Digitalwirtschaft auch unter Bedingungen
und zu Kosten der Massenproduktion möglich.

Dark Data
Daten, die zwar erfasst, aber nicht verwendet wurden. Dazu zählen mindestens 90 Prozent der von Unternehmen generierten, aber nicht analysierten Daten. Dark Data sind Lernmaterial für selbstlernende Systeme der
Künstlichen Intelligenz.

Datenhub
Eine geordnete Sammlung von Daten, die im Hub weiter veredelt werden
können (zum Beispiel verschlüsselt) und auf die verschiedene Nutzer Zugriff nehmen können.

Deep Learning
Ein System künstlicher neuronaler Netze, die übereinander liegen und dadurch im Rahmen Künstlicher Intelligenz selbstständig komplexe Aufgaben erledigen können.

Digitaler Zwilling
Digitales Abbild eines materiellen oder immateriellen Objekts aus der realen Welt zum Zweck der Fehleranalyse oder Simulation. In der Produktion
können Digitale Zwillinge den gesamten Lebenszyklus (Design, Erstellung, Betrieb und Wiederverwertung) abbilden.

Digitalkompetenz
Komplexes Profil von Fähigkeiten des digitalen Zeitalters, das von dem
Gebrauch digitaler Medien und Tools über Informatikwissen und Schul-
bzw. Weiterbildung bis zur Anwendung im Alltag (e-banking, e-government und Ähnliches) reicht.

Disruption
Das »Zerreißen« traditioneller Geschäftsmodelle als Folge von datenge-
triebenem Wandel weg vom Produkt, hin zur Dienstleitung (zum Beispiel
Mobilität statt Auto). Produkte, Technologien, Dienstleistungen, Branchen
oder Märkte können der Disruption zum Opfer fallen. Gleichzeitig bietet
sie die Chance für vollkommen neue Geschäftsmodelle auf der Basis von
Daten.

Einhörner (»unicorns«)
Digitale Start-up-Unternehmen mit einer Marktbewertung, vor einem Bör-
sengang oder einem Exit, von über einer Milliarde US-Dollar.

E-Government

Die Kommunikation mit und innerhalb von Behörden und Verwaltungseinrichtungen auf der Basis einer sicheren e-Identität – vom Ortswechsel bis zur Wahl. E-government ist ein wichtiger Treiber der Digitalisierung.

Erweiterte Realität

s. Augmented Reality (Seite 235)

GAFAs

Kurzfassung für die Internet-Giganten Google, Apple, Facebook und Amazon.

Gesichtserkennung (»*facial recognition*«)

Funktion der Künstlichen Intelligenz, die entweder über klassische Erkennungsmerkmale oder über dreidimensionale Bilderfassung und Algorithmen Personen erkennt und verifiziert.

GPS (»*Global Positioning System*«)

Kurzbezeichnung für ein Navigationssatellitensystem zur Positionsbestimmung, ursprünglich in den 70er-Jahren vom US-Verteidigungsministerium entwickelt, inzwischen ergänzt durch weitere Systeme wie etwa Galileo in Europa.

Hyperpersonalisierung

Das Ziel, durch digitales Marketing Produkte und Dienstleistungen individuell anzupassen und sie variabel und dynamisch für den Kunden zu gestalten.

Index für Digitale Wirtschaft und Gesellschaft (DESI)

Index der Digitalisierungsfortschritte der Mitgliedstaaten mit fünf Schwerpunktbereichen:
- Konnektivität (Festnetzbreitband, Mobilfunkbreitband, Breitbandgeschwindigkeit und Preise),
- Humankapital (Internetnutzung, digitale Grundkompetenzen, fortgeschrittene digitale Kompetenzen),
- Internetnutzung (Nutzung von Inhalten, Kommunikation und Online-Transaktionen durch Bürgerinnen und Bürger),
- Integration der Digitaltechnik (Digitalisierungsgrad der Wirtschaft, Internethandel),
- digitale öffentliche Dienste.

Industrie 4.0

Die intelligente und datenbasierte Vernetzung von Maschinen und Abläufen in der Industrie mithilfe von Informations- und Kommunikationstechnologie, zum Beispiel flexible Produktion, wandelbare Fabrik, kundenzentrierte Lösungen, optimierte Logistik.

International Data Space

Initiative zur Schaffung eines sicheren Datenraums auf der Basis eines Referenzarchitekturmodells, das im Rahmen eines vom Bundesministerium für Bildung und Forschung geförderten Forschungsprojekts durch zwölf Institute der Fraunhofer-Gesellschaft entwickelt wurde. Es soll Unternehmen verschiedener Branchen und aller Größen die souveräne Bewirtschaftung ihrer Datengüter ermöglichen und ist international ausgerichtet. Zur Verstetigung der Aktivitäten ist die Initiative als Industrial Data Space Association (später umbenannt) 2016 in Berlin gegründet worden.

Internet der Dinge (IoT)

Über das Internet miteinander vernetzte Geräte, die ihre Daten in Echtzeit an Unternehmen senden, die dann per Fernzugriff und automatisiert Geräte und Maschinen steuern, überwachen oder warten. Die Daten ermöglichen aber auch neue Geschäftsmodelle, die sich um Services und Werteversprechen drehen.

KMU

Kleine und Mittlere Unternehmen, der sogenannte Mittelstand, haben laut dem Institut für Mittelstandsforschung in Bonn unter 500 Beschäftigte und nicht über 50 Millionen Euro Erlöse.

Künstliche Intelligenz (KI)

Teilgebiet der Informatik, das sich mit der Automatisierung intelligenten Verhaltens befasst und darauf zielt, dass Maschinen mithilfe von Programmen und Algorithmen eigenständig Probleme bearbeiten können. Selbstlernende Systeme sind Programme, die sich selbst optimieren können. Deep Learning bezeichnet komplexere neuronale Netze, die durch ihre Schichtarchitektur nachhaltig lernen und sich eigenständig weiterentwickeln.

Massive Open Online Course (MOOC)

Interaktive Online-Kurse, die weltweit und kostenlos über Plattformen zugänglich sind.

MEMS (micro-electromechanical systems)

Miniaturisierte Bauteile, deren Komponenten kleinste Abmessungen im Bereich von einem Mikrometer haben und als System zusammenwirken. Sie verhelfen Geräten, intelligenter, kleiner und leistungsfähiger zu werden.

Ökosystem / Digitales Ökosystem

Gemeinschaft aller Akteure – Personen, Organisationen und Institutionen – die auf ein Unternehmen Einfluss nehmen. Ein digitales Ökosystem dient dazu, komplexe dynamische Herausforderungen auf eine skalierbare und effiziente Art und Weise zu überwinden. Es imitiert dabei das Verhalten biologisch komplexer Systeme, um ein dynamisch anpassbares Gesamtsystem aufzubauen.

Onboarding Factory

Einbindung von Mitarbeitern mithilfe automatisierter Workflows und anderer digitaler Prozesse. Hier: Projekt im Rahmen der Smart Service Welt zur Starthilfe mittelständischer Unternehmen. Die Expertise im Aufbau digitaler Serviceplattformen wird genutzt, um bei der Konzeption und Entwicklung von datenbasierten Geschäftsmodellen und bei der Einordnung innerhalb des branchenspezifischen Ökosystems Hilfestellungen zu geben und Synergien zu schaffen.

Plattform Industrie 4.0

Gemeinschaftsprojekt der deutschen Wirtschaftsverbände BITKOM, VDMA und ZVEI zur Weiterentwicklung und Umsetzung des Zukunftsprojekts Industrie 4.0 der Hightech-Strategie der Bundesregierung. 2015 wurde die 2013 gegründete Plattform erweitert und Akteure aus Unternehmen, Verbänden, Gewerkschaften, Wissenschaft und Politik einbezogen. Ziel ist es, die Expertise für Industrie 4.0 zu bündeln und deutschen Unternehmen, insbesondere dem Mittelstand, zur Verfügung zu stellen.

Predictive Maintenance

Verfahren, das große Mengen an Mess- und Produktionsdaten von Maschinen und Anlagen nutzt, um Vorhersagen über Störungen zu treffen. Das ermöglicht eine proaktive Wartung und minimiert Störungszeiten.

Prosument

Ein Kunde, der von Unternehmen in die Herstellung oder Ausgestaltung eines Produkts (zum Beispiel in das Design) einbezogen wird und dadurch eine individualisierte Leistung erhält.

Radio Frequency Identification (RFID)

Das berührungslose Erkennen von Objekten (zum Beispiel Waren in einem Supermarkt) per Funk.

Smart Services Welt

Zwei Förderprogramme (2014 – 2019) des Bundesministeriums für Wirtschaft und Energie (BMWi) mit dem Schwerpunkt internetbasierter Dienste für die Wirtschaft. Enthalten waren Verbundprojekte in den Bereichen Produktion (zum Beispiel Dienste für die Anlagenoptimierung, Visualisierungsdienste), Mobilität (zum Beispiel App-Integration in Fahrzeugen, Datenerhebung über Fahrzeuge), gutes Leben (zum Beispiel Dienste im Wassermanagement, Dienste für die Patienten-Arzt-Kommunikation), Querschnitttechnologien (zum Beispiel Interoperabilität, Sicherheit, Vertrauenswürdigkeit der Dienste) sowie neue Anwendungsbereiche für digitale Dienste und Plattformen.

Two-Sided Markets (zweiseitige Märkte)
Theorem der französischen Ökonomen Jean Tirole und Jean Charles Rochet (2005) zu der Entwicklung, dass Unternehmen sich immer häufiger an die Schnittstelle zwischen Angebot und Nachfrage schieben, um diese zu kontrollieren und über alle Industrien hinweg ein Monopol zu bilden. Tirole erhielt 2014 dafür den Alfred-Nobel-Gedächtnispreis für Wirtschaftswissenschaften.

Virtuelle Realität (VR)
Computergenerierte Welt, in die Betrachter eintauchen, sich in ihr bewegen und operieren können. Interaktion ist über Kopf- und Handbewegungen, über die Sprache oder den Tastsinn möglich. VR kann entfernte, nicht einsehbare oder auch unzugängliche Objekte in den eigenen Wahrnehmungsraum integrieren (erweiterte Realität) oder Personen in eine andere Wirklichkeit versetzen, in der sie sich bewegen können. In der Industrie erlauben smarte Brillen und Headsets etwa die 3-D-Simulation von Montagen oder anderen Arbeitsprozessen im 360-Grad-Radius. Digitale Zwillinge sind virtuelle Doppelgänger, die Simulationen erlauben.

Wise Pivot
Bezeichnet in der Ökonomie den richtigen Zeit-, Wende- und Angelpunkt für eine Wende im Geschäftsgebaren.

Zweihändigkeit (Ambidexterity)
Fähigkeit eines Unternehmens, die laufenden Geschäfte nicht zu vernachlässigen und sich gleichzeitig um die Transformation und zukünftige Geschäftsmodelle zu kümmern.

Anmerkungen

Kapitel 1

[1] Kevin Kelly on TED-Talk 2007, https://www.ted.com/talks/kevin_kelly_on_the_next_5_000_days_of_the_web (Zugriff am 7.1.2019)

[2] Fuel of the future: Data is giving rise to a new economy, Economist 6.5.2017

[3] ebd.

[4] Frankfurter Allgemeine Zeitung, 11.1.2018. http://www.faz.net/aktuell/wirtschaft/mehr-wirtschaft/konjunkturboom-wirtschaftsaufschwung-in-deutschland-15385397.html (Zugriff am 30.10.2018)

[5] SPIEGEL Online: Deutschland erzielt weltweit größten Überschuss. http://www.spiegel.de/wirtschaft/unternehmen/export-deutschland-erzielt-weltgroessten-leistungsbilanz-ueberschuss-a-1223960.html (Zugriff am 25.10.2018)

[6] Donata Riedel: Die neuen Zahlen zum deutschen Leistungsbilanzüberschuss sind Sprengstoff für das transatlantische Verhältnis. In: Handelsblatt, 20.8.2018. https://www.handelsblatt.com/politik/konjunktur/nachrichten/welthandel-die-neuen-zahlen-zum-deutschen-leistungsbilanzueberschuss-sind-sprengstoff-fuer-das-transatlantische-verhaeltnis/22931048.html?ticket=ST-387510-sHCROWwsVsUUF1wbfjEi-ap4 (Zugriff am 30.11.2018)

[7] Seiberth, As-a-Service: Wie Sie mit Miet-Modellen Geld verdienen, 2018 https://www.produktion.de/smartproducts/as-a-service-wie-sie-mit-miet-modellen-geld-verdienen-114.html (Zugriff am 2.8.2018)

[8] ARD, Spaniens AVE – ein Erfolgsmodell, 3.11.2008, https://www.tagesschau.de/wirtschaft/ave100.html (Zugriff am 7.1.2019)

[9] SPIEGEL, 16.12.2017, http://www.spiegel.de/wirtschaft/unternehmen/deutsche-bahn-fahrgastrekord-fuer-2017-erwartet-a-1183719.html (Zugriff am 18.10.2018)

[10] Europäische Union: Exportquoten in den Mitgliedsstaaten im Jahr 2017, https://de.statista.com/statistik/daten/studie/7060/umfrage/anteil-der-exporte-von-waren-am-bip-in-den-eu-laendern/ (Zugriff am 25.10.2018)

[11] CDU Wirtschaftsrat, Industrie 2025 Wettbewerbsfähigkeit sichern, Investitionen und Innovationen stärken!, https://www.wirtschaftsrat.de/wirtschaftsrat.nsf/id/industrie-2025-de/$file/WR_Industrie%202025.pdf (Zugriff am 14.11.2018)

[12] https://www.handelsblatt.com/unternehmen/mittelstand/start-up-studie-wer-hat-das-zeug-ein-einhorn-zu-gruenden/20901190.html (Zugriff am 7.1.2019)

[13] https://www.sueddeutsche.de/wirtschaft/china-valley-die-einhoerner-kommen-1.3738880 (Zugriff am 7.1.2019)

[14] Accenture Top 500 Studie 2019

[15] https://www.welt.de/print/die_welt/finanzen/article161020047/Wachstum-trotz-Krise.html (Zugriff am 7.1.2019)

[16] https://www.accenture.com/de-de/insight-digital-disruption-growth-multiplier Zugriff am 12.10.2018

[17] Quelle: Henning Kagermann, acatech 2018

[18] Seiberth, As-a-Service: Wie Sie mit Miet-Modellen Geld verdienen, 2018 https://www.produktion.de/smartproducts/as-a-service-wie-sie-mit-miet-modellen-geld-verdienen-114.html (Zugriff am 2.8.2018)

Kapitel 2

[1] David Reinsel, John Gantz, John Rydning: Date Age 2025: The Evolution of Data to Life-Critical. Don't Focus on Big Data; Focus on the Data That's Big. April 2017

[2] http://blog.wiwo.de/look-at-it/2017/04/04/weltweite-datenmengen-verzehnfa-chen-sich-bis-zum-jahr-2025-gegenueber-heute/ (Zugriff am 11.10.2018)

[3] IBM: https://spanning.com/blog/choosing-between-storage-based-and-unlimi-ted-storage-for-cloud-data-backup/ (Zugriff am 11.10.2018)

[4] http://www.genetherapynet.com/gene-therapy-news/456-disruptive-crispr-gene-therapy-is-150-times-cheaper-than-zinc-fingers-and-crispr-is-faster-and-more-precise.html (Zugriff am 18.10.2018)

[5] Accenture Research Analyse

[6] https://www.faz.net/aktuell/wirtschaft/diginomics/google-cloud-wie-sieht-das-angebot-in-der-zukunft-aus-15830596.html

[7] https://360.here.com/2017/02/07/maps-board-100-million-vehicles-counting/ (Zugriff am 15.11.2018)

[8] Ferri Abolhassan: Digitalisierung als Ziel – Cloud als Motor. In: Abolhassan F. (eds) Was treibt die Digitalisierung?. Springer Gabler, Wiesbaden 2016

[9] Quelle: http://www.visiontechme.com/cloud-computing.php (Zugriff am 7.1.2019)

[10] Björn Böttcher: Über die Bedeutung von VR für KI, in Computerwoche 26.6.2018, https://www.computerwoche.de/a/ueber-die-bedeutung-von-vr-fuer-ki,3545246 (Zugriff am 18.10.2018)

[11] https://www.accenture.com/be-en/insight-virtual-reality-business-applications (Zugriff am 15.11.2018)

[12] https://www.businessinsider.de/virtual-and-augmented-reality-markets-will-reach-162-billion-by-2020-2016-8?r=US&IR=T (Zugriff am 15.11.2018)

[13] A..M. Turing, Computing Machinery and Intelligence, Mind, New Series, Vol. 59, No. 236 (Oct., 1950), pp. 433-460 Published by: Oxford University Press on behalf of the Mind Association

[14] Detlef Borchers: 50 Jahre Künstliche Intelligenz. In: Heise Online 13.7.2006. https://www.heise.de/newsticker/meldung/50-Jahre-Kuenstliche-Intelli-genz-141200.html (Zugriff 15.11.2018)

[15] Accenture Digital Consumer Survey 2019 - https://www.accenture.com/us-en/insights/high-tech/reshape-relevance (Zugriff am 8.1.2019)

[16] Gideon Lewis-Kraus: The Great A.I. Awakening. In: The New York Times Magazine, 14.12.2016. https://www.nytimes.com/2016/12/14/magazine/the-great-ai-awakening.html (Zugriff am 15.11.2018)

[17] Mae Ryan u.a.: How Robot Hands Are Evolving to Do What Ours Can. New York Times. JULY 30, 2018. https://www.nytimes.com/interactive/2018/07/30/technology/robot-hands.html (Zugriff am 15.11.2018)

[18] Gideon Lewis-Kraus: The Great A.I. Awakening. In: The New York Times Magazine,14.12.2016. https://www.nytimes.com/2016/12/14/magazine/the-greatai-awakening.html (Zugriff 15.11.2018)

[19] World Robotics 2017,https://www.industry-of-things.de/deutschland-ist-euro-pas-roboter-champion-a-684878/ (Zugriff am 20.11.2018)

[20] Friedrich Pollock: Automation, Büchergilde Gutenberg 1964

[21] GSM Ass.: The Mobile Economy, 2018, https://www.gsma.com/mobileecono-my/wp-content/uploads/2018/05/The-Mobile-Economy-2018.pdf (Zugriff am 13.11.2018)

[22] https://cdn.ihs.com/www/pdf/IoT_ebook.pdf (Zugriff am 7.1.2019)

[23] IHS/Statista 2018

[24] https://www.cisco.com/web/offer/emear/38586/images/Presentations/P11.pdf (Zugriff am 12.10.2018)

[25] Sven Zehl: Perspektive der Arbeit im Zeitalter der vierten industriellen Revolution, https://www.bitkom.org/Themen/Digitale-Transformation-Branchen/Industrie-40/Perspektive-der-Arbeit.html (Zugriff am 15.102018)

[26] Quelle: https://www.i-scoop.eu/internet-of-things/ (Zugriff am 7.1.2019)

[27] Accenture: Winning with the Industrial Internet of Things, https://accntu.re/2ee7hLS (Zugriff 11.10.2018)

[28] ebd.

[29] Carolyn Braun, Industrie 4.0. Das Ding mit den Wolken. In: DIE ZEIT: 24.11.2016. https://www.zeit.de/2016/47/industrie-4-0-digitalisierung-unternehmen-cloud-wettbewerb (Zugriff am 18.10.2018)

[30] https://idc.de/de/research/multi-client-projekte/multi-cloud-in-deutschland-2018-management-architektur-provisionierung-providerauswahl/cloud-trends-in-deutschland-2018-projektergebnisse (Zugriff 18.10.2018)

[31] https://emear.thecisconetwork.com/site/content/lang/ge/id/8624

[32] https://www.cloudsigma.com/see-why-germany-offers-the-best-conditions-for-cloud-computing/ (Zugriff am 19.10.2018)

[33] Gartner, Prepare for the Impact of Digital Twins, 2017, https://www.gartner.com/smarterwithgartner/prepare-for-the-impact-of-digital-twins/ (Zugriff am 2.8.2018)

[34] https://www.gartner.com/smarterwithgartner/prepare-for-the-impact-of-digital-twins/ (Zugriff am 7.1.2019)

[35] Accenture 2016: Artificial Intelligence is the Future of Growth, https://www.accenture.com/us-en/insight-artificial-intelligence-future-growth (Zugriff am 12.10.2018)

[36] Accenture 2016, Why Artificial Intelligence is the Future of Growth: Country Spotlights; https://www.accenture.com/t20170202T122451Z__w__/us-en/_acnmedia/PDF-33/Accenture-Why-AI-is-the-Future-of-Growth--Country-Spotlights.pdfla=en?la=en (Zugriff am 7.1.2019)

[37] Accenture und Frontier Economics 2016

[38] DFKI, Über uns, https://www.dfki.de/web/ueber-uns/dfki-im-ueberblick/unternehmensprofil/ (Zugriff am 14.11.2018)

[39] Accenture 2016: Artificial Intelligence is the Future of Growth, https://www.accenture.com/us-en/insight-artificial-intelligence-future-growth (Zugriff am 12.10.2018)

[40] https://de.reuters.com/article/deutschland-ottobock-exoskelett-idDEKCN1LT-0ZC (Zugriff am 7.1.2019)

[41] https://www.bmwi.de/Redaktion/DE/Publikationen/Studien/potenziale-kuenstlichen-intelligenz-im-produzierenden-gewerbe-in-deutschland.pdf?__blob=publicationFile&v=8 (Zugriff am 7.1.2019)

[42] Strategie Künstliche Intelligenz. https://www.bundesregierung.de/breg-de/aktuelles/ki-als-markenzeichen-fuer-deutschland-1549732 (Zugriff am 15.11.2018)

[43] Homi Karas: The Unprecedented Expansion of the Global Middle Class. An Update. Washington 2017. https://www.brookings.edu/wp-content/uploads/2017/02/global_20170228_global-middle-class.pdf (Zugriff am 30.10.2018).

[44] B20 Calling for Open Markets and Inclusive Growth November 2016; https://www.imf.org/external/pubs/ft/wp/2016/wp1677.pdf (Zugriff am 7.1.2019)

[45] The World Bank Group (eds): Mary Hallward-Driemeier/Gaurav Nayyar: Trouble in the Making. The Future of Manufacturing-Led Development. Washington 2018, S.83

[46] Quelle: Weltbank

[47] Multinationals: The Retreat of the Global Company, in: The Economist, 28.1. 2018

[48] Quelle: Unctad: World Investment Report 2018

[49] UNCTAD: World Investment Report 2017, Genf 2017

[50] The World Bank Group (eds): Mary Hallward-Driemeier/ Gaurav Nayyar:Trouble in the Making. The Future of Manufactoring-Led Development. Washington 2018

[51] The World Bank Group (eds): Mary Hallward-Driemeier/ Gaurav Nayyar:Trouble in the Making. The Future of Manufacturing-Led Development. Washington 2018

[52] https://www.cnbc.com/2018/04/26/aws-earnings-q1-2018.html (Zugriff am 12.10.2018)

[53] http://plattform-maerkte.de/wp-content/uploads/2015/10/Kompendium-I40-Analyserahmen.pdf (Zugriff am 7.1.2019)

[54] S&P Capital IQ, Annual Reports

[55] Quelle: Dr. Holger Schmidt, netzoekonom.de

[56] Nach: acatech (Hg.): Smart Service Welt. Umsetzungsempfehlungen für das Zukunftsprojekt Internetbasierte Dienst für die Wirtschaft. Abschlussbericht. München 2015, S. 83

[57] https://www.hubject.com/ (Zugriff 15.11.2018)

[58] Frank Riemensperger, Svenja Falk: Digitale Geschäftsmodelle: Die Bedeutung von Daten für die Wettbewerbsfähigkeit der Industrie, in: Stiftung Datenschutz Dateneigentum und Datenhandel (DatenDebatten, Band 3), 2018

[59] Accenture: Five Ways to Win with Digital Platforms, 2016

[60] Accenture: Five Ways to Win with Digital Platforms, 2016

[61] http://www3.weforum.org/docs/DTI_Maximizing_Return_Digital_WP.pdf

[62] https://www.bitkom.org/Presse/Presseinformation/Jedes-dritte-Unternehmen-entwickelt-eigene-Software.html (Zugriff am 12.10.2018)

[63] https://www.acatech.de/wp-content/uploads/2018/03/BerichtSmartService2016_DE_barrierefrei.pdf

[64] Peter Praschl: Die Digitalisierung ändert fast alles. In: Welt, 21.6.2017. https://www.welt.de/sonderthemen/noahberlin/article165740062/Die-Digitalisierung-aendert-fast-alles.html (Zugriff 19.10.2018)

[65] Wilhelm Bauer: Digitale Disruption ist kein Schicksal, sondern ein Gestaltungsraum. https://blog.iao.fraunhofer.de/digitale-disruption-ist-kein-schicksal-sondern-ein-gestaltungsraum/ (Zugriff am 19.10.2018)

[66] Martin Seiwert und Stefan Reccius: So abhängig ist Deutschland von der Autoindustrie. In: Wirtschaftswoche, 27.7.2017, https://www.wiwo.de/unternehmen/auto/diesel-skandal-und-kartellverdacht-so-abhaengig-ist-deutschland-von-der-autoindustrie/20114646.html (Zugriff am 19.10.2018)

[67] Accenture, Deutschlands TOP500: Globales Wachstum in Zeiten der Renationalisierung, 2017

[68] Marc Forster: Chinas Autohersteller rollen den Markt auf. In: Cash 13.3.2018. https://www.cash.ch/news/top-news/autoindustrie-chinas-autohersteller-rollen-den-markt-auf-1154206 (Zugriff am 19.10.2018)

[69] Jörn Petring: China bei Elektroautos weit voraus. Heise Online 25.4.2018. https://www.heise.de/newsticker/meldung/China-setzt-bei-Elektoautos-Massstaebe-4033313.html (Zugriff am 19.10.2018)

70 Markus Fasse: BMW und Daimler gründen gemeinsam Milliarden-Konzern. In: handelsblatt 19.10.2018. https://www.handelsblatt.com/unternehmen/industrie/carsharing-fusion-bmw-und-daimler-gruenden-gemeinsam-milliarden-konzern/21123422.html?ticket=ST-85628-dPavRH5jzl4agd6rMg4r-ap1 (Zugriff am 19.10.2018)

71 Charles O'Reilly III/ Michael L. Tushman: The Ambidextrous Organization. In: Harvard Business Review, April 2004. https://hbr.org/2004/04/the-ambidextrous-organization (Zugriff am 19.10.2018)

72 Antonio Nieto-Rodruguez: Organisational ambidexterity. Understanding an ambidextrous organization is one thing, making it a reality is another. London Business School Review, 1.10.2014. https://www.london.edu/faculty-and-research/lbsr/organisational-ambidexterity (Zugriff am 19.10.2018)

73 Risto Siilasmaa: Transforming NOKIA: The Power of Paranoid Optimism to Lead Through Colossal Change, New York 2019

74 Michael Gassmann: Chinesen wollen die deutsche Liebe zur Miele-Waschmaschine brechen. Welt Online 30.8.2018. https://www.welt.de/wirtschaft/article181354418/Haier-gegen-Miele-und-Bosch-Chinesen-wollen-die-deutsche-Liebe-zur-Miele-Waschmaschine-brechen.html https://www.welt.de/wirtschaft/article181354418/Haier-gegen-Miele-und-Bosch-Chinesen-wollen-die-deutsche-Liebe-zur-Miele-Waschmaschine-brechen.html (Zugriff am 15.11.2018)

75 Bill Fischer u. a.: The Haier Road to Growth. https://www.strategy-business.com/article/00323?gko=c8c2a (Zugriff am 15.11.2018)

76 https://www.accenture.com/us-en/blogs/blogs-digital-disruption-welcome-outcome-economy (Zugriff am 16.10.2018)

77 World Economic Forum, The emergence of the outcome economy, 2017, http://reports.weforum.org/industrial-internet-of-things/3-convergence-on-the-outcome-economy/3-2-the-emergence-of-the-outcome-economy/ (Zugriff an 14.11.2018)

78 https://monsanto.com/app/uploads/2017/05/whistle_stop_viii_day-2-session_materials.pdf (Zugriff am 15.11.2018)

79 Malcolm Gladwell: Choice, happiness and spaghetti sauce. TED Talk 2004. https://www.ted.com/talks/malcolm_gladwell_on_spaghetti_sauce/transcript (Zugriff am 15.22.2018)

80 https://www.forbes.com/sites/bernardmarr/2016/04/01/how-the-citizen-data-scientist-will-democratize-big-data/#50431e1665b8

81 https://www.produktion.de/nachrichten/unternehmen-maerkte/die-zukunft-moderner-wertschoepfungsnetzwerke-ist-digital-227.html

82 Open Innovation. Der Kunde als Entwicklungspartner. https://cdn2.hubspot.net/hubfs/2795213/Whitepaper-Open-Innovation-Innolytics-ISPO.pdf (Zugriff am 15.11.2018)

83 ebd.

84 Accenture, Digital disconnect in customer engagement, 2016, https://de.slideshare.net/accenture/digital-disconnect-in-customer-engagement (Zugriff am 12.10.2018)

85 Accenture, Digital disconnect in customer engagement, 2016, https://de.slideshare.net/accenture/digital-disconnect-in-customer-engagement (Zugriff am 12.10.2018)

86 Alex Rawson et al: The Truth about Customer Experience, Harvard Business Review, September 2013: https://hbr.org/2013/09/the-truth-about-customer-experience (Zugriff am 15.10.2018)

[87] http://www.absatzwirtschaft.de/umbrueche-im-lebensmittel-einzelhandel-mill-ennials-stellen-den-supermarkt-auf-den-kopf-143435/ (Zugriff am 24.10.2018)

[88] https://www.youtube.com/watch?v=jxVcgDMBU94 (Zugriff am 7.1.2019)

[89] https://www.straitstimes.com/tech/almost-all-govt-services-to-go-digital-by-2023 (Zugriff am 15.11.2018)

Kapitel 3

[1] http://english.gov.cn/2016special/madeinchina2025/ (Zugriff am 11.11.2018)

[2] https://www.wiwo.de/downloads/23639990/4/weltmarktfuehrer_2018_wirt-schaftswoche.pdf (Zugriff am 22.11.2018)

[3] https://global.handelsblatt.com/companies/robot-maker-kuka-feels-the-squee-ze-861702 (Zugriff 15.11.2018)

[4] Jost Wüttbeke u. a.: Made in China 2025. The making of a high-tech superpower and consequences for industrial countries, hg. von MERICS, Berlin 2016.

[5] Simon Hage u. a.: Wie abhängig Deutschlands Wirtschaft von China ist. In: SPIEGEL 21/2018. http://www.spiegel.de/spiegel/deutschlands-wirtschaft-ist-von-china-abhaengig-a-1208784.html (Zugriff am 11.11.2018)

[6] Quelle: MERICS

[7] http://www.cesifo-group.de/DocDL/sd-2018-14-kunze-windels-etal-china-2018-07-26.pdf

[8] https://chinacopyrightandmedia.wordpress.com/2017/07/20/a-next-generation-artificial-intelligence-development-plan/ (Zugriff am 15.11.2018)

[9] https://www.technologyreview.com/s/610546/china-wants-to-shape-the-global-future-of-artificial-intelligence/ (Zugriff am 7.1.2019)

[10] https://de.wikipedia.org/wiki/Wirtschaftsgeschichte_der_Volksrepublik_China (Zugriff 15..11.2018)

[11] https://boerse.ard.de/anlagestrategie/konjunktur/china-droht-die-vergreisung100.html (Zugriff am 7.1.2019)

[12] Stefan Bielmeier: Chinas Verschuldung wird zur Gefahr für die Weltkonjunktur. In: Focus Money, 12.3.2018. https://www.focus.de/finanzen/experten/bielmeier/toxische-mischung-chinas-verschuldung-wird-zur-gefahr-fuer-die-weltkonjunk-tur_id_8553613.html (Zugriff am 19.11.2018)

[13] Simon Hage u.a.: Wie abhängig Deutschlands Wirtschaft von China ist. In:SPIEGEL 21/2018. http://www.spiegel.de/spiegel/deutschlands-wirtschaft-istvon-china-abhaengig-a-1208784.html (Zugriff am 11.11.2018)

[14] Christina Larson: China's A.I. Imperative: The country's massive investments in artificial intelligence are disrupting the industry and strengthening control of the populace, in: Science, Science 359(6376), February 2018

[15] https://www.kleinerperkins.com/perspectives/internet-trends-report-2018 (Zugriff am 7.1.2019)

[16] https://www.emarketer.com/Article/More-than-95-of-Internet-Users-China-Use-Mobile-Devices-Go-Online/1015155 (Zugriff am 15.11.2018)

[17] https://www.internetworld.de/e-commerce/tencent/so-entwickelt-tencent-imperium-1576435.html (Zugriff am 7.1.2019)

[18] Quelle: Statista 2018 auf Basis von Unternehmensangaben

[19] China Internet Watch: It Took Tencent Weixin 433 Days to Reach 100 Million Users. https://www.chinainternetwatch.com/1422/tencent-weibo-100mm-users/ (Zugriff am 18.11.2018)

[20] https://en.wikipedia.org/wiki/DingTalk (Zugriff am 15.11.2018)

21 https://www.weforum.org/agenda/2017/04/most-popular-websites-google-youtube-baidu/ (Zugriff am 15.11.2018)

22 Alibaba tweaks a controversial legal structure. In: The Economist 9.8.2018. https://www.economist.com/business/2018/08/09/alibaba-tweaks-a-controversial-legal-structure (Zugriff am 19.11.2018)

23 Quelle:
1) Wuzhen Institute
2) Accenture Research auf Basis DWPI from DerwentInnovation (© Clarivate 2018), utility models excluded
3) % der globalen Investitionen von 15,2 Milliarden $ in Start-ups nach Empfängerland, CB Insights
4) LinkedIn
5) Proceedingsbeiträge 2007-2016 nach Land der Publizierenden, EFI Gutachten 2018

24 https://www.economist.com/business/2017/07/15/china-may-match-or-beat-america-in-ai (Zugriff am 15.11.2018)

25 https://boerse.ard.de/anlagestrategie/konjunktur/china-droht-die-vergreisung100.html (Zugriff am 7.1.2019)

26 https://www.americanbanker.com/news/why-chinas-mobile-payments-revolution-matters-for-us-bankers (Zugriff am 7.1.2019)

27 https://www.emarketer.com/Article/eMarketer-Projects-Surge-Mobile-Payments-China/1016695 (Zugriff am 15.11.2018)

28 GB Times, Nine out of ten Chinese prefer mobile payment over cash, credit cards, April 2017, https://gbtimes.com/nine-out-ten-chinese-prefer-mobile-payment-over-cash-credit-cards (Zugriff am 7.1.2019)

29 Accenture Research Analysis

30 Quelle: Kleiner Perkins 2018 Internet Trends

31 Harrison Jacobs, One Photo Shows that China is already in the Cashless Future, Business Insider Deutschland. https://www.businessinsider.de/alipay-wechat-pay-china-mobile-payments-street-vendors-musicians-2018-5?r=US&IR=T (Zugriff am 15.11.2018)

32 https://chinachannel.co/1017-wechat-report-users/ (Zugriff am 19.11.2018)

33 Quelle: Merics

34 Nick Cumming-Bruce: U.N. Panel Confronts China Over Reports That It Holds a Million Uighurs in Camps. In: The New York Times, 10.8.2018. https://www.nytimes.com/2018/08/10/world/asia/china-xinjiang-un-uighurs.html (Zugriff am 19.11.2018)

35 https://www.businessinsider.de/china-facial-recognition-limitations-2018-7?r=US&IR=T (Zugriff am 16.10.2018)

36 https://papers.ssrn.com/sol3/papers.cfm?abstract_id=3215138 (Zugriff am 7.1.2019)

37 http://usa.chinadaily.com.cn/a/201804/09/WS5acace25a3105cdcf6516e5b.html (Zugriff am 16.10.2018)

38 https://deutsche-wirtschafts-nachrichten.de/2018/08/08/china-ueberholt-usa-bei-5g-technologie/ (Zugriff am 19.11.2018)

39 World Competitiveness Yearbook 2018

40 http://www.chinadaily.com.cn/a/201802/19/WS5a8a8e42a3106e7dcc13d08f.html (Zugriff am 10.01.2019)

41 https://www.zeit.de/2018/39/weltkonferenz-kuenstliche-intelligenz-shanghai-technologie-china-usa/komplettansicht (Zugriff am 12.10.2018)

Kapitel 4

[1] http://www.spiegel.de/spiegel/print/d-139341574.html (Zugriff am 7.1.2019)

[2] https://www.wiwo.de/politik/deutschland/studie-von-huawei-deutsche-haben-angst-vor-digitalisierung-china-nicht/13582148-2.html (Zugriff am 7.1.2019)

[3] etventure und GfK Nürnberg 2016, https://blog.mark-lotse.com/aktuelle-studie-digitale-transformation-in-deutschland-und-den-usa (Zugriff am 7.1.2019)

[4] Bitkom 2017: https://bit.ly/2J4PrrC (Zugriff am 19.10.2018)

[5] https://www.zeit.de/gesellschaft/zeitgeschehen/2017-09/berufsleben-flexibilitaet-weiterbildung-beschaeftigungsvorsorge/komplettansicht (Zugriff am 7.1.2019)

[6] https://www.zukunft-verstehen.de/zukunftsforen/zukunftsforum-4/die-themen/interview-prof-dr-kocka (Zugriff am 7.1.2019)

[7] Warum Deutschland bei der Digitalisierung hinten liegt, 14.6.2017, Manager-Magazin

[8] Sarah Fischer und Thomas Petersen: Was Deutschland über Algorithmen weiß und denkt Ergebnisse einer repräsentativen Bevölkerungsumfrage: https://bit.ly/2J4OkIB (Zugriff am 19.10.2018)

[9] – Accenture: Three Things Managers must do to make the most of cognitive computing, 2015

[10] Quelle: Bitkom Research

[11] ebd.

[12] Handelsblatt 5.9.2018

[13] https://bdi.eu/media/presse/presse/downloads/20170724_Pressemitteilung_Innovationsindikator_2017.pdf (Zugriff am 7.1.2019)

[14] https://www.imd.org/wcc/world-competitiveness-center-rankings/world-digital-competitiveness-rankings-2017/ (Zugriff am 7.1.2019)

[15] https://bit.ly/2R0JDSJ (Zugriff am 19.10.2018)

[16] Florian Rötzer: Deutschland schneidet bei der Digitalisierung nur mittelmäßig ab, in: Telepolis, 3.6.2018. https://bit.ly/2Pc3pgM (Zugriff am 19.10.2018)

[17] Quelle: Europäische Kommission 2018

[18] Quelle: Fraunhofer

[19] Ernst & Young Mittelstandsbarometer 2018. https://bit.ly/2NOIThu (Zugriff am 19.10.2018)

[20] Bundesministerium für Wirtschaft und Energie: Wirtschaftsmotor Mittelstand. Zahlen und Fakten zu den deutschen KMU2017 – Ein erfolgreiches Jahr für den Mittelstand. https://bit.ly/2R1MJG9 (Zugriff am 19.10.2018)

[21] https://www.welt.de/wirtschaft/article118171834/Warum-der-German-Mittelstand-nicht-kopierbar-ist.html (Zugriff 10.01.2019)

[22] https://www.kfw.de/PDF/Download-Center/Konzernthemen/Research/PDF-Dokumente-Fokus-Volkswirtschaft/Fokus-2018/Fokus-Nr.-197-Januar-2018-Generationenwechsel.pdf

[23] System Initiative on Shaping the Future of Digital Economy and Society Digital Transformation Initiative : Maximizing the Return on Digital Investments. In collaboration with Accenture May 2018

[24] Quelle: IfM Bonn

[25] https://bit.ly/2R1MJG9 (Zugriff am 19.10.2018)

[26] https://www.ifm-bonn.org/statistiken/mittelstand-im-einzelnen/#accordion=0&tab=9. (Zugriff am 13.10.2018)

[27] https://bit.ly/2R1MJG9 (Zugriff am 19.10.2018)

28 Accenture, Deutschlands TOP500: Globales Wachstum in Zeiten der Renatio-
    nalisierung, 2017
29 Inga Michler: Deutschem Mittelstand fehlt Personal für die Digitalisierung. In:
    DIE WELT, 3.5.2018
30 https://www.kfw.de/PDF/Download-Center/Konzernthemen/Research/PDF-
    Dokumente-Fokus-Volkswirtschaft/Fokus-2018/Fokus-Nr.-202-M%C3%A4rz-
    2018-Digitalisierung-im-Mittelstand.pdf (Zugriff am 7.1.2019)
31 https://www.trumpf.com/filestorage/TRUMPF_Master/Corporate/Annu-
    al_report/Current/TRUMPF_Geschaeftsbericht_2017_2018.pdf (Zugriff am
    31.10.2018)
32 https://bit.ly/2R1MJG9 (Zugriff am 16.10.2018)
33 Dietmar H. Lamparter: Komm in meine Wolke. DIE ZEIT Nr. 26/2017, 22. Juni
    2017
34 https://trendreport.de/onboarding-factory/ (Zugriff am 7.1.2019)
35 acatech (Hg.): Wegweiser Smart Service Welt. Smart Services im digitalen
    Wertschöpfungsnetz. München 2017
36 acatech: Smart Service Welt 2018. Wo stehen wir? Wohin gehen wir? München
    2018, S. 17
37 Accenture/Die Welt (Hrsg.): Mut, anders zu denken: Digitalisierungsstrategien
    der deutschen Top500, 2015, Online: accenture.com/de-de/Pages/service-
    deutschlands-top-500.aspx (Stand: 3.5.2018)
38 acatech: Smart Service Welt 2018. Wo stehen wir? Wohin gehen wir? München
    2018, S. 25
39 Quelle: acatech
40 https://iot.telekom.com/produkte/data-intelligence-hub/, Zugriff am
    18.10.2018
41 https://automationspraxis.industrie.de/menschen-macher/wir-holen-den-kun-
    den-bei-seiner-applikation-ab/ (Zugriff am 7.1.2019)
42 Accenture: Sechs Schritte zum digitalen Ökosystem für echte Innovation,
    https://www.accenture.com/de-de/insight-digital-ecosystems (Zugriff am
    16.10.2018)
43 Accenture Technology Vision 2015: https://www.accenture.com/de-de/com-
    pany-accenture-digital-management-systems-create-we-economy (Zugriff am
    16.10.2018)
44 https://www.usa.philips.com/healthcare/innovation/about-health-suite , Zugriff
    am 16.10.2018
45 Eric Schaeffer, Industry X.0, Redline 2017, München, S. 74.
46 Accenture News Release: U.S. Consumers Turn Off Personal Data Tap as Com-
    panies Struggle to Deliver the Experiences They Crave, Accenture Study Finds.
    5.12.2017. https://newsroom.accenture.com/news/us-consumers-turn-off-per-
    sonal-data-tap-as-companies-struggle-to-deliver-the-experiences-they-crave-
    accenture-study-finds.htm (Zugriff am 20.10.2018)
47 Accenture: Put your Trust in Hyper-Relevance. https://bit.ly/2R1MJG9 (Zugriff
    am 16.10.2018)
48 https://www.fastcompany.com/company/haier (Zugriff am 7.1.2019)
49 https://rctom.hbs.org/submission/smart-home-intelligent-factories-haiers-
    journey-of-building-interconnected-factories/ (Zugriff am 7.1.2019)
50 https://reader.elsevier.com/reader/sd/pii/S2096248718300031?token=E87C3735
    E4844E9B0432488DB40358B32C39602EE7E721B0E46B3D0EFEACE8D9A764D
    7AE6CE1938B1BB09E3733ED637F (Zugriff am 7.1.2019)

[51] Handelblatt, 9.2.2016. https://www.handelsblatt.com/politik/deutschland/apps-und-fitness-armbaender-jeder-dritte-zeichnet-gesundheitsdaten-digital-auf/12939604.html?ticket=ST-472706-7cr9Exg6uBO9pxnxqUUn-ap4 (Zugriff am 30.10.2018)

[52] Bill Fischer u.a.: The Haier Road to Growth. https://www.strategy-business.com/article/00323?gko=c8c2a (Zugriff 15.11.2018)

[53] Pressemitteilung des TÜV-Süd. https://bit.ly/2R1MJG9 (Zugriff am 18.10.2018)

[54] Gaining Ground on the Cyber Attacker. 2018 State of Cyber Resilience, hg. Von Accenture Security. https://www.accenture.com/t00010101T000000Z__w__/au-en/_acnmedia/PDF-76/Accenture-2018-state-of-cyber-resilience.pdf#zoom=50 (Zugriff am 30.10.2018)

[55] Accenture Banking Technology Vision 2018, https://www.accenture.com/us-en/insights/banking/technology-vision-banking-2018 (Zugriff am 20.10.2018)

[56] ebd.

[57] https://www.thyssenkrupp-steel.com/en/newsroom/highlights/digitalisierte-logistik/ (Zugriff am 20.10.2018)

[58] Quelle: thyssenkrupp

[59] Accenture: Make your wise pivot to the new. https://www.accenture.com/t20180829T111359Z__w__/us-en/_acnmedia/PDF-79/Accenture-Make-Your-Wise-Pivot.pdf#zoom=50 (Zugriff am 20.10.2018)

[60] ebd.

[61] Accenture/Die Welt (Hrsg.): Digitale Geschäftsmodelle ohne Geschäft?, 2017, Online: https://www.accenture.com/t00010101T000000Z__w__/de-de/_acnme-dia/Accenture/de-de/Transcripts/PDF/Accenture-Welt-Top500-Studie-2018-Di-gitale-Geschaefts-Modelle.pdf#zoom=50 (Zugriff am 20.10.2018).

[62] Autonomik Industrie 4.0 (Hg): Eigenschaften und Erfolgsfaktoren digitaler Plattformen. Berlin 2017. https://www.digitale-technologien.de/DT/Redaktion/DE/Downloads/Publikation/autonomik-studie-digitale-plattformen.pdf?__blob=publicationFile&v=9 (Zugriff am 30.10.2018)

[63] Acatech (Hg.): Smart Service Welt 2018. Wo stehen wir? Wohin gehen wir? München 2018.

[64] Jason Angelos, Phil Davis, Marc Gaylard: Make Music not Noise. Achieve Con-nected Growth with Ecosystem Orchestration, hg v. Accenture Strategy 2017. https://www.accenture.com/t20171004T194738Z__w__/us-en/_acnmedia/PDF-60/Accenture-Strategy-B2B-Customer-Experience-PoV.pdf#zoom=50 (Zugriff am 20.10.2018)

[65] Accenture News Release: U.S. Consumers Turn Off Personal Data Tap as Companies Struggle to Deliver the Experiences They Crave, Accenture Study Finds. 5.12.2017. https://newsroom.accenture.com/news/us-consumers-turn-off-personal-data-tap-as-companies-struggle-to-deliver-the-experiences-they-craveaccenture-study-finds.htm (Zugriff am 20.10.2018)

[66] ebda.

[67] Accenture Strategy: CSO Insights Channel Sales Optimization Study 2016.

[68] Source: Accenture and Medallia research, March 2017

[69] Quelle: Henning Kagermann, acatech; SAP

[70] Blockain in Transport Alliance, https://www.bita.studio/ (Zugriff am 14.11.2018)

[71] TechCrunch, UPS bets on blockchain, January 2018, https://techcrunch.com/2017/12/15/ups-bets-on-blockchain-as-the-future-of-the-trillion-dollar-shipping-industry/

Kapitel 5

[1] Bitkom (Hg.): Industrie 4.0. Wo steht Deutschland. https://www.bitkom. org/Presse/Anhaenge-an-PIs/2018/180423-Bitkom-Pressekonferenz-Industrie-40-Praesentation-neu.pdf (Zugriff am 21.10.2018)

[2] Carl Benedikt Frey / Michael A. Osborne: The Future of Employment: How Susceptible are jobs to Computerization? 17.9.2013. https://www.oxfordmartin. ox.ac.uk/downloads/academic/The_Future_of_Employment.pdf. (Zugriff am 30.10.2018)

[3] http://doku.iab.de/kurzber/2018/kb0418.pdf (Zugriff am 7.1.2019)

[4] Erin Winick: Every Study we could Find on what Automation will do to Jobs in One Grafik, in: MIT Technology Review, 25.1.2018. https://www.technologyreview.com/s/610005/every-study-we-could-find-on-what-automation-will-do-to-jobs-in-one-chart/ (Zugriff am 23.10.2018)

[5] Bitkom Jahrespressekonferenz 2018. https://www.bitkom.org/Presse/Anhaenge-an-PIs/2018/Bitkom-Charts-Jahres-Pressekonferenz-Konjunktur-14-02-2018-final.pdf (Zugriff am 23.10.2018)

[6] Quelle: bitkom

[7] Peter Ilg: Digitalisierung + Demografie = stabiler Jobmarkt? In: ZEIT Online 6.4.2017. https://www.zeit.de/karriere/beruf/2017-03/arbeitsmarkt-zukunft-demografie-arbeitsplaetze-fachkraeftemangel/seite-2 (Zugriff am 23.10.2018)

[8] World Economic Forum / Accenture: The New Production Workforce: Responding to Shiftung Labour Demands, January 2018. http://www3.weforum.org/docs/WEF_White_Paper_The_New_Production_Workforce.pdf (Zugriff am 23.10.2018)

[9] Referenz IG Metall

[10] Bitkom (Hg.): Die Zukunft der Arbeit. Herausforderungen für Politik und Wirtschaft, Berlin 2014.

[11] ebda.

[12] Paul R. Daugherty/ H. James Wilson: Human + Machine. Reimagining Work in the Age of AI. Harvard Business Review Press, Boston 2018, p. 5.

[13] ebda

[14] Paul R. Daugherty/ H. James Wilson: Human + Machine. Reimagining Work in the Age of AI. Harvard Business Review Press, Boston 2018, p. 114.

[15] https://www.mdlive.com/meet-sophie-mdlives-new-chatbot-powered-artificial-intelligence/ (Zugriff am 21.102018)

[16] Accenture Technology Vision 2016

[17] Margaret Rhodes: So. Algorithms are Designing Chairs Now. In: Wired 10.3.2016. https://www.wired.com/2016/10/elbo-chair-autodesk-algorithm/ (Zugriff am 21.10.2018)

[18] https://www.autodesk.de/customer-stories/airbus (Zugriff am 21.10.2018)

[19] https://mooc.house/courses/ssw-2018 (Zugriff am 7.1.2019)

[20] https://www.zeit.de/2018/39/weltkonferenz-kuenstliche-intelligenz-shanghai-technologie-china-usa/komplettansicht, Zugriff am 12.10.2018 & https://www.ifm-bonn.org/statistiken/mittelstand-imeinzelnen/#accordion=0&tab=9 (Zugriff am 13.10.2018)

[21] Inga Michler: Deutschem Mittelstand fehlt Personal für die Digitalisierung. In: DIE WELT, 3.5.2018.

[22] https://www.youtube.com/watch?v=nma5ye9drQ4 (Zugriff am 23.10.2018)

[23] CNBC: 28.8.2018. https://www.youtube.com/watch?v=nma5ye9drQ4 (Zugriff am 23.10.2018).

[24] Pressemeldung Accenture 20.2.2018, https://newsroom.accenture.com/news/accenture-launches-new-artificial-intelligence-testing-services.htm (Zugriff am 23.10.2018)

[25] Andrew Sinclair,Jeffrey Brashear, John Shacklady: AI – the Momentum Mind-Set. Accenture 2018. https://www.accenture.com/t20180313T072541Z__w__/us-en/_acnmedia/PDF-73/Accenture-Strategy-AI-Momentum-mindset-Exec-Summary-POV.pdf#zoom=50 (Zugriff am 23.10.2018)

[26] Andrew Sinclair,Jeffrey Brashear, John Shacklady: AI – the Momentum Mind-Set. Accenture 2018. https://www.accenture.com/t20180313T072541Z__w__/us-en/_acnmedia/PDF-73/Accenture-Strategy-AI-Momentum-mindset-Exec-Summary-POV.pdf#zoom=50 (Zugriff am 23.10.2018)

[27] Accenture: Reworking the Revolution, 2018

[28] Accenture: Reworking the Revolution, 2018

Kapitel 6

[1] http://juris.bundesgerichtshof.de/cgi-bin/rechtsprechung/document.py?Gericht=bgh&Art=en&Datum=Aktuell&nr=63259&linked=urt&Blank=1&file=dokument.pdf (Zugriff am 7.1.2019)

[2] Charta der digitalen Grundrechte der Europäischen Union. https://www.zeit-stiftung.de/f/Digital_Charta_371x528_RZ%20%281%29.pdf (Zugriff am 24.10.2018)

[3] Bundesministerium für Wirtschaft und Energie (Hg): Fokusthema. Daten im Kontext von Industrie 4.0. https://www.plattform-i40.de/I40/Redaktion/DE/Downloads/Publikation/daten-im-kontext-von-i40.pdf;jsessionid=852525362E74939F5401476531933F8D?__blob=publicationFile&v=14 (Zugriff am 24.10.2018)

[4] Bundesministerium für Wirtschaft und Energie (Hg): Industrie 4.0. Kartellrechtliche Betrachtungen. Berlin 2018. https://www.plattform-i40.de/I40/Redaktion/DE/Downloads/Publikation/hm-2018-kartellrecht-ag4.pdf?__blob=publicationFile&v=2 (Zugriff am 24.10.2018)

[5] ebda.

[6] https://www.sueddeutsche.de/wirtschaft/vorreiter-daenemark-klein-aber-it-1.3486536 (Zugriff am 24.10.2018)

[7] https://ec.europa.eu/digital-single-market/en/desi (Zugriff am 24.10.2018)

[8] Dänisches Aussenministerium, Digitalisierung in Dänemark, http://tyskland.um.dk/de/aussenwirtschaftsrat/digitalisierung/ (Zugriff am 24.10.2018)

[9] http://research.rewheel.fi/ (Zugriff am 24.10.2018)

[10] Kommune21, Dänemark geht voran, 08/2018, https://www.kommune21.de/meldung_29515_D%C3%A4nemark+geht+voran.html (Zugriff am 30.10.2018)

[11] Deutsche Welle, Estonia- Europas digitaler Vorreiter, 28.9.2017, https://www.dw.com/de/e-estonia-europas-digitaler-vorreiter/a-40735765 (Zugriff am 24.10.2018)

[12] Frankfurter Allgemeine Zeitung, Die Industrie will nicht länger auf schnelles Internet warten, 10.10.2018, http://www.faz.net/aktuell/wirtschaft/diginomics/5g-und-glasfaser-industrie-will-schnelleres-internet-15829629.html (Zugriff am 24.10.2018)

[13] OECD; Broadband Portal, http://www.oecd.org/sti/broadband/broadband-statistics/ (Zugriff am 24.10.2018)

[14] Bernd Beckert: Ausbaustrategien für Breitbandnetze in Europa. Was kann

Deutschland vom Ausland lernen? Hg. von Bertelsmann Stiftung, Gütersloh 2017. https://www.bertelsmann –stiftung.de/fileadmin/files/Projekte/Smart_Country/Breitband_2017_final.pdf (Zugriff am 24.10.2018)

15   European Commission: Broadband Coverage in Europe 2017. Mapping progress towards the coverage objectives of the Digital Agenda. https://ec.europa.eu/digital-single-market/en/news/study-broadband-coverage-europe-2017 (Zugriff am 24.10.2018)

16   Quelle: Europäische Kommission

17   Spiegel Online, Gigabit-Netze für viele, Gastbeitrag von Wirtschaftsforscher Prof. Dr. Tomaso Duso, 3.10.2018, http://www.spiegel.de/netzwelt/netzpolitik/5g-ausbau-in-deutschland-gigabit-netze-fuer-viele-aber-nicht-fuer-alle-a-1231212.html (Zugriff am 24.10.2018)

18   Sopra Steria Consulting, Digital Government Barometer 2017, Dezember 2017, https://www.soprasteria.de/newsroom/publikationen/studie/digital-government-barometer-2017 (Zugriff am 24.10.2018)

19   Quelle: Europäische Kommission

20   Roman Beck et al: Digitale Transformation der Verwaltung. Empfehlungen für eine gesamtstaatliche Strategie, Gütersloh 2017. https://www.bertelsmann-stiftung.de/fileadmin/files/Projekte/Smart_Country/DigiTransVerw_2017_final.pdf (Zugriff am 24.10.2018)

Anstatt eines Schlussworts

1   Merics, China 2025, Wikipedia (Zugriff am 2.1.2019)

2   https://www.merics.org/sites/default/files/2018-07/MPOC_No.2_MadeinChina2025_web.pdf (Zugriff am 3.1.2019)

3   Joschka Fischer: Der Abstieg des Westens: Europa in der neuen Weltordnung des 21. Jahrhunderts 2018, S.88

4   Henning Kagermann, acatech, mit Ergänzung der Autoren

5   https://www.bmwi.de/Redaktion/DE/Downloads/F/friends-of-industry-6th-ministerial-meeting-declaration.pdf?__blob=publicationFile&v=6 (Zugriff am 3.1.2019)